Ulrike Mickan **Grundflächen und Rauminhalte nach DIN 277 im Bild**

ERRATA-ZETTEL
Leider sind die Seitenangaben im Inhaltsverzeichnis fehlerhaft. Aufgrund eines technischen Versehens hat sich eine Verschiebung um 4 Seiten ergeben.
Wir entschuldigen uns dafür vielmals und legen hiermit das korrekte Inhaltsverzeichnis vor. Zu den Seitenverweisen auf den Seen-Karten sind ebenfalls jeweils 4 Seiten dazuzurechnen (z. B. Bodensee S. 28).

INHALT

Grundflächen und Rauminhalte nach DIN 277 im Bild

Erläuterungen, Berechnungen, Beispiele

mit 332 Abbildungen und 202 Fallbeschreibungen

Dr. Ing. Ulrike Mickan

ist Architektin mit eigenem Architekturbüro
und führt an der TU Dresden die Lehrgebiete
Planungs- und Bauökonomie.

RM Rudolf Müller

Bibliografische Information der Deutschen Nationalbibliothek
Die Deutsche Nationalbibliothek verzeichnet diese Publikation in der Deutschen Nationalbibliografie; detaillierte bibliografische Daten sind im Internet über http://dnb.d-nb.de abrufbar.

Wir freuen uns, Ihre Meinung über dieses Fachbuch zu erfahren. Bitte teilen Sie uns Ihre Anregungen, Hinweise oder Fragen per E-Mail: fachmedien.bau@rudolf-mueller.de oder Telefax: 0221 5497-6323 mit.

Lektorat: Petra Lindner, Kescheid
Umschlaggestaltung und Satz: WMTP Wendt-Media Text-Processing GmbH, Birkenau
Druck und Bindearbeiten: Westermann Druck Zwickau GmbH, Zwickau
Printed in Germany

ISBN: 978-3-481-04398-8 (Buch-Ausgabe), Produktionscharge *002
ISBN: 978-3-481-04399-5 (E-Book als PDF)
ISBN: 978-3-481-04400-8 (Buch-Ausgabe + E-Book als PDF), Produktionscharge *002

FSC www.fsc.org MIX Papier aus verantwortungsvollen Quellen FSC® C110508

Vorwort

Das Buch „Grundflächen und Rauminhalte im Bild" kommentiert und erläutert anhand von Einzelbeispielen die in Normen, Verordnungen und Richtlinien festgelegten Regeln zur Berechnung der Flächen und Rauminhalte. In diesem Buch werden explizit die Regeln der DIN 277:2021-08 „Grundflächen und Rauminhalte im Hochbau" detailliert vorgestellt und mit Einzelfallbeispielen anhand zahlreicher Abbildungen praxisnah für Anwender dieser Norm erläutert. Vergleichend zur DIN 277 werden die DIN EN 15221-6:2011-12 „Facility Management – Teil 6: Flächenbemessung im Facility Management", die Baunutzungsverordnung (BauNVO), die Wohnflächenverordnung (WoFlV) und die „Richtlinie zur Berechnung der Mietfläche für Gebäude (MF-GIF 2023)" vorgestellt, erläutert und anhand von Beispielen nachvollziehbar dargestellt. In den Erläuterungstexten werden teilweise kurze Textauszüge der Normen, Verordnungen und Richtlinien genannt und können im Kontext den Ziffern dieser zugeordnet werden.

Weiterhin werden die jeweiligen Normen, Verordnungen und Richtlinien mit den Raumnutzungen, den Bauteilen bzw. Bauelementen oder Gebäudeteilen verknüpft und können über Stichworte und Begriffe gefunden werden. Damit ist dieses Buch ein anwendungsorientiertes Nachschlagewerk, um schnell praxis- und normgerechte Antworten zur Ermittlung der Flächen und Rauminhalte im Hochbau zu finden.

Mithilfe dieses Buches können am Bauvorhaben Beteiligte, wie Architekten, Planer, Projektentwickler, Behörden und Bauherren, anhand praxisgerechter Erläuterungen und Abbildungen die Mengenermittlung ausführen, nachvollziehen oder prüfen.

Mein besonderer Dank gilt den Mitwirkenden Frau Dipl.-Ing. Laura Noack, Herrn cand.-arch. Hennes Jünemann, Frau cand.-arch. Magdalena Liesch und Frau cand.-arch. Hannah Schön, die an der Bearbeitung, der Konzeption und der umfangreichen zeichnerischen Darstellung sowie der Umsetzung des Buchprojektes beteiligt waren.

Januar 2024 — Dr. Ing. Ulrike Mickan

Inhalt

1 Vorbemerkungen

1.1 Einführung und Gliederung des Buches

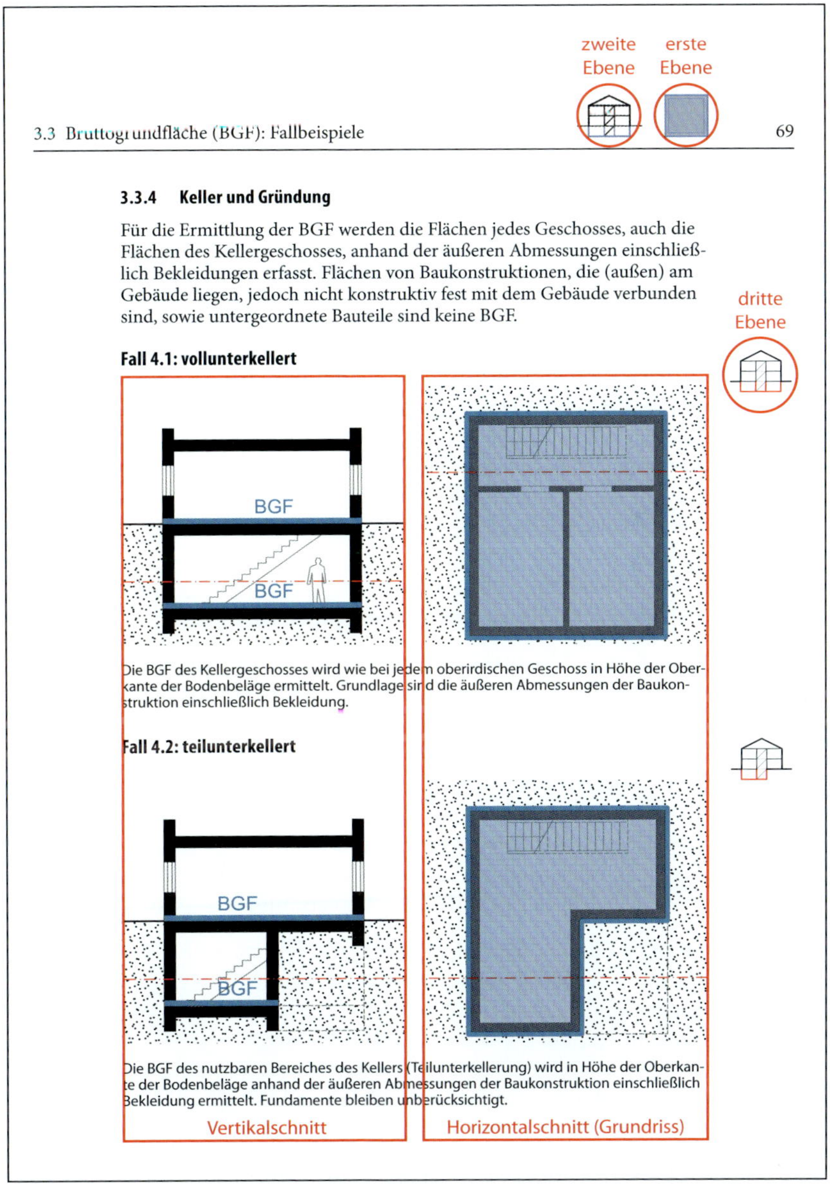

3.3 Bruttogrundfläche (BGF): Fallbeispiele 69

3.3.4 Keller und Gründung

Für die Ermittlung der BGF werden die Flächen jedes Geschosses, auch die Flächen des Kellergeschosses, anhand der äußeren Abmessungen einschließlich Bekleidungen erfasst. Flächen von Baukonstruktionen, die (außen) am Gebäude liegen, jedoch nicht konstruktiv fest mit dem Gebäude verbunden sind, sowie untergeordnete Bauteile sind keine BGF.

Fall 4.1: vollunterkellert

Die BGF des Kellergeschosses wird wie bei jedem oberirdischen Geschoss in Höhe der Oberkante der Bodenbeläge ermittelt. Grundlage sind die äußeren Abmessungen der Baukonstruktion einschließlich Bekleidung.

Fall 4.2: teilunterkellert

Die BGF des nutzbaren Bereiches des Kellers (Teilunterkellerung) wird in Höhe der Oberkante der Bodenbeläge anhand der äußeren Abmessungen der Baukonstruktion einschließlich Bekleidung ermittelt. Fundamente bleiben unberücksichtigt.

Abb. 1.1: Gliederung des Kapitels 3, Erläuterungen und Kommentare zu Einzelfällen

Sofern nicht explizit darauf hingewiesen wird, bezeichnet DIN 277 stets die derzeit aktuelle Fassung DIN 277:2021-08. Die DIN 277 ist eine wichtige Norm im Bereich der Planungs- und Bauökonomie. Auf ihrer Grundlage werden die Flächen und Rauminhalte von Bauwerken ermittelt. Diese berechneten Mengen werden u. a. für Kostenermittlungen, für Wirtschaftlichkeitsvergleiche, als Finanzierungsgrundlage und für Investitionsentscheidungen verwendet. Damit stellt die DIN 277 eine Grundnorm für wirtschaftliches Planen und Bauen dar und begleitet am Bauvorhaben Beteiligte, wie Architekten, Planer, Projektentwickler, Behörden und Bauherren, über den ganzen Lebenszyklus des Objektes.

Mit dem vorliegenden Buch „Grundflächen und Rauminhalte nach DIN 277 im Bild" können am Bauvorhaben Beteiligte anhand praxisgerechter Erläuterungen und Abbildungen die Mengenermittlung ausführen, nachvollziehen oder prüfen. Das Buch gliedert sich in folgende Kapitel:

Kapitel 2: Übersicht der Normen, Richtlinien und Verordnungen

Im zweiten Kapitel werden die im Weiteren betrachteten **Normen** vorgestellt. Diese werden in der Praxis **für die Ermittlung von Flächen und Rauminhalten von Gebäuden und deren Grundstücken** angewandt.

Insbesondere werden Begriffe der DIN 277 gegenüber anderen Normen abgegrenzt. Ausführlich erläutert werden neben der DIN 277 auch die DIN EN 15221-6:2011-12 „Facility Management – Teil 6: Flächenbemessung im Facility Management; Deutsche Fassung EN 15221-6:2011", die „Richtlinie zur Berechnung der Mietfläche für Gebäude (MF-GIF 2023)" (gif Gesellschaft für Immobilienwirtschaftliche Forschung e. V. [gif], 2023) und die „Verordnung zur Berechnung der Wohnfläche (Wohnflächenverordnung – WoFlV)" (WoFlV).

Kapitel 3: Ermittlung der Flächen- und Rauminhalte nach DIN 277

Im dritten Kapitel, dem Hauptteil des Werks, wird die Anwendung der **DIN 277** für Einzelfälle dargestellt. Einzelfälle sind exemplarische Details für verschiedene Raumnutzungen, für Bauteile bzw. Bauelemente des Gebäudes, anhand derer die Regeln der Norm bildlich mit Kommentar allgemein verständlich beschrieben werden. Die Einzelfälle werden in Grundriss und Schnitt dargestellt und ausführlich kommentiert. Die detaillierte Kommentierung der **Regeln zur Berechnung der Flächen und Rauminhalte von Bauwerken für verschiedene Einzelfälle** unterstützt die sichere Anwendung der DIN 277 in der praktischen Anwendung.

Icons am Seitenrand dienen der Gliederung und Übersichtlichkeit. Wie Abb. 1.1 zeigt, werden die Einzelfälle jeweils in Schnitt (linke Spalte) und Grundriss (rechte Spalte) dargestellt und über 3 Ebenen zugeordnet. Diese Gliederung wird in Kapitel 1.2 differenziert erläutert.

Kapitel 4: Ermittlung der Mietflächen nach WoFlV und MF-GIF 2023

Kapitel 4 ergänzt die in Kapitel 3 dargestellte Ermittlung hochbaulicher Mengen nach DIN 277 um die Regeln zur **Ermittlung von Mietflächen** und erläutert und kommentiert diese detailliert. Im Speziellen werden die **WoFlV** sowie die **MF-GIF** ausführlich erläutert und **Einzelfälle** grafisch dargestellt.

Kapitel 5: Berechnungsbeispiele nach DIN 277, MF-GIF 2023 und WoFIV

Kapitel 5 dokumentiert anhand von in Grundrissen dargestellten Projektbeispielen die Berechnungen der DIN 277, MF-GIF 2023 und WoFIV grafisch und analytisch. Hiermit kann anhand des jeweiligen Beispielprojekts die Berechnung der hochbaulichen Mengen anschaulich nachvollzogen werden. Diese Zeichnungen und **Berechnungen zu den Beispielprojekten** unterstützen die praxisorientierte Anwendung der Normen, Verordnungen und Richtlinien zur Mengenermittlung im Hochbau.

Kapitel 6: Anhang Vornormen zur DIN 277

In Kapitel 6 werden ergänzend zur aktuellen DIN 277 die **Vornormen DIN 277-1:2016-01 und DIN 277-1:2005-02** vorgestellt und erläutert. Diese Vornormen sind teilweise noch Grundlage verschiedener Verwaltungsprozesse und Kostenermittlungen. So werden beispielsweise Begriffe und deren Abkürzungen aus diesen Vornormen in Formularen von Baugenehmigungsprozessen verwendet, was beim Anwender zu Unsicherheiten über die zu ermittelnde Menge führt. Auch bei der Honorarermittlung nach der „Verordnung über die Honorare für Architekten- und Ingenieurleistungen (Honorarordnung für Architekten und Ingenieure – HOAI)“ wird auf die (zurückgezogene) DIN 276:2008-12 „Kosten im Bauwesen – Teil 1: Hochbau“ verwiesen; diese wiederum legt der Kostengliederung die (zurückgezogene) DIN 277-1 sowie die ebenfalls zurückgezogene DIN 277-3:2005-04 „Grundflächen und Rauminhalte von Bauwerken im Hochbau - Teil 3: Mengen und Bezugseinheiten“ zugrunde.

1.2 Gliederungsstruktur der Fallbeispiele in Kapitel 3

Die Darstellung der Einzelfälle gliedert sich in 3 Stufen:

- **Erste Ebene:** Gliederung in Fläche/Rauminhalt und brutto/netto. Die Mengenart wird farbig dargestellt:
  - blaue Icons = Bruttomengen,
  - grüne Icons = Nettomengen,
  - rote Icons = Nutzungsfläche, Verkehrsfläche, Technikfläche,
  - beigefarbene/braune Icons = Mietflächen.
- **Zweite Ebene:** Gliederung in Gebäudebereiche mit farbiger Darstellung der Mengenart. Die Gebäudebereiche werden gegliedert nach:
  - Dach,
  - Tragwerk/Fassade,
  - Erschließung,
  - Keller,
  - Geschossebene,
  - Anbauten.
- **Dritte Ebene:** Gliederung in verschiedene Ausführungsarten/Bauteile/Bauelemente für die Gebäudebereiche der zweiten Ebene. Auf der dritten Ebene werden somit die Fallbeispiele für Einzelfälle dargestellt.

1.2.1 Gliederungsstruktur erste Ebene Fallbeispiele

In der ersten Ebene wird in die Kategorien „Flächen“ und „Rauminhalte“ unterschieden und diese mit entsprechenden Icons dargestellt (vgl. Tabelle 1.1). Des Weiteren werden die Icons je nach Mengenart in ihrer entsprechenden Farbcodierung eingefärbt. Hierbei wird in Bruttomengen, Nettomengen, Konstruktionsgrundflächen, Grundstücksflächen, Flächendifferenzierung der Nettoraumfläche und in die Mietflächen des Gebäudes unterschieden.

Tabelle 1.1: Übersicht über die Gliederungsstruktur der ersten Ebene der Fallbeispiele

Flächen	Rauminhalte	Mengenart
		Bruttogrundflächen und Bruttorauminhalte
		Nettoraumflächen und Nettorauminhalte
		Flächenarten der Nettoraumfläche
		Konstruktionsgrundflächen
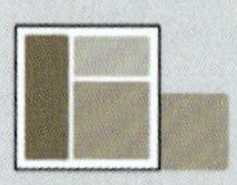		Mietflächen (Wohnfläche, Mietfläche nach gif)
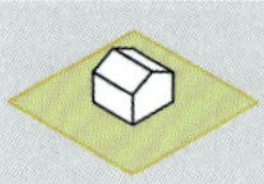		Grundstücksflächen

1.2.2 Gliederungsstruktur zweite Ebene Fallbeispiele

In der zweiten Ebene wird das Bauwerk in unterschiedliche Gebäudebereiche differenziert. Auch hier zeigt die Farbigkeit der Icons die Zuordnung zu den Mengenarten der ersten Ebene an. Des Weiteren werden in den Icons ebenfalls die Zuordnungen zu Flächen und Rauminhalten kenntlich gemacht.

Tabelle 1.2 zeigt die Gliederungsstruktur **beispielhaft für die Bruttomengen (blau)**. Die Gliederung der anderen Mengenarten der ersten Ebene erfolgt analog.

Tabelle 1.2: Übersicht über die Gliederungsstruktur der zweiten Ebene der Fallbeispiele

Flächen	**Rauminhalte**	**Bereiche (beispielhaft: brutto)**
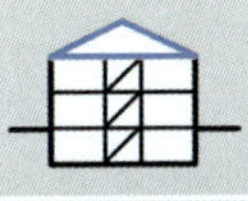	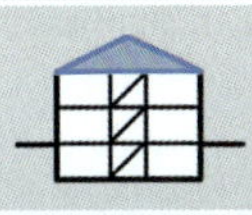	Dach- und Gebäudeabschluss
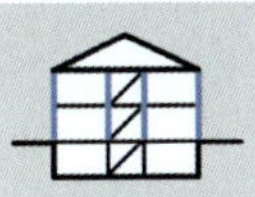	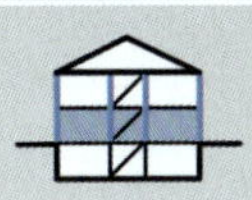	Tragwerk, Fassade und Ausbau
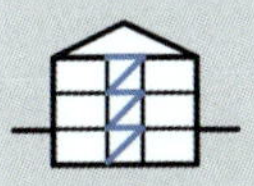	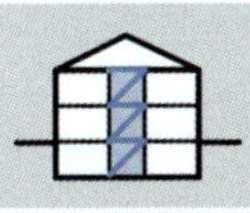	Erschließung und Versorgung
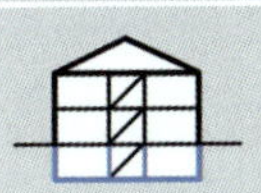	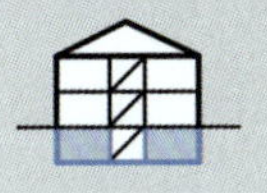	Keller und Gebäudegründung
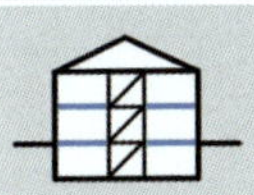	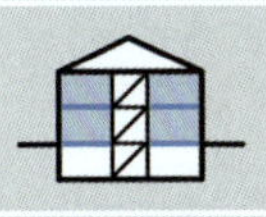	Ebenen und Decken
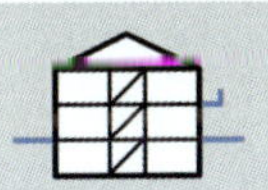	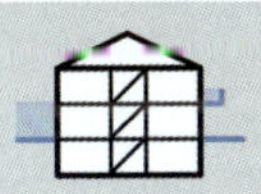	Anbauten und Außenflächen

1.2.3 Gliederungsstruktur dritte Ebene Fallbeispiele

Auf der dritten Gliederungsebene befinden sich Fallbeispiele für verschiedene Ausführungsarten, Bauteile oder Bauelemente der Gebäudebereiche der zweiten Ebene in Grundriss, Schnitt und mit ausführlichen Erläuterungen. Diesen Fallbeispielen wird jeweils kapitelübergreifend ein Icon zur Gliederung und Übersichtlichkeit zugeordnet.

In Tabelle 1.3 sind die Icons für Ausführungsvarianten, Bauteile oder Bauelemente der Gebäudebereiche (dritte Ebene) dargestellt.

Tabelle 1.3: Übersicht der Gliederungsstruktur der dritten Ebene der Fallbeispiele

Dach- und Gebäudeabschluss			
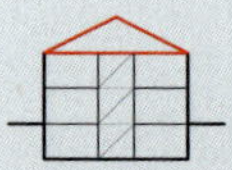	Satteldach, nicht ausgebaut	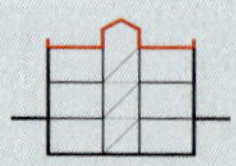	Kombination Flach-/ Satteldach, Dachgaube, Dachoberlicht, Lichtkuppeln
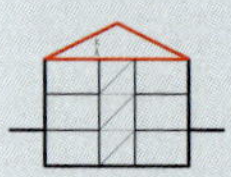	Satteldach, ausgebaut	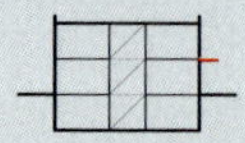	Eingangsdach, Dachüberstand, Sonnenschutz
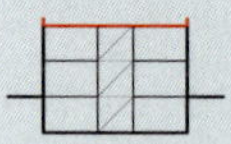	Flachdach, nicht begehbar	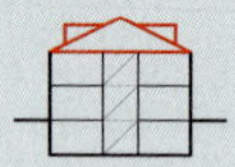	Dachgaube
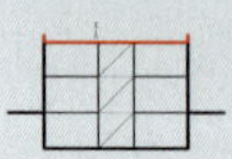	Flachdach begehbar	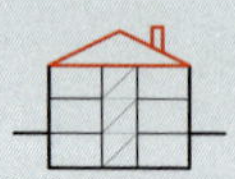	Schornstein, Lüftungsrohr
Tragwerk, Fassade, Ausbau			
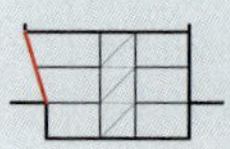	geneigte Wand	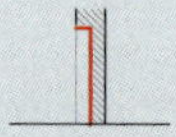	Fenster- und Türnische, raumhoch/nicht raumhoch
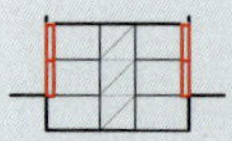	Doppelfassade	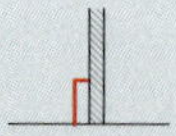	Vormauerung, über/unter 1,50 m
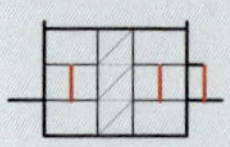	Stützen innen/außen	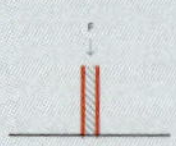	tragende Wand
	bewegliche Raumteiler	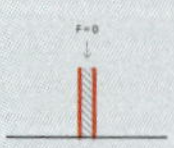	nicht tragende Wand
	Einbaumöbel, fest eingebaute Gegenstände, Sanitärausstattung	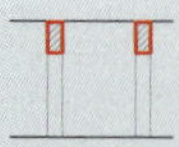	Durchgang raumhoch/ mit Unterzug
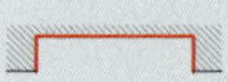	Wandnische	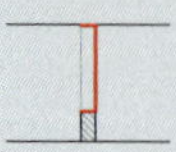	Schaufenster

Tabelle 1.3: Fortsetzung

	Erschließung und Versorgung		
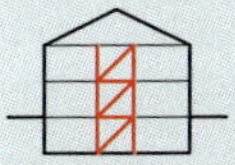	Treppenhaus		Schächte
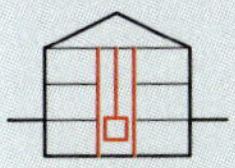	Aufzug		Schornsteine, Pfeiler
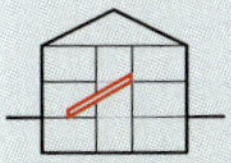	Rolltreppe	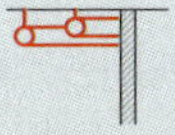	frei liegende Installationen
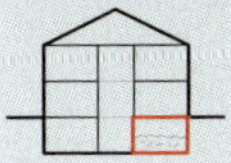	Ergänzungsflächen für technische Anlagen (Lagerung Brennstoff)		Fläche unter der Treppe
	Keller und Gebäudegründung		
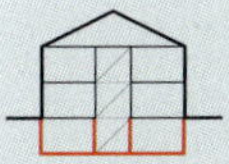	voll unterkellert	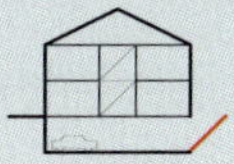	Tiefgaragenein-/-ausfahrt (Rampe)
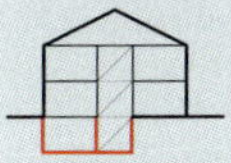	teilunterkellert	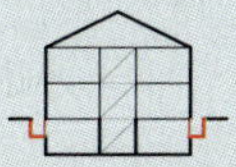	Lichtschacht
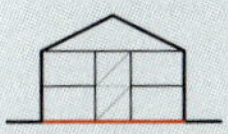	nicht unterkellert	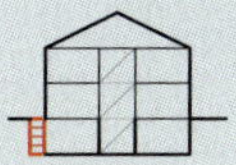	Kellertreppe außen
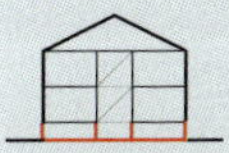	Kriechkeller	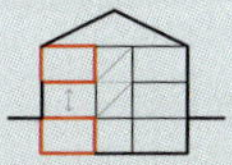	Wohnung, Keller, Abstellraum im Flur (Flächen nur zur Wohnung gehörend)
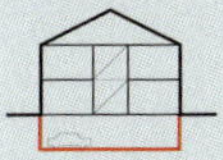	Tiefgarage		
	Ebenen und Decken		
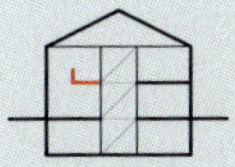	Luftraum, Atrium, Galerie	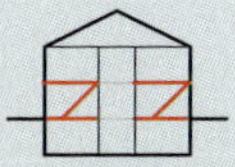	Maisonettewohnung
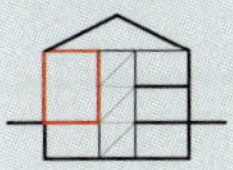	Eingangshalle	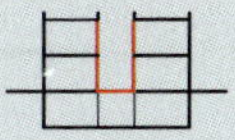	Innenhof
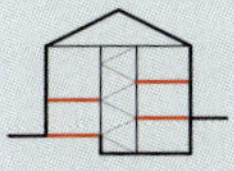	Splitlevel	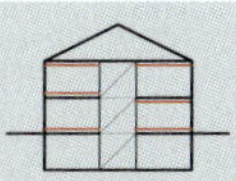	Doppelböden, abgehängte Decke
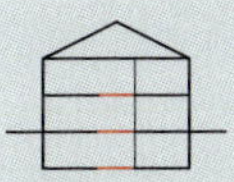	abweichende Nutzung	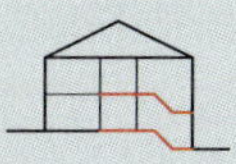	geschlossener Grundriss
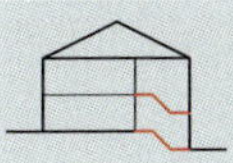	offener Grundriss		

Tabelle 1.3: Fortsetzung

	Anbauten und Außenflächen		
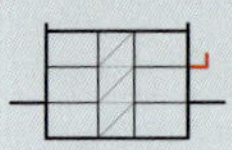	Balkon, Loggia, nach oben offene Begrenzung	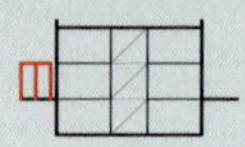	Außentreppe, Rampe, Pergola (nicht verbunden)
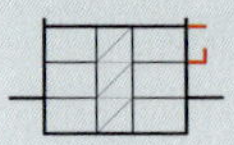	Balkon, Loggia, überdeckte Begrenzung	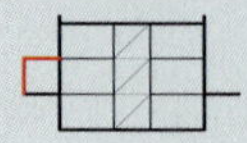	Wintergarten, Schwimmbad (umschlossen, nicht beheizt)
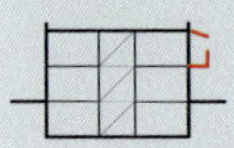	Balkon, Loggia, vertikale Projektion der Begrenzung	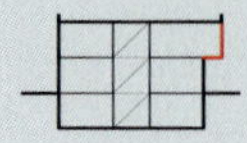	Auskragung
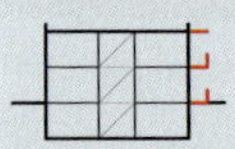	Laubengang	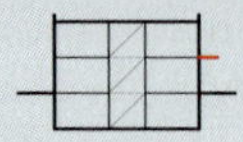	Eingangsüberdachung Sonnenschutz
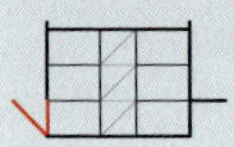	Abgrenzung R und S (Rollgitter in Garagen, Loggien, Balkon)		
	Grundstücksflächen		
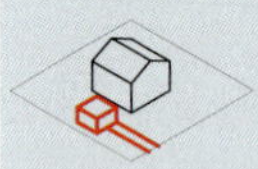	Erschließung (Wege, Zufahrt), Garage, Stellplätze	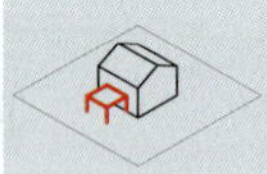	Außentreppe, Rampe, Pergola (nicht verbunden)
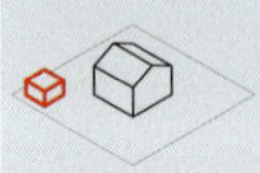	Versorgungsbauwerk, Anlagen zur Versorgung		Parkplätze, Parkflächen
	bebaute Fläche		
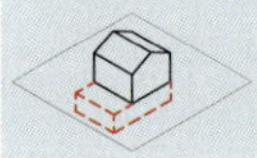	unterbauter Bereich	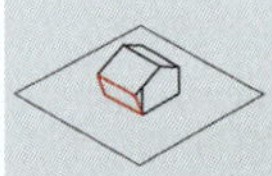	geneigte Wand
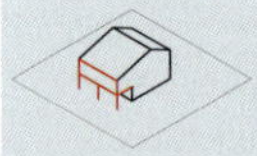	überbauter Bereich		

2 Übersicht Normen, Verordnungen und Richtlinie

Die Berechnung der Flächen und Rauminhalte von Hochbauten kann während der Planung, Bauausführung und Nutzung der Gebäude anhand unterschiedlicher Normen erfolgen.

In Abb. 2.1 sind Normen, Verordnungen und die Richtlinie zur Mengenermittlung von Hochbauten mit ihren Flächen und Rauminhalten im Überblick dargestellt. Die Mengenermittlungen von Hochbauten können in 3 Gruppen eingeteilt werden:

- die Bruttomengen des Bauwerkes,
- die Nettomengen des Bauwerkes,
- die Flächen des Baugrundstückes.

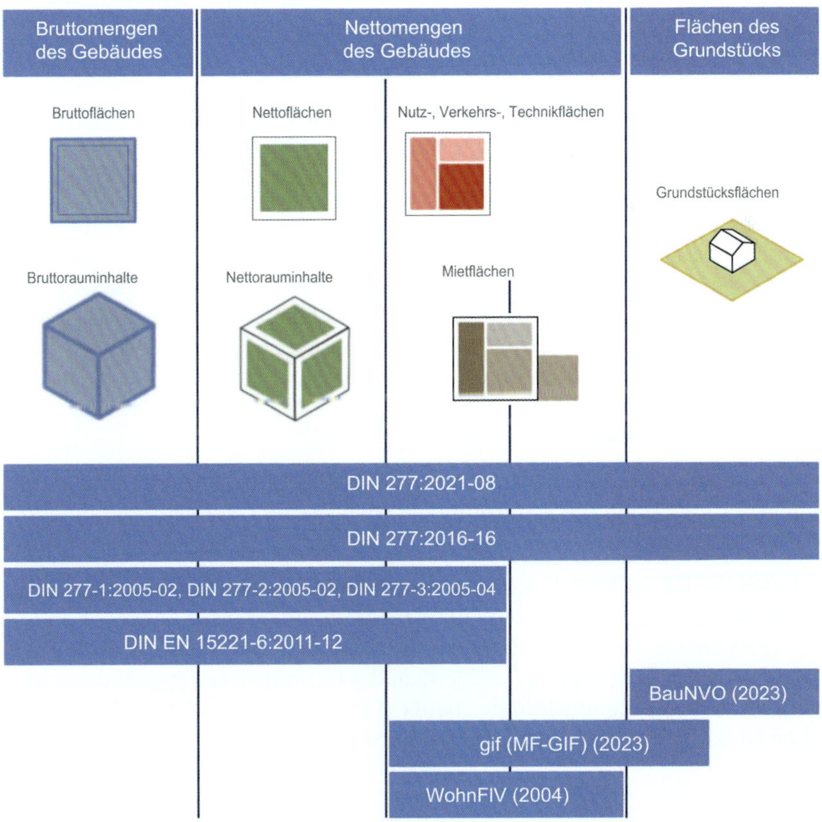

Abb. 2.1: Übersicht der Normen, Verordnungen und Richtlinie zur Mengenermittlung von Gebäuden und Grundstücken

Je nach Anwendungsbereich ist die entsprechende Norm, Verordnung oder Richtlinie zu wählen. Die DIN 277 berücksichtigt sowohl Mengen des Hochbaus (Brutto- und Nettoflächen sowie deren Rauminhalte) als auch Mengen des Grundstückes und kann daher für die Berechnung aller 3 Bereiche angewandt werden.

Flächen und Rauminhalte des Gebäudes

Die Ermittlung der Flächen und Rauminhalte erfolgt in der Planungs-, Ausführungs- und Nutzungsphase der Bauwerke. Üblicherweise werden bei der Gebäudeplanung die Flächen und Rauminhalte anhand der DIN 277 ermittelt. Sie dient dabei als Grundlage für

- Wirtschaftlichkeitsvergleiche: Flächenkennwerte von Bauwerken, Vergleiche mit Benchmarks,
- Kostenermittlungen (Herstellkosten, Nutzungskosten),
- Finanzierungsüberlegungen,
- Baugenehmigungen, Fördermittelanträge/-bescheide,
- Mietflächenberechnungen.

Im Facility-Management werden die Flächen des Gebäudes und des Mietobjekts anhand der DIN EN 15221-6 berechnet. Mit der Überarbeitung der Vornorm DIN 277-1:2005-02 wurden u. a. die Begriffe der Vornorm DIN 277-1:2016-1 und der aktuellen DIN 277:2021-08 an die Begriffe der DIN EN 15221-6:2011-12 angepasst, wodurch eine einfachere Übertragung und und Vergleichbarkeit der nach verschiedenen Normen ermittelten Werte ermöglicht wird.

Die Flächen- und Rauminhalte werden in Deutschland üblicherweise nach DIN 277 ermittelt. Für Projekte, die von europaweiten Partnern begleitet werden, ist es wichtig, dass innerhalb Europas einheitliche Begriffe verwendet werden. Daher wurde mit der europäischen Norm DIN EN 15221-6 die Grundlage für einheitliche Begriffe für die Flächenberechnung gelegt, die in nationales Recht zu überführen war. Dies machte die Änderung der bis dato in DIN 277-1 vorhandenen Begriffe notwendig.

Flächen des Grundstückes

Als Grundlage von Kostenermittlungen, Wirtschaftlichkeitsvergleichen und Finanzierung erfolgt die Ermittlung der Mengen des Grundstückes anhand der DIN 277.

Werden die Flächen des Grundstückes für die städtebauliche Einordnung, die Bewertung des Gebäudeentwurfes im Stadtbild oder für Baugenehmigungen benötigt, ist gemäß Bauplanungsrecht die Baunutzungsverordnung (BauNVO) der Berechnung der Mengen des Grundstückes zugrunde zu legen. Mit den Festlegungen in der BauNVO werden Art und Maß der baulichen Nutzung des Grundstückes bestimmt.

Vermietbare Flächen des Bauwerkes

Handelt es sich um Mietobjekte, ist die Mietfläche eine wichtige Kenngröße sowohl für Mieter als auch Vermieter. Die vermietbare Fläche kann anhand der DIN 277, der DIN EN 15221-6, der MF-GIF (Mietfläche Gebäude) oder der WohnFlV ermittelt werden.

Die nach DIN 277 ermittelten Nutzungsflächen, Verkehrsflächen und Technikflächen können ebenso wie die Flächenermittlung nach DIN EN 15221-6 als Grundlage der vermietbaren Fläche dienen. Eine Bewertung der Flächen, z. B. inwieweit die Fläche zum Wohnen geeignet und benutzbar ist, erfolgt nach DIN 277 und DIN EN 15221-6 **nicht**.

Inwieweit sich eine Grundfläche zum Wohnen eignet, wird mit der Berechnungsvorschrift in der Wohnflächenverordnung (WoFlV) berücksichtigt.

In der WoFlV existierenFestlegungen

- für die zur Wohnfläche gehörenden Grundflächen und
- zur Anrechnung dieser Grundflächen als Wohnfläche.

Für Begriffe und für die Berechnung von Mietflächen in der Wohnungswirtschaft hat die Gesellschaft für immobilienwirtschaftliche Forschung (gif) Definitionen erarbeitet. Die Richtlinien der gif dienen dazu, Begriffe in der Wohnungswirtschaft zu vereinheitlichen und die inhaltliche Transparenz zu verbessern. Die Ermittlung der Mietfläche kann ebenfalls anhand der „Richtlinie zur Berechnung der Mietfläche für Gebäude (MF-GIF 2023)“ erfolgen, die von der gif erarbeitet wurde.

2.1 DIN 277:2021-08 „Grundflächen und Rauminhalte im Hochbau“

Zur Ermittlung der Mengen von Bauwerken und der Berechnung der Mengen des Grundstücks werden im Lebenszyklus der Objekte eindeutig definierte Mengenbezugsgrößen benötigt, sowohl in der Planungszeit als auch in der Herstell- und Nutzungszeit. Die DIN 277 enthält entsprechende Messregeln für

- eine **einheitliche** Ermittlung der Flächen aller Planungs- und Baubeteiligten,
- eine möglichst **einfache** Flächenermittlung in frühen Planungsphasen,
- eine **eindeutige** Definition und Abgrenzung der Flächen.

Die DIN 277 kann als Grundlage für die Kostenermittlung nach DIN 276-1 und für Wirtschaftlichkeitsvergleiche von Gebäuden mit ihren Grundstücken herangezogen werden. Die Flächen nach DIN 277 sind keine Mietflächen und keine Wohnflächen; sie können allerdings für eine Bewertung bzw. Festlegung der Flächen hinsichtlich ihrer Nutzbarkeit zum Wohnen bzw. zum Vermieten zugrunde gelegt werden.

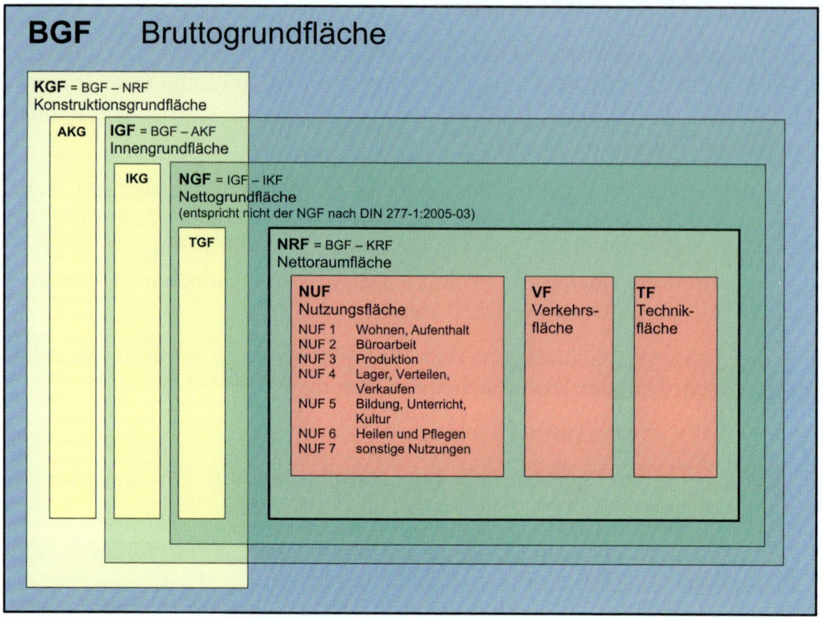

Abb. 2.2: Übersicht über die Flächen des Bauwerkes nach DIN 277:2021-08

Nach DIN 277:2021-08 werden sowohl die Flächen- und Rauminhalte des Bauwerkes als auch die Flächen des Grundstückes erfasst. In Abb. 2.2 sind Flächenarten für Flächen des Bauwerkes nach DIN 277:2021-08 als Überblick dargestellt. Die Boxen visualisieren, welche Menge jeweils inkludiert ist. Wichtige Flächenarten sind die Bruttogrundfläche (BGF), die Nettoraumfläche (NRF) sowie die Nutzungsfläche (NUF), die Verkehrsfläche (VF) und die Technikfläche (TF).

Generell sind alle vorhandenen Flächen des Gebäudes als Bruttogrundfläche (BGF) im Sinne der DIN 277 zu erfassen und entsprechend ihrer Nutzung den Flächenarten nach DIN 277, Tabelle 1 und/oder 2 zuzuordnen. Die Bruttogrundfläche (BGF) gliedert sich in die Nettoraumfläche (NRF) und die Konstruktionsgrundfläche (KGF), wobei die Nettoraumfläche die Flächen der nutzbaren Räume erfasst. Die Nettoraumfläche kann weiter in die Flächenarten Nutzungsfläche (NUF), Verkehrsfläche (VF) und Technikfläche (TF) differenziert werden.

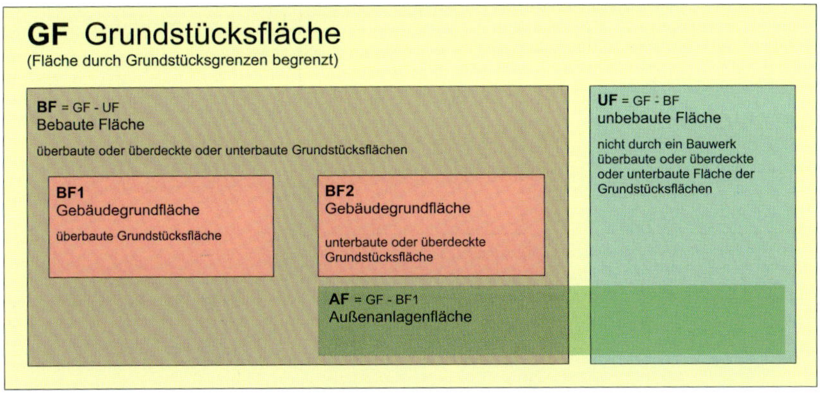

Abb. 2.3 Übersicht der Flächen des Grundstücks nach DIN 277

In DIN 277 werden die folgenden Abkürzungen für die Flächen und Rauminhalte des Bauwerkes verwendet. Die entsprechenden Begriffe werden in Kapitel 2.1.1.1 detailliert beschrieben:

- BGF: Bruttogrundfläche, BGF = NRF + KGF
- KGF: Konstruktionsgrundfläche, KGF = BGF – NRF = AKG + IKG + TGF
- AKG: Außenwand-Konstruktionsgrundfläche
- IKG: Innenwand-Konstruktionsgrundfläche
- TGF: Trennwand-Grundfläche (Flächenanteil aller nicht tragenden Wände)
- NGF: Nettogrundfläche, NGF = NRF + TGF
- IGF: Innengrundfläche, IGF = BGF – AKF = NGF + TGF + IKF
- NRF: Nettoraumfläche, NRF = NUF + VF + TF
- NUF: Nutzungsfläche
- VF: Verkehrsfläche
- TF: Technikfläche

Neben den Flächen von Gebäuden thematisiert die DIN 277 die Flächen des Grundstückes, die in Abb. 2.3 als Übersicht dargestellt sind. Die Fläche des Grundstückes wird nach DIN 277 in die bebaute und in die unbebaute Fläche differenziert. Die bebaute Fläche erfasst alle mit Gebäuden überdeckte und alle unterbauten Bereiche des Grundstückes. Die unbebaute Fläche ist diejenige Fläche des Grundstückes, die weder bebaut noch von Gebäudebereichen unterbaut oder überdeckt ist. Die Außenanlagenfläche ist derjenige Teil der Grundstücksfläche, der mit Grünanlagen und von befestigten Außenanlagenflächen (z. B. Wege, Zufahrt, Terrassen) bedeckt ist. Hierzu zählen auch überdeckte und unterbaute Grundstücksbereiche.

In DIN 277 werden die folgenden Abkürzungen für die Grundstücksflächen verwendet:

- GF: Grundstücksfläche, GF = BF1 + AF
- AF: Außenanlagenfläche, AF = GF – BF1
- BF: bebaute Fläche, BF = BF1 + BF2
- UF: unbebaute Fläche, UF = GF – BF
- BF1: überbaute Grundstücksfläche
- BF2: unterbaute oder überdeckte Grundstücksfläche

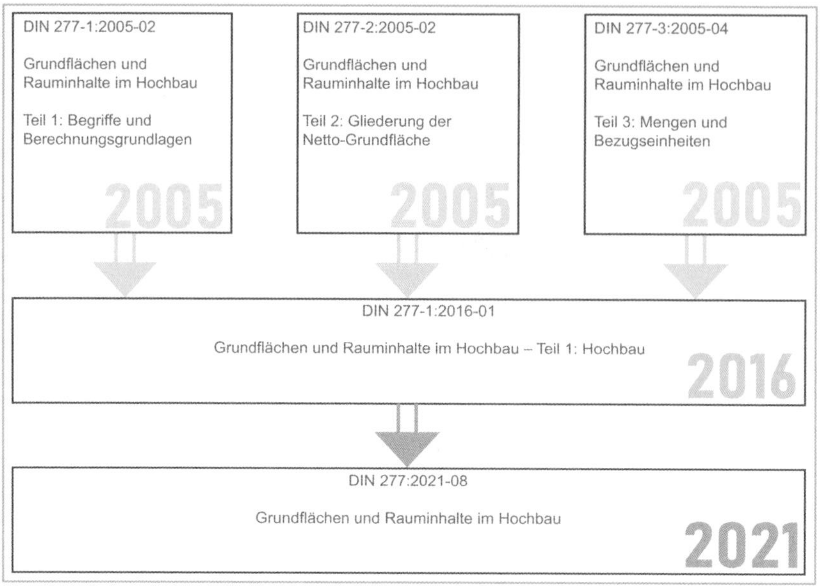

Abb. 2.4: Vorherige und aktuelle Ausgaben der DIN 277

Mit der Überarbeitung der Vornorm DIN 277-1:2016-01 wurden die 3 Teile DIN 277-1:2005-02 bis DIN 277-3:2005-02 in einer Norm, der DIN 277:2021-08, zusammengefasst (siehe Abb. 2.4). Des Weiteren wurden unklare Begriffsdefinitionen und -inhalte präzisiert und ergänzt, sodass nun eine einheitliche, einfache und eindeutige Ermittlung der Flächen und Rauminhalte möglich ist. Mit der Neufassung der DIN 277-1:2016-01 erfolgte eine Überarbeitung der Begriffe sowie ihrer Inhalte und Abkürzungen. Diese Änderung hat dazu geführt, dass nun die gleichen Begriffe mit unterschiedlichen Inhalten existieren. Das betrifft beispielsweise die Begriffe Nettogrundfläche und Nutzfläche (siehe Kapitel 2.1.2 und 3.1).

2.1.1 Begriffe nach DIN 277

Die DIN 277 definiert sowohl die Flächen und Rauminhalte des Bauwerkes als auch die Flächen des Grundstückes.

Ein **Geschoss** beinhaltet alle Grundflächen einer horizontal verbundenen Zugangsebene, z. B. die Bruttogrundfläche des Erdgeschosses (BGF1) oder die Bruttogrundfläche des Obergeschosses (BGF2).

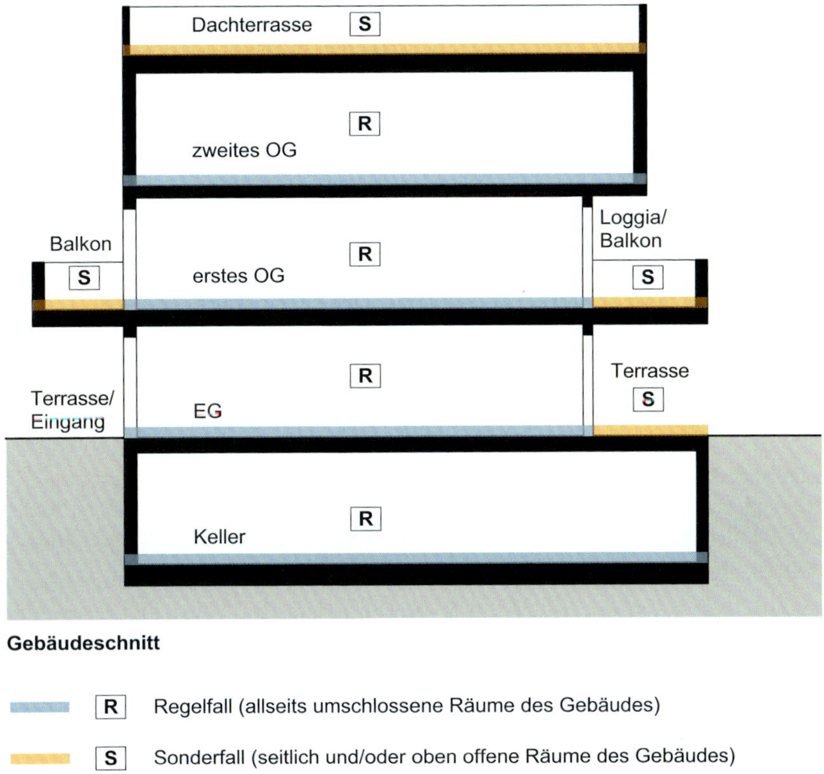

Abb. 2.5: Bereiche der Raumumschließung nach DIN 277

Ermittelt werden sowohl allseits umschlossene Flächen des Bauwerkes (Regelfall) wie auch Flächen, die seitlich und/oder oben nicht umschlossen sind (Sonderfall) (siehe Abb. 2.5). Die Flächen mit unterschiedlicher Raumumschließung sind getrennt zu ermitteln und separat aufzuzeigen (siehe Kapitel 3.2).

Regelfall der Raumumschließung (R):

- Allseits umschlossene Flächen. Die zu ermittelnde Grundfläche ist von Boden-, Wand- und Decken- bzw. Dachfläche begrenzt.

Sonderfall der Raumumschließung (S):

- Seitlich nicht allseits umschlossene Flächen. Die Grundfläche ist von Boden- und Decken- bzw. Dachflächen begrenzt, jedoch seitlich teilweise (nur) durch ein Geländer umschlossen (z. B. überdachter Balkon, Loggia).
- Oben nicht umschlossene Flächen. Die Grundfläche ist seitlich beispielsweise durch ein Geländer oder eine Brüstung begrenzt, jedoch nicht oben abgeschlossen (z. B. begehbare Dachterrasse, nicht überdachter Balkon).

2.1.1.1 Flächen des Bauwerkes

Die Flächen des Bauwerkes werden in DIN 277 im Wesentlichen in Bruttoflächen (z. B. Bruttogrundflächen) und Nettoflächen (z. B. Nettoraumflächen) unterteilt.

Bruttogrundfläche

Zur Ermittlung der **Bruttogrundfläche (BGF)** des Bauwerkes in jedem Geschoss werden alle Flächen erfasst, die konstruktiv fest mit dem Bauwerk verbunden sind. Die BGF wird ermittelt aus den äußeren Abmessungen der Geschosse jeweils in Höhe der Oberkante Fertigfußboden der Boden-/Deckenbeläge.

Nicht begehbare Flächen der Geschosse, z. B. Lufträume von Galeriegeschossen oder ähnliche Deckenöffnungen mit einem lichten Querschnitt von $> 1\ m^2$, und nicht zugängliche Flächen in Dachräumen/Kriechkellern sowie Flächen, die ausschließlich der Wartung, Inspektion und Instandsetzung dienen (z. B. Installationsböden, Wartungsstege, Dachleitern), gehören nicht zur Bruttogrundfläche und werden nicht berücksichtigt. Diese Einzelfälle werden in Kapitel 3 detailliert beschrieben.

Die BGF setzt sich zusammen aus Nettoraumfläche und Konstruktionsgrundfläche:

$$BGF = NRF + KGF.$$

Konstruktionsgrundfläche

Die **Konstruktionsgrundfläche (KGF)** ist ein Anteil der Bruttogrundfläche (BGF). Sie entspricht der Fläche der horizontalen Querschnitte der aufgehenden Bauteile (z. B. Außenwände, Innenwände) einschließlich deren Bekleidungen in Höhe der Oberkante Fertigfußboden der Boden-/Deckenbeläge.

Die Konstruktionsgrundfläche (KGF) beinhaltet des Weiteren die Flächen von raumhohen Vormauerungen und raumhohen Vorwandinstallationen sowie von Wandöffnungen, Wandnischen und Schächten mit einem lichten Querschnitt von $\leq 1{,}0\ m^2$. Konstruktive Vor- und Rücksprünge sowie Einbauteile werden nicht berücksichtigt.

Die Konstruktionsgrundfläche (KGF) wird im Allgemeinen als Differenz von Bruttogrundfläche (BGF) und Nettoraumfläche (NRF) ermittelt:

$$KGF = BGF - NRF.$$

Nettoraumfläche

Die **Nettoraumfläche (NRF)** bildet neben der Konstruktionsgrundfläche (KGF) den zweiten Anteil der Bruttogrundfläche (BGF). Sie beinhaltet die Flächen der Räume in jedem Geschoss (einschließlich Grundfläche von Schächten mit lichtem Querschnitt $> 1\ m^2$). Die Grundflächen werden ermittelt anhand der lichten Maße zwischen den aufgehenden Bauteilen (z. B. zwischen Wänden, Brüstungen, Geländer). Schräge Flächen, wie z. B. Treppen oder Rampen, werden in der Regel dem darüberliegenden Geschoss zugeordnet und in die darüberliegende Deckenöffnung nach oben projiziert. Die Flächen von baukonstruktiven Einbauten, beweglichen Innenwänden und fest eingebauten Ausstattungen (wie z. B. Einbauküchen, Schränken, Sanitärobjekten, Heizungsanlagen) gehören zur NRF.

Die Nettoraumfläche ergibt sich aus der Addition von Nutzungsfläche (NUF), Verkehrsfläche (VF) und Technikfläche (TF):

NRF = NUF + TF + VF.

Nutzungsfläche

Die **Nutzungsfläche (NUF)** ist Teil der Nettoraumfläche (NRF). Sie umfasst diejenigen Flächen, die der Zweckbestimmung des Gebäudes dienen, und wird anhand der lichten Maße zwischen den aufgehenden Bauteilen in Höhe der Oberkante der Boden-/Deckenbeläge berechnet.

Die Nutzungsfläche kann nach DIN 277, Tabelle 2 in die Nutzungsflächenarten NUF 1 bis NUF 7 untergliedert werden:

- NUF 1 Wohnen und Aufenthalt,
- NUF 2 Büroarbeit,
- NUF 3 Produktion, Hand- und Maschinenarbeit, Forschung und Entwicklung,
- NUF 4 Lagern, Verteilen und Verkaufen,
- NUF 5 Bildung, Unterricht und Kultur,
- NUF 6 Heilen und Pflegen,
- NUF 7 sonstige Nutzungen (z. B. Abstellräume, Fahrradräume, Garagen, Sanitärräume, Umkleideräume).

Für die Nutzungsfläche (NUF) können weitere Untergliederungen nach eigenen Erfordernissen vorgenommen werden. Beispielsweise können die Fläche der Sanitärräume und die Fläche der Umkleideräume, die eine Teilfläche der NUF 7 sonstige Nutzungen sind, separat ausgewiesen werden, um sie der Sanitärfläche (SF) nach DIN EN 15221-6 zuzuordnen.

Verkehrsfläche

Die **Verkehrsfläche (VF)** ist Teil der Nettoraumfläche (NRF). Sie beinhaltet die Flächen, die der horizontalen und der vertikalen Erschließung des Gebäudes dienen. Im Speziellen sind das z. B. Flure, Treppen mit ihren Podesten, Rampen, Aufzugsschächte oder Fahrbahnen zwischen den Fahrzeugabstellflächen. Dienen Teilflächen eines Raumes der notwendigen Erschließung von (anderen) Räumen, sind die Teilflächen des Raumes der Nutzungsart Verkehrsfläche (VF) nach DIN 277, Tabelle 1 oder Tabelle 2 zuzuordnen und in den Grundrissen zu kennzeichnen.

Bewegungsflächen innerhalb von Räumen, z. B. die Flächen zwischen Verkaufsregalen oder die Flächen zwischen Einrichtung/Möblierung, werden nicht der Verkehrsfläche zugeordnet. Sie erschließen keine Räume und sind lediglich Nutzungsflächen (NUF).

Für die Ermittlung der Verkehrsflächen werden die lichten Maße zwischen den aufgehenden Bauteilen in Höhe der Oberkante der Boden-/Deckenbelä-

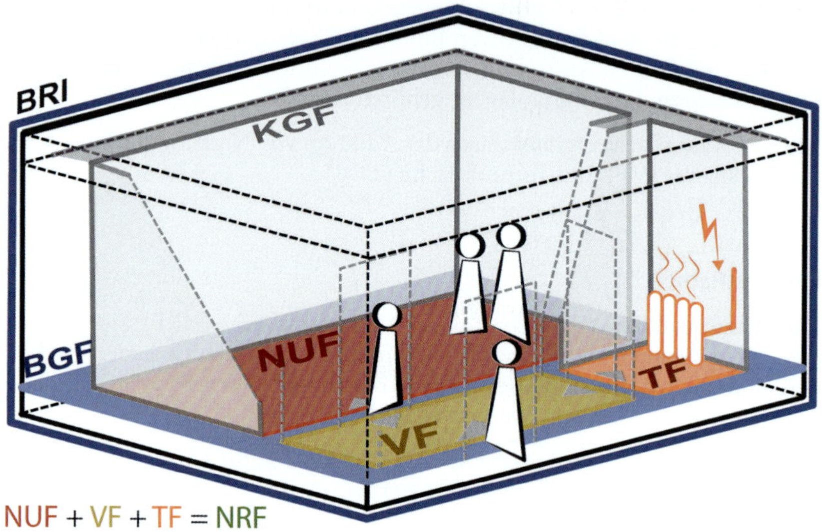

Abb. 2.6 Grafische Darstellung der Flächenarten nach DIN 277

ge angesetzt. Bei Verkehrsflächen, die nicht horizontal angeordnet sind, z. B. Treppen oder Rampen, wird die Fläche durch vertikale Projektion auf eine horizontale Ebene (darüberliegendes Geschoss) ermittelt. Diese Fläche kann maximal die Größe des Luftraumes bzw. der Deckenöffnung des darüberliegenden Geschosses aufweisen. Darüber hinausgehende Flächen werden in der Ebene berücksichtigt, in der die Treppe beginnt.

Technikfläche

Die **Technikfläche (TF)** ist Teil der Nettoraumfläche (NRF). Sie umfasst die Flächen für die technischen Anlagen, die der Ver- bzw. Entsorgung des Gebäudes dienen. Im Speziellen sind das Flächen zum Betrieb technischer Anlagen, z. B. Aufstellräume mit Behältern für Heizöl, Gas, Holz oder Löschwasser.

Flächen, die dem Betrieb nutzungsspezifischer Anlagen dienen, sind keine Technikflächen (TF). Das sind z. B. Flächen für Aufstellräume von küchentechnische Anlagen (Speisen-/Getränkezubereitung, Kälteanlagen usw.), verfahrenstechnischen Anlagen (Abwasserbehandlung, -reinigung usw.) oder Medienversorgungsanlagen für technische Gase, Druckluft, Entsalzung, Serverräume und deren Ergänzungsflächen, z. B. der Raum für die Lüftungsanlage des Serverraumes oder Lagerräume für nutzungsspezifische Anlagen, sind keine Technikflächen. Diese Flächen für nutzungsspezifische Anlagen und Einrichtungen sind den Nutzungsflächen nach DIN 277, Tabelle 2 zuzuordnen.

Dient das Gebäude dem Zweck, technische Anlagen unterzubringen, z. B. eine Trafostation, werden diese Flächen nicht der Technikfläche, sondern der Nutzfläche NUF 7 sonstige Nutzung zugeordnet.

Abb. 2.6 veranschaulicht die Flächenarten nach DIN 277.

2.1.1.2 Rauminhalte des Bauwerkes

Die DIN 277 beinhaltet neben den Flächen des Bauwerkes auch Definitionen, Beschreibungen und Regeln zur Ermittlung des Bruttorauminhaltes des Gebäudes. Diese Bruttorauminhalte gliedern sich analog den Grundflächen in Brutto- und Nettorauminhalte.

Bruttorauminhalt

Der **Bruttorauminhalt (BRI)** ist das Volumen des gesamten Gebäudes, also die Rauminhalte der Räume aller Geschosse einschließlich der Volumina der aufgehenden Bauteile (z. B. Wandkonstruktionen) und der nicht begehbaren Hohlräume. Ermittelt wird das Volumen zwischen den äußeren Seiten der horizontalen und der vertikalen Begrenzungsflächen des Gebäudes. Die äußeren Begrenzungsflächen sind

- die Gründungsflächen (Unterseite Bodenplatte/Dämmung),
- die Außenwände (Außenwandbekleidung, außen) und
- die Dachflächen (Oberseite Dachbelag).

Bei der Berechnung des Bruttorauminhaltes bleiben untergeordnete Bauteile wie z. B. Fundamente, Lichtschächte, Eingangsüberdachungen, Dachüberstände unberücksichtigt.

Der Bruttorauminhalt (BRI) wird in der Regel aus der Bruttogrundfläche (BGF) und den dazugehörigen Geschosshöhen (BRI-Höhe) berechnet. Die Geschosshöhe entspricht dem Abstand von Oberkante Boden-/Deckenbelag des jeweiligen Geschosses bis zur Oberkante Boden-/Deckenbelag des darüber befindlichen Geschosses. Abweichend hierzu wird die Geschosshöhe des untersten Geschosses unter Berücksichtigung der Boden-/Fundamentplatte und deren Bekleidung berechnet, und zwar von Unterseite der Boden-/Fundamentplatte und darunterliegenden Dämmschichten bis zur Oberseite der Deckenbeläge des darüber befindlichen Geschosses. Hierbei ist zu beachten, dass für Grundflächen eines Geschosses unterschiedliche Höhen vorliegen können, z. B. wenn es Lufträume gibt, die über das darüberliegende Geschoss hinausgehen.

Abweichungen für die Sonderfallflächen „nicht allseits umschlossene Flächen" werden in Kapitel 3.2 beschrieben.

Nettorauminhalt

Der **Nettorauminhalt (NRI)** beinhaltet das Volumen aller Räume des Gebäudes, das sich aus den lichten Abmessungen der Räume ergibt. Er berechnet sich aus den Nettoraumflächen (NRF) und den jeweils dazugehörigen lichten Raumhöhen. Bei nicht überdeckten, jedoch umschlossenen Räumen wird der Nettorauminhalt (NRI) aus der Nettoraumfläche (NRF) und der Oberkante des umschließenden Bauteils (z. B. Geländer, Brüstung) errechnet.

Konstruktionsrauminhalt

Der **Konstruktionsrauminhalt (KRI)** umfasst den Rauminhalt aller Baukonstruktionen des Gebäudes, einschließlich Hohlräumen (z. B. in abgehängten Decken, in Doppelböden) und Rauminhalten von Installationsschächten mit einem Querschnitt $\leq 1\ m^2$. Der Konstruktionsrauminhalt KRI wird als Differenz von Bruttorauminhalt (BRI) und Nettorauminhalt (NRI) ermittelt:

$$KRI = BRI - NRI.$$

2.1.1.3 Grundflächen des Grundstückes

Grundstücksfläche

Die **Grundstücksfläche (GF)** wird von den amtlich festgestellten Grundstücksgrenzen begrenzt und entspricht der Größe des Flurstückes bzw. der Flurstücke gemäß Liegenschaftskataster/Grundbuchamt. Flurstücke sind Bereiche der amtlich vermessenen Teile der Erdoberfläche und sind durch das amtliche Vermessungswesen geometrisch festgelegt und bezeichnet. Die Grundstücksfläche (GF) untergliedert sich in die bebaute und in die unbebaute Fläche des Grundstückes:

$$GF = BF + UF.$$

Bebaute Fläche

Die **bebaute Fläche (BF)** des Grundstückes ist ein Anteil der Grundstücksfläche (GF). Zu ihr zählen sowohl der durch Bauwerke oberirdisch überbaute oder überdeckte Teil des Grundstückes als auch der unterirdisch unterbaute Teil des Grundstückes.

Unbebaute Flächen

Die **unbebauten Flächen (UF)** des Grundstückes sind ein Anteil der Grundstücksfläche (GF) und beinhalten diejenigen Flächen des Grundstückes, die weder überbaut noch unterbaut und auch nicht von baulichen Anlagen überdeckt sind. Die unbebaute Fläche ergibt sich aus der Differenz der Grundstücksfläche (GF) und der bebauten Flächen (BF):

$$UF = GF - BF$$

Außenanlagenfläche

Die **Außenanlagenfläche (AF)** ist ein Anteil der Grundstücksfläche (GF). Sie beinhaltet die Flächen des Grundstückes, die als Freianlage bearbeitet sind oder werden. Das sind alle unbebauten Flächen (UF) des Grundstückes zuzüglich der unterbauten Flächen des Grundstückes (z. B. begrünte Tiefgarage) und der von Teilen des Bauwerkes überdeckte Anteil des Grundstückes (z. B. Vordächer, Auskragungen des Gebäudes). Grünflächen auf oder an Gebäuden (z. B. begrünte Dachflächen, Dachterrassen) gehören nicht zur Außenanlagenfläche.

Eine übersichtliche grafische Darstellung der Flächenarten und deren detaillierte Erläuterung finden sich in Kapitel 3.9.

2.1.2 Abgrenzung von Begriffen in DIN-Normen zur Flächenermittlung

Mit der Überarbeitung der DIN 277 wurden Begriffe und deren Abkürzungen geändert, ergänzt und überarbeitet und damit an die europäische Norm DIN EN 15221-6 angepasst. Hierbei sind Begriffe mit gleichen Bezeichnungen, jedoch unterschiedlichen Inhalten entstanden. In diesem Kapitel werden die Begrifflichkeiten der verschiedenen Ausgaben der DIN 277 untereinander sowie zur DIN EN 1522-6 aufgezeigt und voneinander abgegrenzt.

2.1.2.1 Abgrenzung des Begriffes Nettogrundfläche (NGF)

Zu beachten sind die geänderten Begriffe in der DIN 277-1:2016-01 und der DIN 277:2021-08 gegenüber der DIN 277-1:2005-02 (vgl. Tabelle 2.1). Die neuen Begriffsdefinitionen sind aufgrund der Anpassung der DIN 277 an die Europäische Norm DIN EN 15221 6:2011 erforderlich geworden.

Die in der DIN 277-1:2005 übliche Bezeichnung Nettogrundfläche (NGF) entspricht nicht der Nettogrundfläche (NGF) der DIN 277:2021-08 und der Nettogrundfläche (NGF) in der DIN 277-1:2016. Die in der DIN 277-1:2005 übliche **Nettogrundfläche (NGF)** entspricht inhaltlich der neuen **Nettoraumfläche (NRF)** nach DIN 277-1:2016 und DIN 277:2021-08. Die Nettogrundfläche in der DIN 277-1:2016 und in der DIN 277:2021-08 beinhaltet die Summe aus Nettoraumfläche und der neu eingeführten Trennwandgrundfläche (TGF). Der neu einführte Begriff Nettoraumfläche (NRF) in DIN 277-1:2016 und DIN 277:2021-08 entspricht der Nettogrundfläche in DIN 277-1:2005. Die Trennwandgrundfläche (TGF) ist die horizontale Fläche der nicht tragenden Wände sowie der flexiblen und beweglichen Trennwände.

Tabelle 2.1: Definitorische Unterschiede zwischen DIN 277-1:2005 und DIN 277-1:2016 sowie DIN 277:2021

DIN 277-1:2005		**DIN 277-1:2016 und DIN 277:2021-08**
Nettogrundfläche (NGF)	–	Nettoraumfläche (NRF) = Nettogrundfläche (NGF) – Trennwandgrundfläche (TGF)
$NGF_{alt\ 2005} = NRF = NGF_{neu\ 2016\ und\ 2021} - TGF$		
Konstruktionsgrundfläche (KGF)	=	Konstruktionsgrundfläche (KGF) = Außenwand-Konstruktionsgrundfläche (AKF) + Innenwand-Konstruktionsgrundfläche (IKF) + Trennwandgrundfläche (TGF)
$KGF_{alt\ 2005} = KGF_{neu\ 2016\ und\ 2021} = AKF + IKF + TGF$		

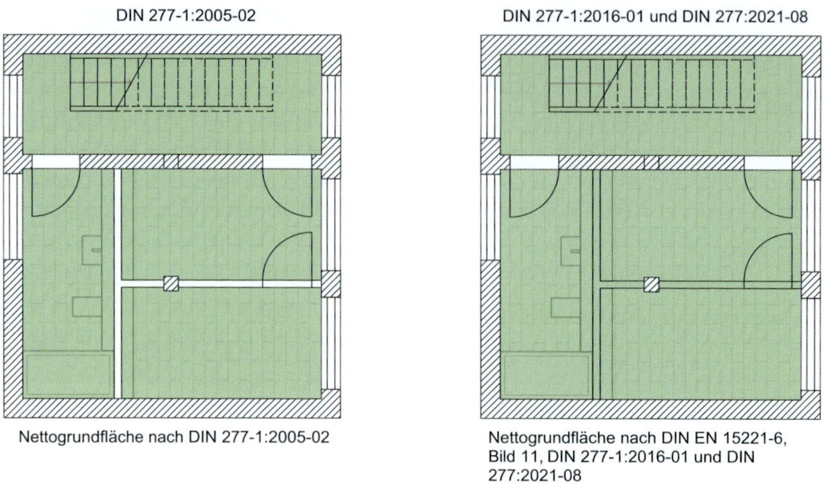

Abb. 2.7: Abgrenzung der NGF nach DIN 277-1:2005-03 gegenüber DIN 277:2021-08 und DIN 277-1:2016-01

In Abb. 2.7 werden die Änderungen anhand eines Grundrisses aufgezeigt.

Für Flächenberechnungen nach DIN 277-1:2016 und DIN 277:2021-08 ist der Begriff der Nettogrundfläche nicht mehr gebräuchlich. Die **Nettogrundfläche** wird mit der DIN 277-1:2016 durch den Begriff **Nettoraumfläche** ersetzt.

2.1.2.2 Abgrenzung des Begriffes Nutzfläche (NF)

Für Datenvergleiche und Flächenberechnungen ist zu beachten, dass die Begriffe Nutzfläche (NF) und Nettogrundfläche (NGF) bereits in der DIN 277-1: 2005-02 definiert wurden. Im Vergleich zur DIN EN 15221-6:2011-12 unterscheiden sich jedoch die Ergebnisse der Flächeninhalte.

Die in der DIN 277-1:2005 übliche Bezeichnung **Nutzfläche (NF)** entspricht der **Nutzungsfläche (NUF)** nach DIN 277:2021-08, jedoch nicht der Nutzfläche (NF) nach DIN EN 15221-6. Die Nutzungsfläche (NUF) der DIN 277-1: 2016 und DIN 277:2021-08 entspricht der Summe aus Nutzfläche (NF) und Sanitärfläche (SF) der DIN EN 15221-6. Dies ist bei Vergleichen und Bezugsdaten aus älteren Flächenermittlungen zu beachten. In älteren Formularen für Flächenangaben bei Behörden beispielsweise werden „alte" Begriffe wie Nutzfläche oder Nettogrundfläche verwendet und sind entsprechend zu interpretieren. Es ist hier zu beachten, dass der Flächeninhalt der Nutzungsfläche (NUF) nach DIN 277:2021-08 und nach DIN EN 15221-6:2011-12 dem Inhalt der Nutzfläche (NF) nach DIN 277-1:2005-02 entspricht. Die Nutzfläche (NF) nach DIN 277-1:2005-02 entspricht der Nutzungsfläche (NUF) der DIN 277:2021-08, jedoch nicht der Nutzfläche (NF) nach DIN EN 15221-6 (siehe Abb. 2.8).

Die Nettoraumfläche (NRF) wird in DIN EN 15221-6 im Weiteren in 4 Flächenarten (NF, SF, VF, TF) unterschieden, nach DIN 277-1 nur in 3 Flächenarten (NUF, VF, TF). Die Nutzungsfläche der DIN 277-1 wird nach DIN EN 15221-6 in die Flächenarten Sanitärfläche (SF) und Nutzfläche (NF) unterschieden.

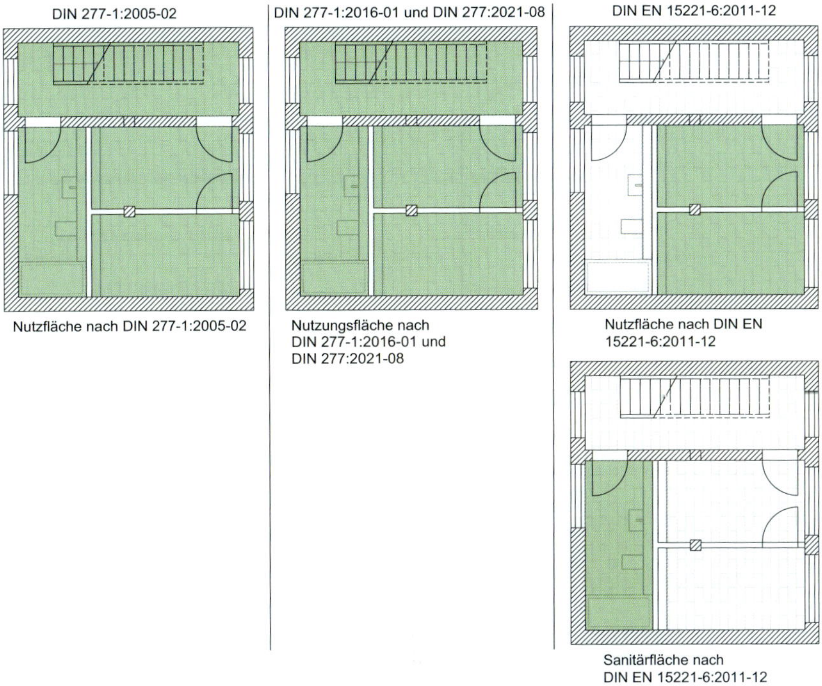

Abb. 2.8: Abgrenzung der Nutzfläche (NF) nach DIN 277-1:2005-03 gegenüber DIN 277:2021-08, DIN 277-1:2016-01 und DIN EN 15221-6:2011-12

Die neuen Begriffsdefinitionen sind aufgrund der Anpassung der DIN 277-1 an die Europäische Norm DIN EN 15221-6 erforderlich geworden.

In Abb. 2.8 werden die Änderungen anhand eines Grundrisses aufgezeigt.

Die **Nutzfläche** wird mit der DIN 277-1:2016 durch den Begriff **Nutzungsfläche** ersetzt. Somit ist für die Flächenberechnung nach DIN 277-1:2016 und DIN 277:2021-08 der Begriff der Nutzfläche nicht mehr gebräuchlich (vgl. Tabelle 2.2).

Tabelle 2.2: Nutzfläche, Nutzungsfläche und Sanitärfläche

DIN 277-1:2005-02		DIN 277-1:2016-01 und DIN 277:2021-08	DIN EN 15221-6:2011-12
Nutzfläche (NF)	=	Nutzungsfläche (NUF)	Nutzfläche (NF) + Sanitärfläche (SF)

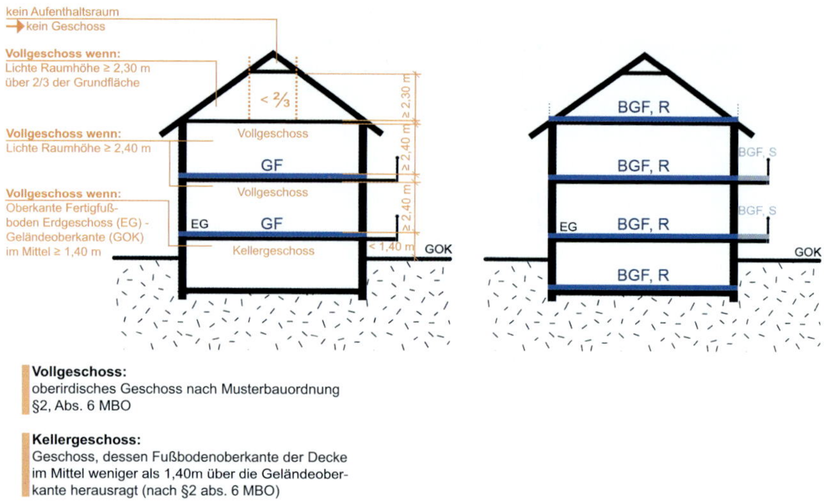

Abb. 2.9: Vergleich der Bruttoflächen des Gebäudes nach DIN 277 und BauNVO

2.1.2.3 Abgrenzung des Begriffes Bruttogrundfläche (BGF)

Die Bruttogrundfläche (BGF) nach DIN 277:2021-08 wird wie folgt von der Geschossfläche (GF) nach BauNVO abgegrenzt (siehe Abb. 2.9):

Die **Bruttogrundfläche (BGF) nach DIN 277** ist eine **hochbauliche Kennzahl** und beinhaltet die Grundflächen aller Geschosse. Sie wird ermittelt aus den äußeren Abmessungen der Geschosse in Höhe der Oberkante der Boden-/Deckenbeläge. Es werden sowohl allseits umschlossene Flächen wie auch nach oben und/oder seitlich teilweise offenen Flächen (z. B. Balkon, Loggia, Terrasse) erfasst, die baulich mit dem Gebäude verbunden sind.

Die **Geschossfläche (GF) nach BauNVO** ist eine **städtebauliche Kennzahl**, die im Wesentlichen nur die oberirdischen (städtebaulich relevanten) Geschosse und Flächen berücksichtigt. Bei der Ermittlung der Geschossfläche sind wie bei der Bruttogrundfläche die Außenmaße der Gebäude anzusetzen, jedoch ausschließlich in allen Vollgeschossen. Kellergeschosse wie auch nicht allseits umschlossene Flächen werden in der Regel nicht erfasst; sie gehören nicht zu den Vollgeschossen. Welche Flächen als Vollgeschosse angerechnet werden, wird in der BauNVO in Verbindung mit den jeweiligen Bauordnungen der Länder geregelt. Nicht allseits umschlossene Flächen sind beispielsweise Balkone, Loggien, Dachterrassen. Des Weiteren müssen (je nach Bundesland) Grundflächen von Ebenen, die bauordnungsrechtlich kein Geschoss sind (siehe die Definition von Geschossen nach § 2 Musterbauordnung [MBO] und die Definition von Aufenthaltsräumen nach § 47 MBO), nicht als Geschossfläche berücksichtigt werden.

Geschosse sind beispielsweise nach § 2 Abs. 6 MBO wie folgt definiert: „*Geschosse sind oberirdische Geschosse, wenn ihre Deckenoberkanten im Mittel mehr als 1,40 m über die Geländeoberfläche hinausragen; im Übrigen sind sie Kellergeschosse. Hohlräume zwischen der obersten Decke und der Bedachung, in denen Aufenthaltsräume nicht möglich sind, sind keine Geschosse.*“

Dachgeschosse sind als Geschosse im Sinne der BauNVO anzurechnen, wenn in ihnen Aufenthaltsräume möglich sind. Die Anforderungen an Aufenthaltsräume werden in den Landesbauordnungen teilweise unterschiedlich definiert. Nach § 47 Abs. 1 MBO *„müssen [Aufenthaltsräume] eine lichte Raumhöhe von mindestens 2,40 m haben. Diese gilt nicht für Aufenthaltsräume in Wohngebäuden der Gebäudeklasse 1 und 2 sowie für Aufenthaltsräume im Dachraum.“* Abweichend hierzu wird beispielsweise in § 90 Sächsische Bauordnung (SächsBO) definiert, dass Vollgeschosse jene Geschosse sind, *„die über mindestens zwei Drittel ihrer Grundfläche eine lichte Höhe von mindestens 2,30 m haben“*.

Des Weiteren müssen nach § 47 Abs. 2 MBO *„[Aufenthaltsräume] ausreichend belüftet und mit Tageslicht belichtet werden können. Sie müssen Fenster mit einem Rohbaumaß der Fensteröffnungen von mindestens 1/8 der Netto-Grundfläche [neu: Nettoraumfläche, Anm. d. Verf.] des Raumes […] haben.“*

2.1.2.4 Abgrenzung der Begriffe zu Grundstücksflächen

Tabelle 2.3 gibt eine Übersicht über die Definition von Grundstücksflächen nach DIN 277:2021-08 im Vergleich mit Grundstücksfläche und bebauter Fläche nach BauNVO.

Tabelle 2.3: Grundstücksfläche nach DIN 277:2021-08 und Grundstücksfläche sowie Grundfläche nach BauNVO

DIN 277:2021-08	**BauNVO 2023**
Abschnitt 3.11 und 8.1 Die **Grundstücksfläche (GF)** wird von den amtlich festgestellten Grundstücksgrenzen begrenzt und entspricht der Größe des Flurstückes/der Flurstücke gemäß Liegenschaftskataster/Grundbuchamt. Flurstücke sind Teil der amtlich vermessenen Teile der Erdoberfläche und sind durch das amtliche Vermessungswesen geometrisch festgelegt und bezeichnet.	§ 23, Grundstücksfläche Überbaubare Grundstücksflächen können durch die Festsetzung von Baulinien, Baugrenzen oder Bebauungstiefen bestimmt werden. Diese Festsetzungen können dem Bebauungsplan entnommen werden und können oberhalb und unterhalb der Geländeoberfläche getroffen werden.
Abschnitt 3.14 und 8.3 Die **unbebauten Flächen (UF)** des Grundstückes sind Teil der Grundstücksfläche (GF) und beinhalten die Flächen des Grundstückes, die weder überbaut noch unterbaut sind. Die unbebaute Fläche ergibt sich aus der Differenz der Grundstücksfläche (GF) und der bebauten Fläche (BF).	

Tabelle 2.3: Fortsetzung

DIN 277:2021-08	**BauNVO 2023**
Abschnitt 3.12 und 8.2 Die **bebaute Fläche (BF)** des Grundstückes ist ein Teil der Grundstücksfläche (GF). Die bebaute Fläche (BF) ist der durch Bauwerke oberirdisch überbaute oder oder unterirdisch unterbaute Teil des Grundstückes.	§ 19, Grundfläche (GR) Bebaubare Fläche: Die Grundfläche ist der Anteil des Baugrundstückes, der von baulichen Anlagen überdeckt ist. Hinzuzurechnen bei der Ermittlung der Grundfläche sind die Grundflächen von Garagen und Stellplätzen mit ihren Zufahrten und Anlagen unterhalb der Geländeoberfläche, durch die das Baugrundstück lediglich unterbaut wird.
Abschnitt 3.14 und 8.4 Die **Außenanlagenfläche (AF)** ist ein Teil der Grundstücksfläche (GF). Sie beinhaltet die Flächen, die als Freianlage bearbeitet werden können/müssen. Das sind alle unbebauten Flächen (UF) zuzüglich der unterbauten Flächen des Grundstückes und der von Bauwerken überdeckte Anteil des Grundstückes. Grünflächen auf oder an Gebäuden (z. B. begrünte Dachflächen) oberhalb der Oberfläche des Grundstückes gehören nicht zur Außenanlagenfläche, sondern sind Flächen des Bauwerkes.	

Die Flächen des Grundstückes, die Abgrenzungen der Begriffe sowie der Vergleich der Normen und der BauNVO werden in Kapitel 3.9 ausführlich erläutert und grafisch dargestellt.

2.2 Flächenbemessung im Facility-Management nach DIN EN 15221-6

2.2.1 Allgemeine Grundsätze

In DIN EN 15221-6 werden Begriffe und Grundsätze für die Ermittlung der Grundflächen von Bauwerken definiert. Diese Norm ist Grundlage für einen europäisch einheitlichen Ansatz der Flächenbemessung und kann jeweils in die nationale Normung eingearbeitet werden. Durch eindeutige, einheitliche Begriffe, Definitionen und Grundsätze in den nationalen Normen der EU-Länder, die auf dieser gemeinsamen EU-Norm beruhen, sind die Ergebnisse von Flächenermittlungen europaweit beispielsweise für Datenvergleiche, Wirtschaftlichkeitsbeurteilungen und Finanzbewertungen verwertbar. Die einheitliche Anwendung von Regeln und Definitionen zur Bewertung von Gebäudegrundflächen ist für viele Entscheidungsträger für europäische Vergleiche und Interpretationen relevant.

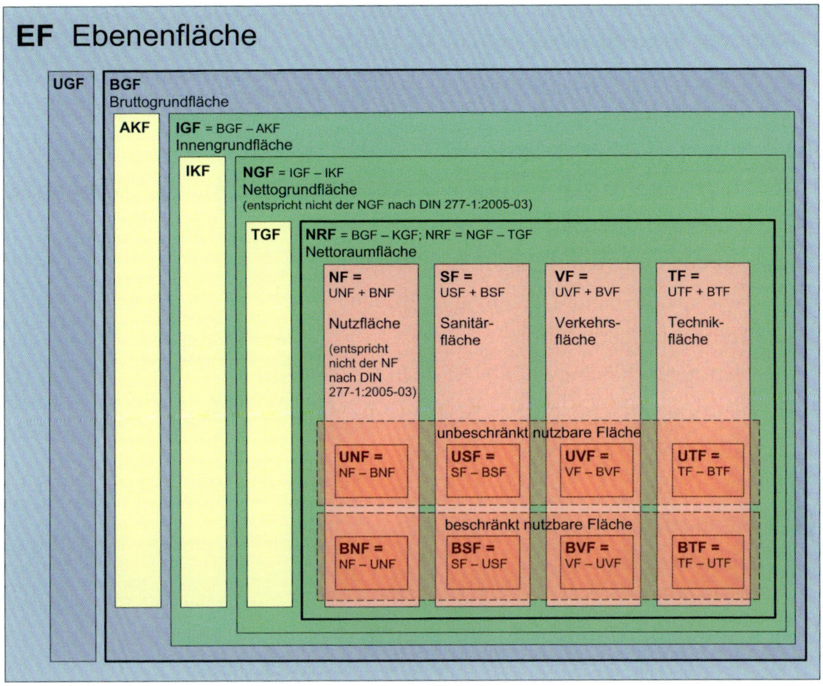

Abb. 2.10: Übersicht von Flächen nach DIN EN 15221-6

In Abb. 2.10 sind Flächenarten der DIN EN 15221-6 als Überblick dargestellt.

Die Norm definiert Begriffe zur Ermittlung der Flächen in Gebäuden in der Entwicklungs-, Planungs- und Nutzungsphase. Es werden Grundflächen sowohl in Gebäuden wie auch Flächen außerhalb von Gebäuden definiert. Die Grundflächen des Gebäudes werden als Ebenenfläche (EF) erfasst sowie in Bruttogrundfläche (BGF) und in unverwendbare Grundfläche (UGF) differenziert. Die unverwendbare Grundflache sind nicht nutzbare Gebäudeflächen wie beispielsweise Deckenöffnungen und Lufträume. Die Bruttogrundfläche (BGF) unterteilt sich in die Nettoraumfläche (NRF) und die Konstruktionsgrundfläche (KGF). Zur Nettoraumfläche (NRF) gehören im Wesentlichen die Grundflächen aller nutzbaren Räume. Die NRF kann entsprechend ihrer Nutzung in die Nutzfläche (NF), die Sanitärfläche (SF), die Verkehrsfläche (VF) und die Technikfläche (TF) unterschieden werden. Beispiele für Unterkategorien sind in DIN EN 15221-6, Anhang C tabellarisch aufgeführt.

Jede Kategorie der Nettoraumfläche (NF, SF, VF, TF) kann bei Bedarf in eine unbeschränkt nutzbare Fläche und in eine beschränkt nutzbare Fläche differenziert werden. Funktionale, organisatorische, technische oder wirtschaftliche Kriterien können eine Beschränkung in der Nutzung begründen. Eine Fläche ist z. B. beschränkt nutzbar, wenn sie eine definierte lichte Raumhöhe nicht erreicht.

In DIN EN 15221-6 werden folgende Abkürzungen bei der Berechnung der Flächen von Bauwerken verwendet; sie werden in Kapitel 2.2.2 detailliert beschrieben:

EF	Ebenenfläche
BGF	Bruttogrundfläche; BGF = EF – UGF
UGF	unverwendbare Grundfläche (Deckenöffnungen, Atrien, Hohlräumen)
IGF	Innengrundfläche
AKF	Außenwand-Konstruktionsgrundfläche
IKF	Innenwand-Konstruktionsgrundfläche
TGF	Trennwandgrundfläche
NGF	Nettogrundfläche, NGF = BGF – (AKF + IKF)
NRF	Nettoraumfläche, NRF = BGF – (AKF + IKF + TGF) NRF = NF + SF + VF + TF
NF	Nutzfläche
SF	Sanitärfläche
VF	Verkehrsfläche
TF	Technikfläche

UNF	unbeschränkt nutzbare Nutzfläche	BNF	beschränkt nutzbare Nutzfläche
USF	unbeschränkt nutzbare Sanitärfläche	BSF	beschränkt nutzbare Sanitärfläche
UVF	unbeschränkt nutzbare Verkehrsfläche	BVF	beschränkt nutzbare Verkehrsfläche
UTF	unbeschränkt nutzbare Technikfläche	BTF	beschränkt nutzbare Technikfläche

2.2.2 Begriffe für Flächen innerhalb von Gebäuden

Alle Flächen werden durch vertikale Projektion auf eine horizontale Ebene erfasst. Die Begriffe und Definitionen werden für zwei 2 Kategorien bestimmt:

- die Flächen des Gebäudes und
- die Flächen außerhalb von Gebäuden.

Eine Definition von Begriffen zur Ermittlung von Rauminhalten ist nicht Inhalt dieser Norm. In ihr wird lediglich der Begriff „Volumen“ betrachtet.

Die Grundflächen des Gebäudes werden sowohl für Gebäudebereiche erfasst, die allseits umschlossen sind, als auch für Gebäudebereiche bzw. Baukonstruktionen des Bauwerkes, die nicht überdeckt oder nicht seitlich begrenzt sind. Allseits umschlossene Gebäudebereiche beinhalten alle innen liegenden Räume des Bauwerkes und sind seitlich durch die Außenwand, nach unten durch Gründung bzw. Decke und nach oben durch Dach bzw. Decke abgeschlossen. Generell werden die Flächen 3 Bereichen der Raumumschließung zugeteilt, wobei die Bereiche B und C beschränkt nutzbare Flächen sind.

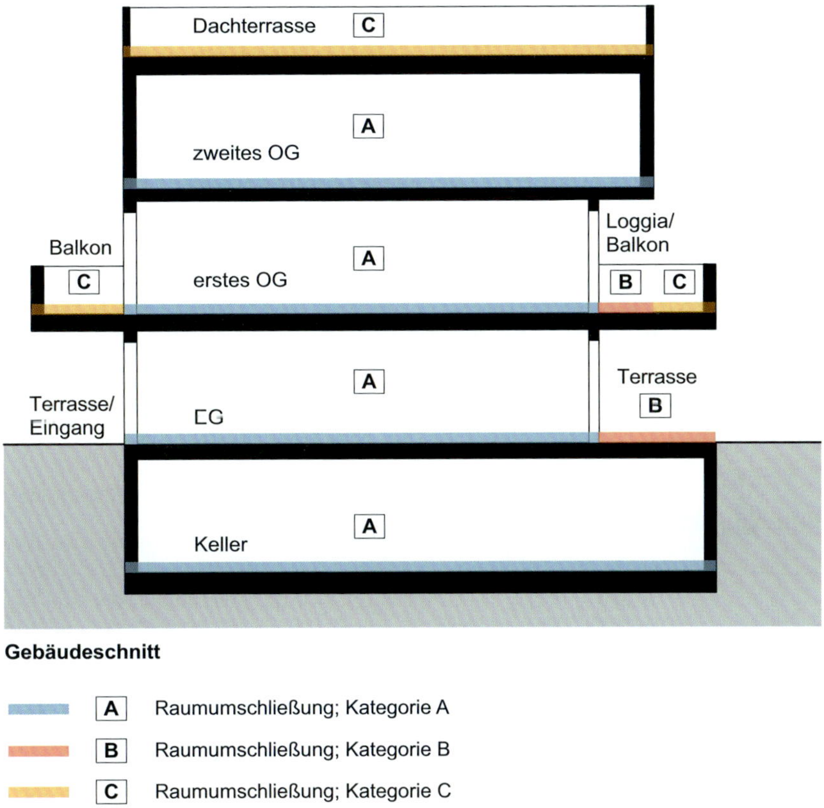

Abb. 2.11: Unterteilung der Grundflächen in Bereiche der Raumumschließung nach DIN EN 15221-6

Die Bereiche der Raumumschließung werden nach DIN EN 15221-6, Abschnitt 5.1 in 3 Kategorien differenziert (siehe Abb. 2.11):

A allseits umschlossene Flächen, die durch Boden, (Außen-)Wand und Decke/Dach vollständig begrenzt sind (Flächen, allseits umschlossen),

B nicht allseits umschlossene Flächen, die ausschließlich durch Boden und Decke/Dach vollständig begrenzt sind und deren seitliche Begrenzungen nicht vollständig geschlossen sind (z. B. eingelassene Balkone, Loggia) (Flächen, überdeckt, seitlich offen),

C nicht allseits umschlossene Flächen, die ausschließlich durch den Boden vollständig begrenzt sind und deren seitliche Begrenzungen nicht vollständig geschlossen sind (z. B. nicht überdachte Balkone, Dachterrassen) (Flächen, seitlich und oben offen).

Ebenenfläche

Die **Ebenenfläche (EF)** ist die Fläche einer Geschossebene, die sich anhand der äußeren dauerhaften Fertigoberfläche bemisst. Sie wird für alle Geschosse des Bauwerkes ermittelt. Somit sind in der Ebenenfläche (EF) die Flächen der Dachgeschosse, Zwischengeschosse, Kellergeschosse sowie die Flächen von nicht allseits umschlossenen Baukonstruktionen des Bauwerkes (z. B. Terrassen, Loggien, Gänge, die konstruktiv mit dem Bauwerk verbunden sind) enthalten.

Unverwendbare Grundfläche

Die **unverwendbare Grundfläche (UGF)** ist die Fläche des Bauwerkes, die nicht nutzbar und begehbar ist. Im Wesentlichen handelt es sich um die Flächen von Deckenöffnungen (z. B. Installations- und Lüftungsschächte, Schornsteine), Atrien (z. B. Lufträume bei Galeriegeschossen und Treppenaugen) und Hohlräumen.

Bruttogrundfläche

Die **Bruttogrundfläche (BGF)** ist die anhand der Außenseite der äußeren Begrenzung ermittelte Fläche aller nutzbaren Räume des Bauwerkes. Sie wird geschossweise als Differenz aus der Ebenenfläche (EF) und der unverwendbaren Grundfläche (UGF) ermittelt:

$$BGF = EF - UGF.$$

Konstruktionsgrundfläche

Die **Konstruktionsgrundflächen (KGF)** sind die horizontalen Flächen der aufgehenden Bauteile. Sie werden in die Außenwand-Konstruktionsgrundflächen (AKF) und die Innenwand-Konstruktionsgrundflächen (IKF) unterteilt. Die Innenwand-Konstruktionsgrundfläche (IKF) wird weiter in die tragenden und nicht tragenden Wände unterschieden.

Außenwand-Konstruktionsgrundfläche

Die **Außenwand-Konstruktionsgrundfläche (AKF)** ist die horizontale Fläche der Außenwandkonstruktionen einschließlich ihrer Bekleidung.

Innenwand-Konstruktionsgrundfläche

Die **Innenwand-Konstruktionsgrundfläche (IKF)** ist die horizontale Fläche der tragenden Innenwandkonstruktionen des Gebäudes (z. B. statisch relevante Innenwände, Stützen), einschließlich ihrer Bekleidungen.

Trennwandgrundfläche

Die **Trennwandgrundfläche (TGF)** ist die horizontale Fläche der nicht tragenden Wände sowie der flexiblen und beweglichen Trennwände.

Die Differenz von Bruttogrundfläche (BGF) und der verschiedenen Konstruktionsgrundflächen ergibt unterschiedliche Nettoflächen: die Innengrundfläche (IGF), die Nettogrundfläche (NGF) und die Nettoraumfläche (NRF).

Innengrundfläche

Die **Innengrundfläche (IGF)** ist die innere Fläche der Geschosse und wird durch die Innenseiten der Außenwände begrenzt. Sie ergibt sich aus der Differenz von Bruttogrundfläche (BGF) und Außenwand-Konstruktionsgrundfläche (AKF):

$$IGF = BGF - AKF.$$

Nettogrundfläche

Die **Nettogrundfläche (NGF)** ist die innere Fläche der Räume der Geschosse, wobei nicht tragende Wände unberücksichtigt bleiben und übermessen werden. Sie wird berechnet aus der Differenz von Bruttogrundfläche (BGF) und den Grundflächen der Außenwände (Außenwand-Konstruktionsgrundfläche [AKF]) sowie den tragenden Innenwänden (Innenwand-Konstruktionsgrundfläche [IKF]):

$$NGF = BGF - (AKF + IKF).$$

Nettoraumfläche

Die **Nettoraumfläche (NRF)** ist die Summe der Grundflächen aller Räume des Gebäudes; gemessen werden die Grundflächen der Räume bis zur Innenfläche der Wandbekleidungen jedes Raumes gemessen. Die Nettoraumfläche (NRF) entspricht der Differenz von Bruttogrundfläche (BGF) und den horizontalen Flächen aller aufgehenden Baukonstruktionen (Außen- und Innenwände):

$$NRF = BGF - (AKF + IKF + TGF) = \text{Summe } NRF_{\text{jedes Raumes}}$$

Die Nettoraumfläche (NRF) kann unterteilt werden in die Kategorien Technikfläche (TF), Verkehrsfläche (VF), Sanitärfläche (SF) und Nutzfläche (NF):

$$NRF = NF + SF + VF + TF.$$

Technikfläche

Die **Technikfläche (TF)** ist der Anteil der Nettoraumfläche (NRF), der für Installationen der Haustechnik zur Ver- und Entsorgung des Gebäudes und für Nutzerzwecke benötigt wird. Hierzu zählen beispielsweise Haustechnikräume, Aufzugsräume, Räume für Heiz-, Lüftungs- und Klimaanlagen sowie Elektroinstallationen und begehbare Leitungsschächte.

Verkehrsfläche

Die **Verkehrsfläche (VF)** ist der Anteil der Nettoraumfläche (NRF), der von den Flächen für die Erschließung des Gebäudes genutzt wird. Das sind beispielsweise Flächen für Eingangshallen, Foyer, Flure, Treppen, Rampen, Aufzugsschächte und Fluchtwege/-treppen.

Sanitärfläche

Die **Sanitärfläche (SF)** ist ein Teil der Nettoraumfläche (NRF) und beinhaltet die Flächen der sanitären Einrichtungen wie beispielsweise Toiletten-, Wasch-, Dusch-, Umkleideräume und Reinigungsräume (Reinigungsmittel, -geräte, Ausgussbecken).

Nutzfläche

Die **Nutzfläche (NF)** ist ein Teil der Nettoraumfläche (NRF). Es werden alle Flächen sämtlicher Räume erfasst, die dem (eigentlichen) Nutzungszweck des Bauwerkes dienen. Dies sind Räume für die Hauptnutzung (z. B. Büro, Wohnen, Produktion, Bildung) sowie die Räume für Nebennutzungszwecke (z. B. Empfangs-, Wartebereiche, Räume für Archiv, Lager, Drucker sowie Sicherheits-, Schalt- und Telefonräume).

2.2.3 Begriffe für Flächen außerhalb von Gebäuden

Grundstücksfläche

Die **Grundstücksfläche** wird von den amtlich festgestellten Grundstücksgrenzen begrenzt und entspricht der Größe des Flurstückes gemäß Eintragung im Liegenschaftskataster und im Grundbuchamt. Flurstücke sind Teil der amtlich vermessenen Teile der Erdoberfläche sowie durch das amtliche Vermessungswesen geometrisch festgelegt und bezeichnet.

Bebaute Fläche

Die **bebaute Fläche** ist ein Anteil der Grundstücksfläche. Sie entspricht der größten horizontalen Ausdehnung des Gebäudes, wobei auskragende Geschosse unter/über der Geländeoberfläche als horizontale Projektion auf eine ebene Fläche (Grundstücksfläche) berücksichtigt werden. Die bebaute Fläche ist die größte Ausdehnung aller Geschosse, die durch die vertikale Projektion aller Geschosse auf eine horizontale Ebene (Grundstücksfläche) entsteht.

Durch das Gebäude beanspruchte Grundstücksfläche

Die **durch das Gebäude beanspruchte Grundstücksfläche** ist der Anteil der bebauten Fläche, der das Erdreich unmittelbar versiegelt und berührt. Es bleiben sowohl auskragende Obergeschosse über der Geländeoberfläche als auch auskragende Kellergeschosse unter der Geländeoberfläche unberücksichtigt.

Überbaute Gebäudefläche

Die **überbaute Gebäudefläche** ist der Anteil der bebauten Fläche, der durch Projektion der oberirdischen Geschosse auf eine horizontale Ebene (Grundstücksfläche) entsteht.

Unterbaute Gebäudefläche

Die **unterbaute Gebäudefläche** ist der Anteil der bebauten Fläche, der durch Projektion der Kellergeschosse auf eine horizontale Ebene (Grundstücksfläche) entsteht. Liegen die Obergeschosse und die Kellergeschosse übereinander, kann sich auch eine Überschneidung von überbauter und unterbauter Fläche ergeben.

Unbebaute Fläche

Die **unbebaute Fläche** UF ergibt sich aus der Differenz zwischen Grundstücks- und bebauter Fläche:

UF = GF – BF.

Außenanlagenfläche

Als **Außenanlagenfläche** (AF) ist die Differenz aus der Grundstücksfläche und der durch das Gebäude beanspruchten Grundstücksfläche.

Die Abkürzungen für die Flächenbezeichnungen der Grundstücksflächen sind nicht in der DIN EN 15221-6 definiert. Sie wurden von der Autorin den Begriffen zugeordnet, um den Charakter der DIN 277 nachzuempfinden. Eine übersichtliche grafische Darstellung der Flächenarten und deren detaillierte Erläuterung finden sich in Kapitel 3.9.

2.3 Baunutzungsverordnung (BauNVO)

Die Baunutzungsverordnung (BauNVO) ist eine deutschlandweit gültige Rechtsverordnung. Sie enthält Definitionen und Festlegungen für die Art und das Maß der baulichen Nutzung von Grundstücken sowie Bauweisen und überbaubare Grundstücksflächen. Insbesondere werden in der BauNVO Richtwerte für das Maß der baulichen Nutzung der Grundstücksfläche in verschiedenen Baugebieten aufgezeigt.

2.3.1 Baunutzungsverordnung im Kontext zur DIN 277

Die bauliche Nutzung eines Grundstückes wird zum einen durch die Grundfläche (GR), zum anderen durch die Geschossfläche (GF) beschrieben. Die Grundfläche (GR) ist derjenige Anteil der Fläche des Grundstückes, der mit baulichen Anlagen überdeckt ist. Die Geschossfläche (GF) sind die städtebaulich wirksamen Gebäudegrundflächen aller Vollgeschosse.

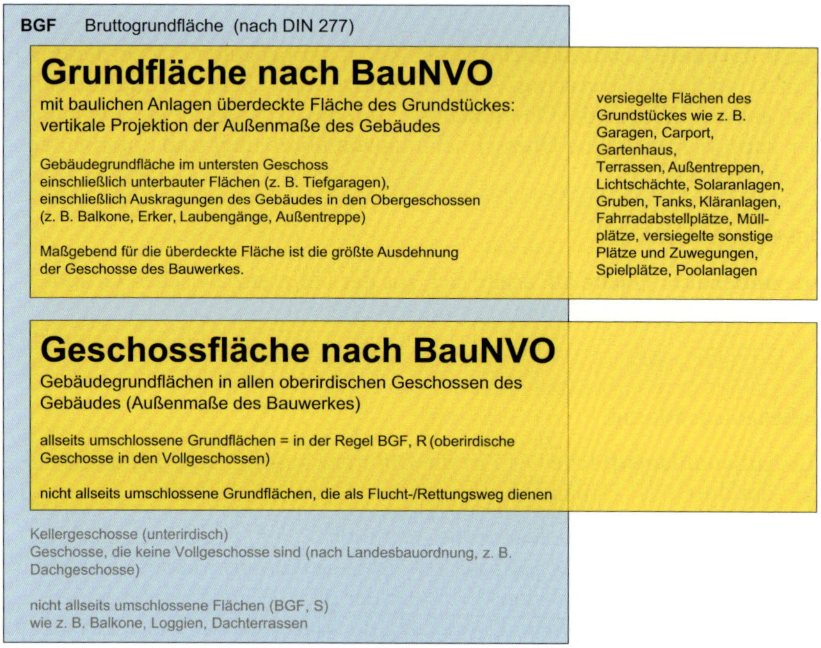

Abb. 2.12: Übersicht der Flächen nach BauNVO

In Ergänzung zu Kapitel 2.1.2.4, in dem die Abgrenzung der Bruttogrundfläche (BGF) von der Geschossfläche (GF) in Tabelle 2.3 gegenübergestellt wurde, sind in Abb. 2.12 die Flächenarten nach DIN 277 im Vergleich zur BauNVO als grafische Übersicht dargestellt.

Eine detaillierte Darstellung der Flächenarten für Grundstücksflächen und deren Erläuterung finden sich in Kapitel 3.9.

2.3.2 Begriffe nach BauNVO

2.3.2.1 Flächen des Grundstückes – Grundfläche

Die Grundfläche (GR) (siehe Abb. 2.13) ist nach § 19 BauNVO derjenige Anteil des Baugrundstückes, der von baulichen Anlagen überdeckt ist. Bauliche Anlagen sind

- die Gebäudegrundflächen des Erdgeschosses,
- die unterbauten Flächen des Baugrundstückes, z. B. Keller oder Tiefgarage mit begrüntem Dach unterhalb der Geländeoberfläche,
- von Auskragungen des Gebäudes überdeckte Bereichen des Grundstückes und
- die befestigten Flächen der Außenanlage, z. B. Zufahrten, Wege, Terrassen, Spiel-/ Sportplätze.

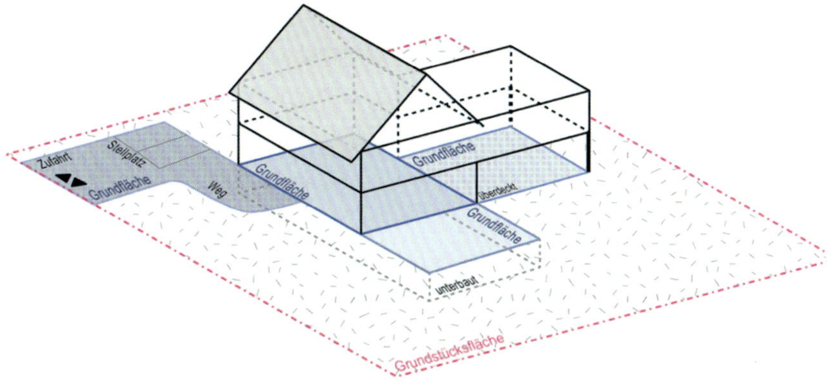

Abb. 2.13: Beispiel Grundfläche (GR) nach BauNVO

Bei der Berechnung der von baulichen Anlagen überdeckten Grundstücksfläche wird unterschieden in die Grundfläche des Gebäudes und in die Grundflächen der befestigten Außenanlagen. Für befestigte Außenanlagen kann ggf. entsprechend den gewählten Befestigungssystemen ein von 100 % abweichender Versiegelungsgrad berücksichtigt werden.

2.3.2.2 Flächen des Gebäudes – Geschossfläche

Die Geschossfläche (GF) nach § 20 BauNVO ist eine städtebauliche Größe, die das Maß der baulichen Nutzung des Grundstückes beschreibt. Sie beinhaltet im Wesentlichen die Bruttogrundflächen Regelfall (DIN 277: BGF, R) der Vollgeschosse. Der Begriff „Vollgeschoss" wird in den jeweiligen Landesbauordnungen zum Teil verschieden definiert. In der Regel sind Vollgeschosse die oberirdischen Geschosse des Gebäudes, in denen Aufenthaltsräume möglich sind. Nach § 2 Abs. 6 MBO sind Vollgeschosse diejenigen Geschosse, deren Deckenoberkante im Mittel mehr als 1,40 m über die Geländeoberfläche hinausragen und im Weiteren nach § 87 Abs. 3 in Verbindung mit § MBO 47 Abs. 1 MBO über mindestens 2/3 ihrer Grundfläche eine lichte Raumhöhe von mindestens 2,40 m haben, ausreichend belichtet und belüftet sind (1/8 der Grundfläche des Raumes = Rohbauöffnung Fenster). Dementsprechend sind Grundflächen im Dachraum nur dann Vollgeschosse im bauordnungsrechtlichen Sinne, wenn in den Dachgeschossen Aufenthaltsräume möglich sind. Zu beachten sind die abweichenden Definitionen in den Landesbauordnungen.

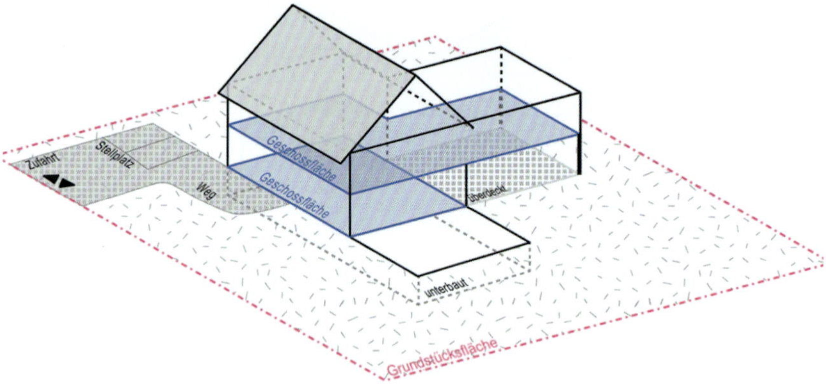

Abb. 2.14: Beispiel Geschossfläche (GF) nach BauNVO

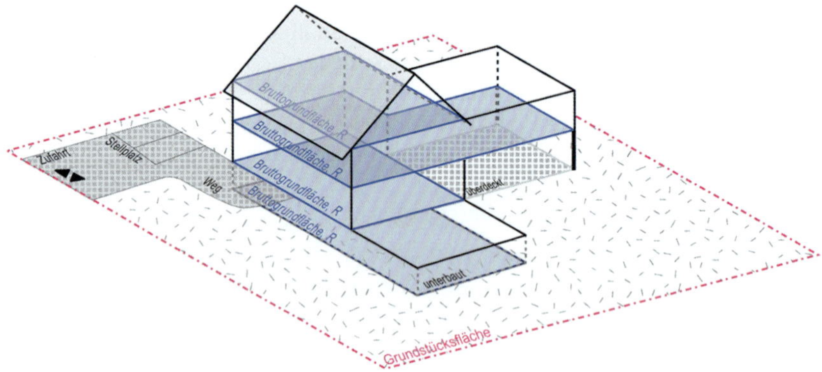

Abb. 2.15: Beispiel Bruttogrundfläche, Regelfall (BGF, R) nach DIN 277

Die Geschossfläche (GF) erfasst in der Regel die Grundflächen aller Vollgeschosse von allen allseits umschlossenen Räumen (siehe Abb. 2.14). Sie wird anhand der Außenmaße des Gebäudes und der Abmessungen der **oberirdischen** Gebäudeebenen ermittelt.

Auch mit der Bruttogrundfläche Regelfall (BGF, R) nach DIN 277 werden die Grundflächen des Gebäudes von allen allseits umschlossenen Räumen erfasst (siehe Abb. 2.15). Gegenüber der Geschossfläche (GF) der BauNVO wird jedoch die Bruttogrundfläche, Regelfall (BGF, R) anhand der Außenmaße des Gebäudes in **allen** Gebäudeebenen ermittelt, nicht nur in den Vollgeschossen. Bei der Berechnung der Geschossfläche (GF) ist daher zu beachten, dass sie nicht zwingend der Bruttogrundfläche, Regelfall (BGF, R) entspricht.

2.4 Richtlinie zur Berechnung der Mietfläche für Gebäude (MF-GIF 2023)

Flächenberechnungen für Mietflächen in Gebäuden mit gewerblichen Nutzungen können anhand der „Richtlinie zur Berechnung der Mietfläche für Gebäude (MF-GIF 2023)“ ermittelt werden. Die MF-GIF wird bei Vermietungen in der Immobilienwirtschaft angewandt. Die Richtlinie schafft einheitliche, eindeutige und gut nachvollziehbare Regeln zur Ermittlung

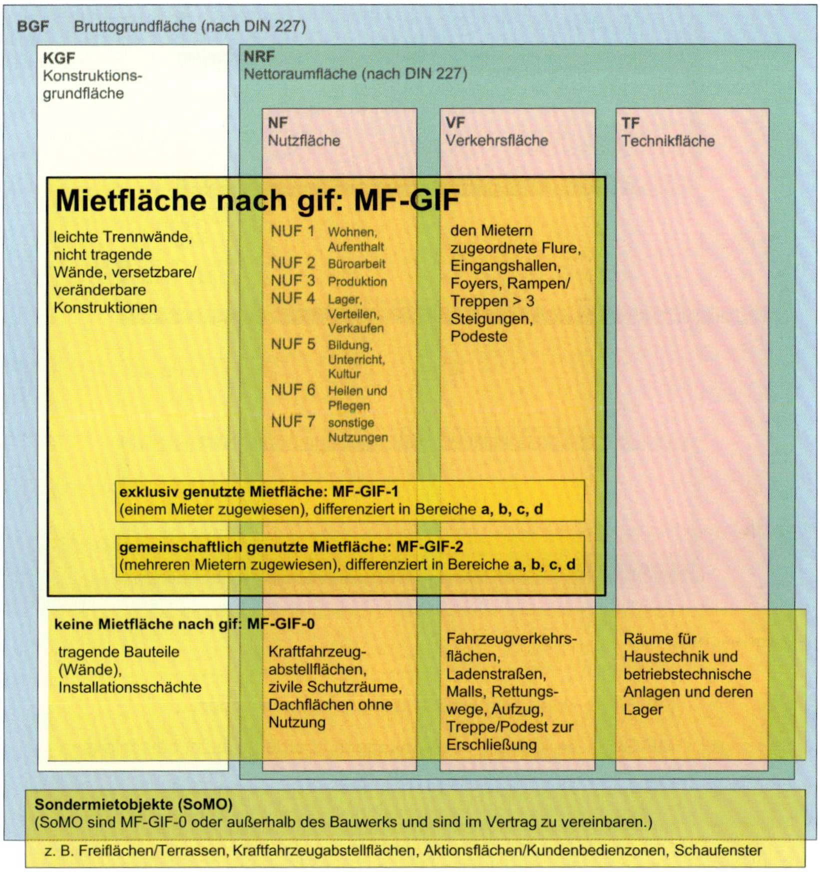

Abb. 2.16: Übersicht der Flächen nach gif gegenüber der DIN 277

von Gewerbemietflächen und ergänzt damit die Regelungen der für Wohnflächen üblichen Wohnflächenverordnung (WoFlV). Die MF-GIF gilt nur dann, wenn sie zwischen den Parteien ausdrücklich vereinbart wurde.

2.4.1 Richtlinie zur Berechnung der Mietfläche für Gebäude (MF-GIF 2023) im Kontext zur DIN 277

In Abb. 2.16 sind die Flächenarten nach DIN 277 im Vergleich zur Richtlinie zur Berechnung der Mietfläche für Gebäude (MF-GIF 2023) dargestellt.

2.4.2 Richtlinie zur Berechnung der Mietfläche für Gebäude (MF-GIF 2023) – Begriffe

Mit der Richtlinie zur Berechnung der Mietfläche für Gebäude (MF-GIF 2023) liegen Regelungen und Definitionen für vermietete Flächen vor. Die Flächen von Gebäudebereichen können anhand der Richtlinie zur Berechnung der Mietfläche für Gebäude (MF-GIF 2023) berechnet werden. Sie differenzieren sich je nach tatsächlicher Mietsituation in gemeinsam genutzte Bereiche und Bereiche, die exklusiv nur einem Nutzer zugeordnet sind.

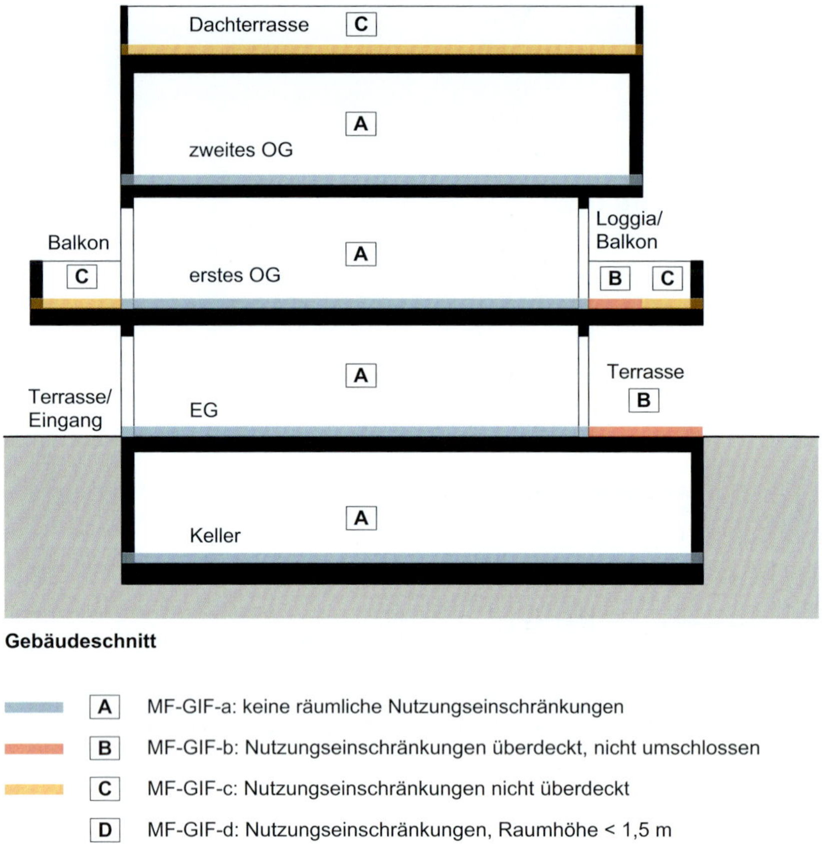

Abb. 2.17: Unterteilung der Grundflächen in Bereiche der Raumumschließung nach MIF-GIF 2023

Die Flächenermittlung nach der MF-GIF 2023 unterteilt die Flächen des Bauwerkes in

- die Mietfläche nach gif (MF-GIF),
- die Flächen, die keine Mietflächen nach gif sind (MF-GIF-0), und
- Sondermietobjekte.

Als Grundlage der Flächenermittlung nach gif (2023) können die nach DIN 277 ermittelten Flächen verwendet werden (siehe Abb. 2.16). Alle Flächen sind analog der getrennten Ermittlung entsprechend Raumumschließung in DIN 277 in der Flächenermittlung nach gif-Richtlinie in 4 Bereiche mit unterschiedlichen Nutzungseinschränkungen zu differenzieren und separat auszuweisen (siehe Abb. 2.17):

- A: keine räumlichen Nutzungseinschränkungen,
- B: Nutzungseinschränkung: überdeckt, nicht allseitig umschlossen und Raumhöhe $h \geq 1{,}50$ m,
- C: Nutzungseinschränkung: nicht überdeckt,
- D: Nutzungseinschränkung: lichte Raumhöhe $< 1{,}50$ m.

2.4.2.1 Flächen des Bauwerkes

Als **MF-GIF** nach der gif-Richtlinie werden die Mietflächen für die vermieteten Bereiche eines Gebäudes erfasst. Die Mietflächen nach gif (MF-GIF) werden daher nach der Zuordnung zu den Mietern differenziert. Unterteilt wird in die exklusive Mietfläche (MF-GIF-1) und in die gemeinschaftlich genutzte Mietfläche (MF-GIF-2).

Zur Ermittlung der Flächen **MF-GIF** werden analog der Berechnung der Flächen nach DIN 277 die lichten Maße zwischen den Bauteilen in Höhe der Boden- bzw. Deckenbelagsoberkanten angesetzt. Die Mietflächen MF-GIF werden entsprechend der überwiegenden Nutzung eingeordnet. Werden Teilflächen eines Raumes dauerhaft anders genutzt, dann wird diesem Teilbereich die entsprechende andere Nutzung zugeordnet.

Die Fläche **MF-GIF-1** ist die Fläche, die (exklusiv) einem Mieter (im Vertrag) zugewiesen ist.

Die Fläche **MF-GIF-2** ist die Fläche, die mehreren Mietern zur Nutzung zugeordnet wird.

Die Summe MF-GIF-1 und MF-GIF-2 ergibt die MF-GIF. Bei Änderungen der Mieter können sich gegebenenfalls die Flächen von MF-GIF-1 und von MF-GIF-2 ändern und sind neu zu ermitteln:

MF-GIF = MF-GIF-1 + MF-GIF-2

Die Fläche **MF-GIF-0** ist die Fläche, die nicht der Mietfläche des Gebäudes (MF-GIF) zugeordnet werden kann, und ist damit keine Mietfläche nach gif.

2.4.2.2 Flächen des Grundstücks – Sondermietobjekte

Mit der Richtlinie zur Berechnung der Mietfläche für Gebäude (MF-GIF 2023) werden ausschließlich die Grundflächen eines Gebäudes erfasst. Die Flächen des Grundstückes und Flächen von Baukonstruktionen, die nicht konstruktiv fest mit dem Gebäude verbunden sind, sind keine Mietfläche und der MF-GIF-0 zuzuordnen. Das sind z. B. die Flächen der Außenanlagen, von nicht genutzten unterbauten Flächen oder die Stellplätze für Pkw und Fahrräder.

Diese Flächen außerhalb des Gebäudes können jedoch als Sondermietobjekte SoMO der Mietfläche zugeordnet werden (siehe Abb. 2.16), wenn für diese Flächen Nutzungsrechte für einen oder eine Gruppe von Mietern besteht. Sondermietobjekte (SoMO) gehören nur dann zur Mietsache, wenn dies vertraglich vereinbart wurde. Eine gemeinsame Mietnutzung MF-GIF-2 kann SoMO nicht zugeordnet werden.

Sondermietobjekte (SoMO) sind Flächen des Grundstückes, die nicht der Mietfläche des Gebäudes zugeordnet werden kann, aber von einem Mieter oder einer Mietergruppe genutzt wird. Beispielsweise sind das nicht unterbaute Terrassen oder Sitzplätze im Freien sowie Kundenbedienzonen oder Gastronomie- oder Verkaufsflächen im Außenraum. Diese Flächen sind mit der Größe der genutzten befestigten Fläche im Vertrag zu berücksichtigen. Hierbei ist es unerheblich, ob diese Fläche überdacht ist oder keine Überdeckung aufweist.

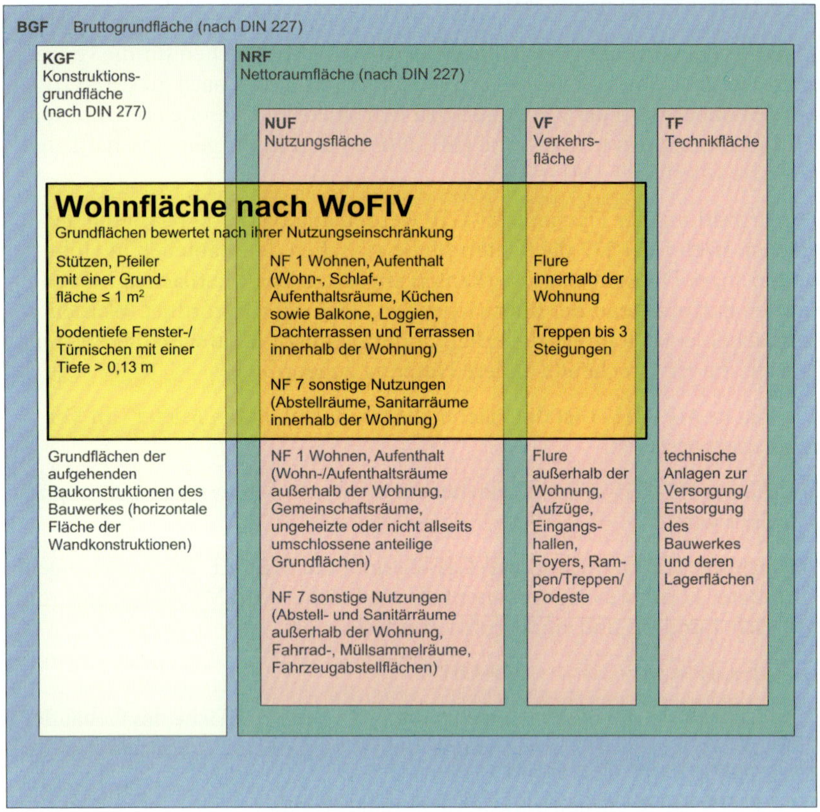

Abb. 2.18: Übersicht der Flächen nach WoFlV gegenüber der DIN 277

Überdachte, nicht unterbaute befestigte Flächen des Grundstückes werden mit der Größe der Überdachung als Sondermietobjekte (SoMO) vertraglich berücksichtigt. Es ist die Fläche maßgebend, die dem Mietzweck des Nutzers dient, in der Regel die Größe der überdachten Fläche. Solche Sondermietobjekte (SoMO) sind z. B. Flächen unter Vordächern, die dem Ein-/Ausladen von Waren dienen oder als Wartebereich im Eingang genutzt werden.

2.5 Wohnflächenverordnung (WoFlV)

Die vermietbare Fläche, im Speziellen die Wohnfläche, ist Grundlage verschiedener Berechnungen, beispielsweise für die Berechnung der Miete in Mietverträgen, für Kaufpreise von Wohnungen oder die Ertragswertermittlung zur Feststellung des Verkehrswertes von Immobilien sowie für die Feststellung des Grundstückswertes als Grundlage der Grundsteuerberechnung.

2.5.1 Wohnflächenverordnung im Kontext zur DIN 277

In Abb. 2.18 sind die Flächenarten nach DIN 277 im Vergleich zur WoFlV dargestellt.

Die vermietbare Fläche kann anhand mehrerer Rechtsgrundlagen ermittelt werden. Abhängig vom Einsatzgebiet der Flächenberechnung und der vertraglichen Vereinbarung kann die WoFlV, die DIN 277 oder die MF-GIF herangezogen werden. Die WoFlV ist für Flächenberechnungen bei öffentlich gefördertem Wohnraum gesetzlich vorgeschrieben. Für privat finanzierte Wohnungen besteht hingegen keine gesetzliche Notwendigkeit zu ihrer Anwendung.

Die WoFlV ist zum 01.01.2004 in Kraft getreten.

2.5.2 Wohnflächenverordnung (WoFlV) – Begriffe

Die WoFlV ist Grundlage zur Berechnung der Mietfläche von Wohnraum. Anhand ihrer Berechnungsregeln können die Wohnflächen von Wohnungen und von Wohnheimen ermittelt werden.

Die Wohnfläche einer Wohnung beinhaltet die Flächen der Räume, die ausschließlich innerhalb der Wohnung liegen, einschließlich der von dieser Wohnung aus zugänglichen Terrassen, Loggien, Balkone u. ä. Räume, die dieser Wohnung zur alleinigen Nutzung zugeordnet wurden.

Die Wohnfläche eines Wohnheimes beinhaltet die Flächen der Räume, die der gemeinsamen Nutzung der Bewohner dienen, und die Flächen der Räume, die jedem Bewohner zur alleinigen Nutzung zugeordnet wurden.

Die Ermittlung der Grundflächen als Grundlage der Wohnflächenermittlung wird in den §§ 2 und 3 WoFlV definiert. Die Wohnfläche wird bestimmt, indem diese nach §§ 2 und 3 WoFlV ermittelten Grundflächen nach ihren Nutzungseinschränkungen bewertet werden.

2.5.2.1 Zur Wohnfläche gehörende Grundflächen (§ 2 WoFlV)

Zur Wohnfläche bei Wohnungen gehören die Grundflächen der Räume und Baukonstruktionen, die hinter der Wohnungseingangstür liegen und zur alleinigen Nutzung durch den Mieter bestimmt sind. Räume außerhalb der Wohnung, die zur alleinigen Nutzung durch den Mieter bestimmt sind, gehören nicht zur Wohnfläche.

Baukonstruktionen außen am Bauwerk sind beispielsweise Wintergärten, Balkone, Loggien, Dachterrassen und (ebenerdige) Terrassen. Sind diese von der Wohnung aus zugänglich, gehören die Grundflächen von Baukonstruktionen am Bauwerk dem Grunde nach zur Wohnfläche.

Räume außerhalb der Wohnung sind beispielsweise Abstellräume im Keller, Kellerräume, Bodenräume, Heizungs- und Hausanschlussräume sowie Garagen. Die Grundflächen dieser Räume liegen außerhalb der Wohnung und gehören daher nicht zur Wohnfläche.

Grundflächen, die der Wohnfläche zugeordnet werden sollen, müssen die Anforderungen des Bauordnungsrechtes an ihre Nutzung erfüllen (siehe Kapitel 4.1).

Geschäfts- und Büroräume (auch innerhalb der Wohnung) gehören nicht zur Wohnfläche.

2.5.2.2 Berechnung und Bewertung der Grundflächen nach ihrer Nutzungseinschränkung (§§ 3, 4 WoFlV)

Die Grundflächen von Räumen, die grundsätzlich zur Wohnfläche gehören, sind anhand der lichten Fertigmaße der Räume zu ermitteln. Hierbei sind die Innenkanten der Wandbekleidungen maßgebend. Diese grundsätzlich zur Wohnung gehörenden Flächen sind hinsichtlich ihrer Nutzbarkeit zum Wohnen zu bewerten: Grundflächen mit Nutzungseinschränkungen für Mieter werden nicht zu 100 %, sondern gar nicht oder nur teilweise als Wohnfläche angerechnet. Des Weiteren gibt es Flächen, die zwar nicht zu den Grundflächen des Raumes gehören (z. B. Stützen, Pfeiler, Wand-/Fensternischen), jedoch aufgrund ihrer Abmessungen als zusätzliche Fläche der Wohnfläche des Raumes zuzuordnen sind.

Die Grundflächen werden nach ihrer Nutzungseinschränkung für den Mieter geprüft und gegebenenfalls übermessen, nur teilweise angerechnet oder zusätzliche Flächen werden ergänzt. Die Nutzungseinschränkungen können sich ergeben aus

- räumlichen Gegebenheiten (Größe, Abmessungen und Anzahl von Bauteilen),
- lichter Raumhöhe der Grundfläche und/oder
- zeitlich beschränkter Nutzbarkeit der Grundfläche (wetterbedingt, unbeheizt).

Diese Anforderungen sind in den §§ 3 und 4 WoFlV beschrieben (siehe Kapitel 4.1).

3 Ermittlung der Flächen- und Rauminhalte nach DIN 277

Die **DIN 277** dient der Berechnung von Grundflächen und Rauminhalten im Hochbau und wird während der Planung, Ausführung und Nutzung von Gebäuden angewandt. Mit ihr werden die Flächen- und Rauminhaltsarten eindeutig definiert und Regeln für deren Berechnung benannt. Dies ist Grundlage für die Kostenberechnung sowohl in der Planungs- und Ausführungsphase nach DIN 276 als auch während der Nutzungsphase nach DIN 18960:2020-11 „Nutzungskosten im Hochbau" und ermöglicht (Wirtschaftlichkeits-)Vergleiche.

Im Vergleich zur DIN 277 dient die **DIN EN 15221-6** der Berechnung und Bewertung von Flächen und Rauminhalten im Gebäude und außerhalb von Gebäuden im Rahmen des Facility-Managements. Sie unterstützt den Ansatz eines harmonisierten europäischen Facility-Managements hinsichtlich europäisch einheitlicher Regeln und Definitionen zur Flächenberechnung. Dieser Ansatz ermöglicht europaweit Datenvergleiche und Bewertungen von Projekten.

3.1 Allgemeine Festlegungen der DIN 277

3.1.1 Bruttoflächen und Bruttorauminhalte

Die Bruttogrundfläche (BGF) ist die **Summe der Grundflächen jedes Geschosses** des Bauwerkes (siehe Kapitel 2.1.1.1). Die Flächenermittlung basiert auf den **tatsächlichen Abmessungen** (Istmaßen). Erfasst werden die Außenmaße der Grundflächen der Geschosse einschließlich der (äußeren) Bekleidungen **in Höhe der Boden-/Deckenbeläge**. Bei Brüstungen und Geländern, z. B. an Balkonen oder Lufträumen, ist die **Außenkante der Tragkonstruktion** des Geländers bzw. der Brüstung maßgebend.

Schräg verlaufende Baukonstruktionen sind als **vertikale Projektion** auf eine horizontale Fläche in der Berechnung zu berücksichtigen.

Installations- und Aufzugsschächte innerhalb des Bauwerkes gehören (unabhängig von ihrer Größe) in jedem Geschoss, durch das sie führen, zur Bruttogrundfläche (BGF). Nicht begehbare Flächen des Bauwerkes (z. B. Luftraum im Galeriegeschoss, Treppenauge) mit einem lichten Querschnitt > 1,0 m^2 sind keine Bruttogrundfläche (BGF). Ebenso werden Flächen im Dachgeschoss, die nicht begehbar und benutzbar sind, nicht zur Bruttogrundfläche (BGF) gezählt, wie z. B. Abseiten, Drempel, Spitzboden und Hohlräume in Kaltdachkonstruktionen.

Flächen von Baukonstruktionen, die sich außerhalb des Bauwerkes befinden und an das Bauwerk anschließen, aber **mit dem Bauwerk nicht konstruktiv fest verbunden** sind, werden nicht als Bruttogrundfläche (BGF) des Gebäudes erfasst. Mit „konstruktiv fest verbunden" im Sinne der DIN 277 sind beispielsweise durchlaufende Bodenplatten, Decken-, Dach- und Wandkonstruktionen mit kraftschlüssigen Verbindungen zwischen Gebäude und außen liegender Baukonstruktion gemeint. Die Flächen von außerhalb des Bauwerkes befindlichen Baukonstruktionen, die nicht verbunden mit dem Bauwerk sind, können zu einem weiteren Gebäude gehören und sind für dieses (weitere) Gebäude separat zu erfassen. Es können auch Baukonstruktionen in Außenanlagen sein, sodass diese mit den Mengen der Außenanlage zu ermitteln sind. Zu außerhalb des Gebäudes liegenden Baukonstruktionen, die nicht mit dem Gebäude verbunden sind, zählen z. B. Terrassen, Carports, Eingangstreppen, Licht-/Luft-/Montageschächte.

Sind Baukonstruktionen außerhalb des Bauwerkes mit dem Gebäude konstruktiv fest verbunden, wie beispielsweise auf unterbauten Flächen liegende Terrassen, Carports, Eingangstreppen und die Grundflächen dieser Baukonstruktionen, kann eine Nutzung nach DIN 277, Tabelle 1 und/oder 2 zugewiesen werden. Dann sind diese Flächen als Bruttogrundfläche (Sonderfall) zu erfassen.

Die Bruttogrundflächen (BGF) werden **getrennt nach ihrer Raumumschließung** ermittelt. Unterschieden wird in die Bereiche Regelfall und Sonderfall. Regelfall der Raumumschließung (R) sind alle Flächen des Bauwerkes, die allseits umschlossen sind und somit keine direkte Verbindung zur Außenluft haben. Als Sonderfall der Raumumschließung werden seitlich begrenzte und/oder überdeckte Flächen des Bauwerkes erfasst, die einer Nutzung als Nettoraumfläche (NRF) nach DIN 277, Tabelle 1 und/oder 2 zugewiesen und konstruktiv fest mit dem Bauwerk verbunden sind, z. B. Balkone mit/ohne Dach sowie unterbaute Terrassen.

Eine **getrennte Ermittlung** aller Flächen und Rauminhalte ist ebenfalls **je Geschossebene und je unterschiedliche Geschosshöhe** vorzunehmen. Die ermittelten Mengen sind des Weiteren nach unterschiedlichen Höhen sowie über oder unter schräg verlaufenden Flächen zu differenzieren.

Gehören zum Objekt **mehrere Gebäude**, so sind die Flächen und Rauminhalte für jedes Gebäude **getrennt zu ermitteln** und separat auszuweisen. Ebenso wird bei der Mengenermittlung verfahren, wenn das Bauwerk in **verschiedene Bauabschnitte** unterteilt ist. Die Bauabschnitte können aufgrund funktionaler, räumlicher, konstruktiver, zeitlicher oder wirtschaftlicher Aspekte notwendig sein.

Ein weiterer Grund für eine **getrennte Ermittlung** der Flächen und Rauminhalte des Bauwerkes kann der Ausbauzustand von Räumen oder Gebäudeteilen sein. Ist für einen Teil des Bauwerkes oder für einzelne Räume des Bauwerkes der Ausbau (noch) nicht erfolgt, wäre es aber möglich, diese Räume (später) auszubauen und einer Nutzung nach DIN 277, Tabelle 1 und/ oder 2 zuzuordnen, dann sind diese Grundflächen und Rauminhalte separat zu ermitteln und auszuweisen.

Die Bruttogrundfläche (BGF) wird in Nettoraumfläche (NRF) und in Konstruktionsgrundfläche (KGF) untergliedert.

3.1.2 Nettoflächen und Nettorauminhalte

Die Nettoraumfläche (NRF) ist die Nettofläche des Gebäudes. Sie wird anhand der lichten Maße der Räume des Bauwerkes in Höhe der Oberseite der Fertigfußböden berechnet. Die Nettoraumfläche wird in die Nutzungsfläche (NUF), in die Verkehrsfläche (VF) und in die Technikfläche (TF) differenziert; die Nutzungsfläche (NUF) beinhaltet diejenigen Flächen, die der Zweckbestimmung des Gebäudes dienen. Sie wird nach DIN 277, Tabelle 2, wie folgt in die Nutzungsflächenarten NUF 1, bis NUF 7 untergliedert (siehe Kapitel 2.1.1.1):

- NUF 1 Wohnen und Aufenthalt,
- NUF 2 Büroarbeit,
- NUF 3 Produktion, Hand- und Maschinenarbeit, Forschung und Entwicklung,
- NUF 4 Lagern, Verteilen und Verkaufen,
- NUF 5 Bildung, Unterricht und Kultur,
- NUF 6 Heilen und Pflegen,
- NUF 7 sonstige Nutzungen (z. B. Abstellräume, Garagen, Sanitärräume, Umkleideräume).

Eine weitere Untergliederung dieser 7 Nutzungsflächenarten kann bei Bedarf individuell festgelegt werden.

3.2 Einteilung in Regel- und Sonderfallflächen nach DIN 277

Alle Flächen sind nach ihrer Raumumschließung zu unterscheiden, separat zu erfassen und auszuweisen. Die Bruttoflächen, die Nettoflächen und die Rauminhalte werden getrennt ermittelt nach den folgenden Bereichen:

- allseits umschlossene Fläche: Regelfall (R) und
- nicht allseits umschlossene Flächen: Sonderfall (S).

3.2.1 Regelfall (R)

Regelfallflächen sind allseits umschlossen und durch Außenwand, Gründung und Dach begrenzt. Dieser Bereich hat in der Regel keine direkte Verbindung zur Außenluft.

Beispiele für Regelfallflächen sind:

- allseits umschlossene Fläche, beheizt: Wohn- und Geschäftsräume, Eingangshalle,
- allseits umschlossene Fläche, unbeheizt/temporär beheizt: Wintergarten, überdachtes Atrium.

3.2.2 Sonderfall (S)

Nicht allseits umschlossene Flächen werden als Sonderfallflächen erfasst. Sie sind oben und/oder seitlich nicht begrenzt. Des Weiteren sind sie baulich mit dem Gebäude verbunden und in der Außenluft gelegen.

Beispiele für den Sonderfall sind:

- nicht allseits umschlossene Flächen, die oben offen und seitlich begrenzt sind: nicht überdachte Dachterrassen,
- nicht allseits umschlossene Flächen, die oben begrenzt, jedoch seitlich offen sind: Loggia, überdachter Balkon, Durchfahrt.

Nicht zu den Gebäudegrundflächen des Bauwerkes gehören Baukonstruktionen, die baulich nicht fest mit dem Gebäude verbunden sind. Dies sind beispielsweise überdeckte oder nicht überdeckte Flächen, die nicht unterbaut sind, wie Terrassen, Außentreppen oder Eingangspodeste. Diese nicht fest mit dem Bauwerk verbundenen Baukonstruktionen sind keine Bruttogrundflächen (BGF) und gehören nicht zum Nettorauminhalt (NRI).

3.2.3 Ermittlung der Grundflächen getrennt nach Raumumschließung

Bei der Ermittlung der Grundflächen ist zu beachten, dass die Bemessung der Flächen getrennt nach den ihnen zugeordneten Höhen im Sinne der Gebäudeebenen und getrennt nach der Raumumschließung vorgenommen werden sollte. Diese Differenzierung ist erforderlich, da die Ermittlung der Rauminhalte auf Grundlage der ermittelten Grundflächen erfolgt. Beispielsweise ergibt sich der Bruttorauminhalt (BRI) als Produkt aus der Bruttogrundfläche (BGF) und der zugeordneten Bruttorauminhaltshöhe (BRI-Höhe). Daher sind die **Bruttogrundflächen (BGF)** als Grundlage der Berechnung der Bruttorauminhalte (BRI) dementsprechend **nach den unterschiedlichen BRI-Höhen aufzuteilen:**

$$\text{Bruttorauminhalt (BRI)} = \text{Bruttogrundfläche (BGF)} \cdot \text{Bruttorauminhaltshöhe (BRI-Höhe)}$$

Die Bruttorauminhaltshöhen (BRI-Höhen) werden differenziert je nach Art der Raumumschließung und nach der Lage im Gebäude wie in Abb. 3.1 exemplarisch dargestellt in R1 bis R3 und S1 bis S5.

Die **Bruttorauminhaltshöhe (BRI-Höhe) im allseits umschlossenen Gebäudebereich (R)** errechnet sich grundsätzlich aus dem Abstand von Oberkante Fertigfußboden des jeweiligen Geschosses (OK FFb) bis Oberkante Fertigfußboden (OK FFb) des darüberliegenden Geschosses. Für das unterste Geschoss wird die BRI-Höhe abweichend davon mit dem Abstand von Unterkante Gründungsbekleidung (UK GRF) bis Oberkante Fertigfußboden des darüberliegenden Geschosses (OK FFb) ermittelt. Die Unterkante der Gründungsbekleidung (UK GRF) kann z. B. die Unterkante der Dämmung unter der Bodenplatte oder, falls keine Dämmung unter der Bodenplatte eingebaut wurde, die Unterkante der Stahlbetonbodenplatte sein.

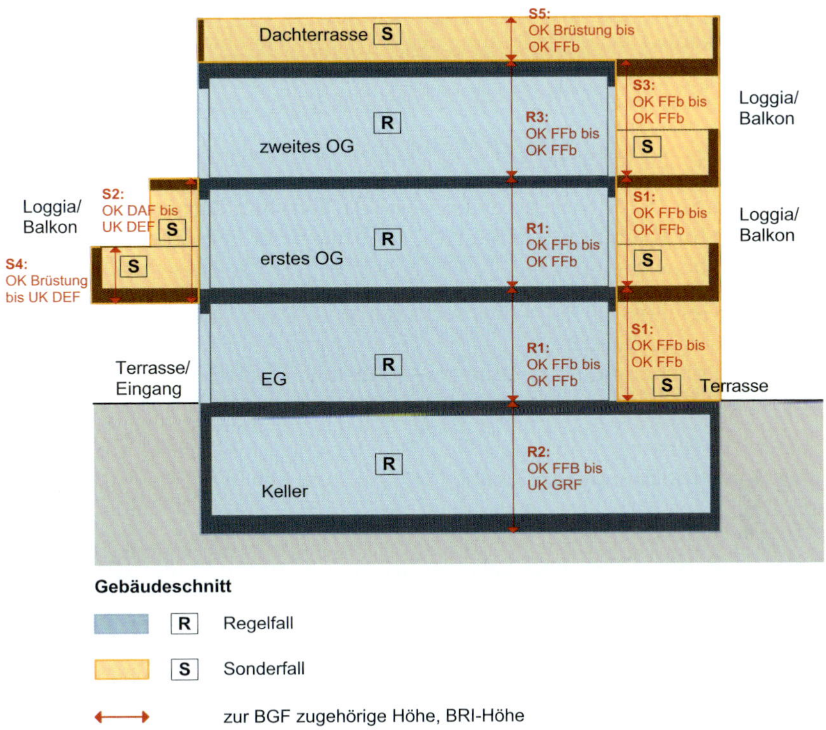

Abb. 3.1: Bereiche Regelfall und Sonderfall und deren Bruttorauminhaltshöhen (BRI-Höhen) nach DIN 277

Allseits umschlossen: Regelfall R1 bis R3

Regelgeschoss (R): R1
BRI-Höhe für Raumumschließung (R) = Abstand OK FFb (Ebene n) bis OK FFb (Ebene n + 1)

unterstes Geschoss (R): R2 – es ist kein Regelgeschoss (R) darunter vorhanden
BRI-Höhe für Raumumschließung (R) = Abstand UK GRF (Ebene n) bis OK FFb (Ebene n + 1)

oberstes Geschoss (R): R3 = es ist kein Regelgeschoss (R) darüber vorhanden
BRI-Höhe für Raumumschließung (R) = Abstand OK FFb (Ebene n) bis OK FFb (Dachterrasse)

Im **nicht allseits umschlossenen Gebäudebereich (S)** wird bei überdachten Gebäudebereichen die Oberkante Dachbelag (DAF) als obere Begrenzung des Rauminhalts angenommen, bei nicht überdachten, jedoch seitlich begrenzten Gebäudebereichen ist die Oberkante der Brüstung bzw. des Geländers für die Ermittlung der **Bruttorauminhaltshöhe (BRI-Höhe)** maßgebend. Die Geschosshöhe ist in der Regel der Abstand von Oberkante Fertigfußboden (OK FFb) des jeweiligen Geschosses bis Oberkante Brüstung bzw. Geländer (OK Brüstung) des jeweiligen Geschosses. Für den Fall, dass der Balkon in diesem Bereich die unterste Geschossebene ist, wird auch hier analog dem Bereich R bei der Berechnung der BRI-Höhe abweichend von Unterkante Deckenbekleidung des jeweiligen Geschosses (UK DEF) bis Oberkante Brüstung bzw. Geländer des jeweiligen Geschosses (OK Brüstung) gemessen.

Überdeckt: Sonderfall S1 bis S3

Regelgeschoss (S): S1 = weitere Geschosse darüber und darunter vorhanden
BRI-Höhe für Raumumschließung (S) = Abstand OK FFb (Ebene n) bis OK FFb (Ebene n + 1)

unterstes Geschoss (S): S2 = überdeckt, keine weiteren Geschosse darüber und darunter vorhanden
BRI-Höhe für Raumumschließung (S) = Abstand UK DEF (Ebene n) bis OK DAF (Ebene n)

oberstes Geschoss (S): S3 = es ist kein Regelgeschoss (S) darüber vorhanden
BRI-Höhe für Raumumschließung (S) = Abstand OK FFb (Ebene n) bis OK DEF (Ebene n)

Nicht überdeckt, seitlich durch Geländer/Brüstung begrenzt: Sonderfall S4 und S5

Regelgeschoss (S): S4 = keine weiteren Geschosse darüber und darunter vorhanden
BRI-Höhe für Raumumschließung (S) = Abstand UK DEF (Ebene n) bis OK Brüstung (Ebene n)

oberstes Geschoss (S): S5 = es ist kein Regelgeschoss (S) darüber vorhanden
BRI-Höhe für Raumumschließung (S) = Abstand OK FFb (Ebene n) bis OK Brüstung (Ebene n)

3.3 Bruttogrundfläche (BGF): Fallbeispiele

Die Bruttogrundfläche (BGF) wird je Geschoss auf Grundlage der äußeren Abmessungen der vertikalen nach außen abgrenzenden Baukonstruktion in Höhe der Boden- oder Deckenbeläge ermittelt. Die Bruttogrundfläche (BGF) ist getrennt zu ermitteln für Grundflächen

- mit verschiedener Raumumschließung,
- mit unterschiedlichen Geschosshöhen,
- mit ausgebautem und mit nicht ausgebautem Zustand,
- die in räumliche, funktionale, konstruktive, zeitliche oder wirtschaftliche separate Bauabschnitte bzw. Teilbereiche geteilt sind.

Beispielhaft sind in Abb. 3.2 Bruttogrundflächen (BGF) für verschiedene Bereiche eingetragen.

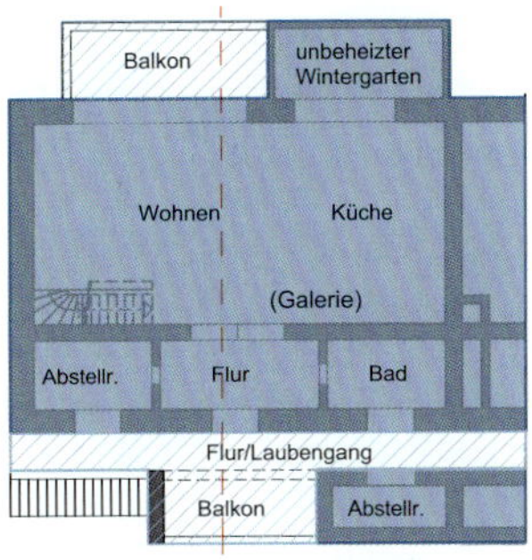

Grundriss EG

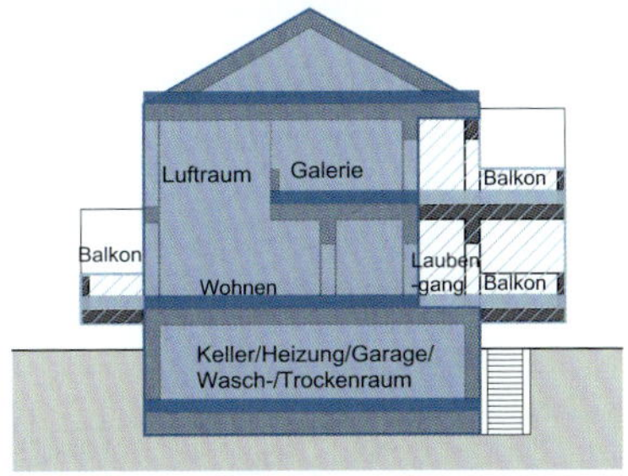

Gebäudeschnitt (Darstellung Brutto-Rauminhalt)

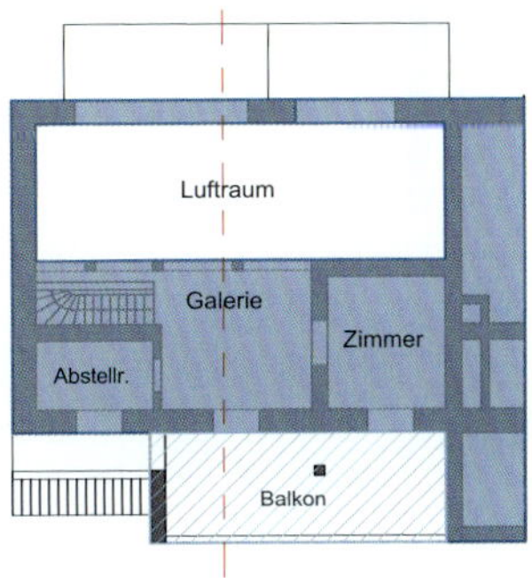

Grundriss OG

Brutto-Grundfläche BGF

- Brutto-Grundfläche, Regelfall (allseits umschlossene Fläche)
- Brutto-Grundfläche, Sonderfall (seitlich offen und überdeckte oder oben offene und seitlich begrenzte Flächen; z.B. Balkon, Loggia, Terrasse)
- keine Brutto-Raumfläche (z.B. nicht mit dem Bauwerk verbundene Bauteile, wie ebenerdige Terrassen und nicht überdachte Atrien, Lufträume von Galeriegeschossen oder Treppenaugen mit einem Querschnitt > 1m³, Schornsteine, Fundamente, Dachgeschoss/Spitzboden nicht nutzbar)
- Brutto-Grundfläche, Regelfall
- Brutto-Grundfläche, Regelfall

Abb. 3.2: Bruttogrundfläche (BGF), grafische Darstellung am Beispiel

3.3.1 Dach- und Gebäudeabschluss

Der obere Abschluss eines Gebäudes kann eine schräge/geneigte Dachform aufweisen oder horizontal eben ausgeführt sein. Je nach Begehbarkeit der Flächen werden diese als BGF angerechnet.

Fall 1.1: Satteldach, nur zu Revisionszwecken begehbar

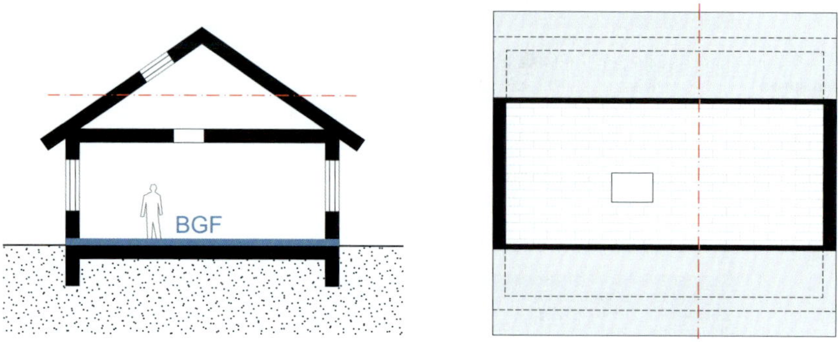

Die Grundfläche eines Hohlraumes zwischen der obersten Geschossdecke und der Dachkonstruktion ist keine BGF, wenn der Dachraum keinen Zugang hat, nicht begehbar oder nicht nutzbar ist. Ob eine Dachfläche nutzbar ist, bestimmt sich danach, ob diese Fläche zur Nutzung in der Planung bestimmt oder generell geeignet ist. Die Geeignetheit wird aufgrund vorhandener objektiver Kriterien festgestellt, wie z. B. einer vorhandenen notwendigen Treppe, vorhandener lichter Raumhöhe für Aufenthaltsräume oder vorhandener notwendiger Belichtung für eine ggf. später mögliche Nutzung.

Ist der Dachraum aufgrund objektiver Kriterien generell nutzbar, jedoch noch nicht ausgebaut, ist die BGF des Dachgeschosses zu ermitteln und getrennt auszuweisen.

Fall 1.2: Satteldach, ausgebaut

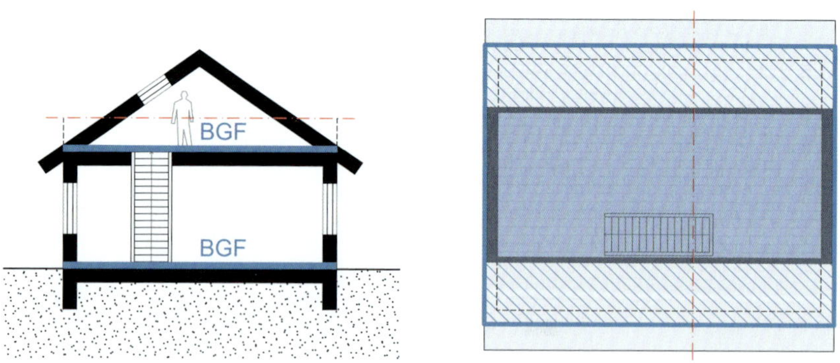

Die Grundfläche eines Hohlraumes zwischen der obersten Geschossdecke und der Dachkonstruktion, der funktionell genutzt wird oder für eine funktionelle Nutzung vorgesehen ist, ist als BGF mit den äußeren Abmessungen der Außenwände/des Daches in Deckenhöhe anzurechnen. Ob eine Nutzung angenommen werden muss, bestimmt sich nach objektiven Kriterien. Solche Kriterien sind beispielsweise in den Landesbauordnungen als Anforderung an Räume aufgrund des Nutzungszweckes definiert. In § 47 MBO sind z. B. Anforderungen an Aufenthaltsräume aufgeführt.

Fall 1.3: Flachdach, nicht begehbar

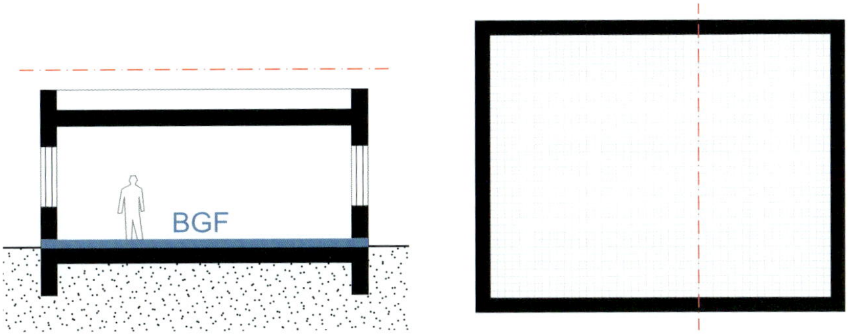

Ein Flachdach, das nicht zum Aufenthalt bestimmt und/oder geeignet ist, ist nicht als BGF anzurechnen. Ob eine Dachfläche zum Aufenthalt geeignet ist, bestimmt sich nach objektiven Kriterien, wie z. B. dem Zugang über eine notwendige Treppe, dem Vorhandensein eines Geländers/einer Brüstung oder der statischen Dimensionierung der Geschossdecke.

Fall 1.4: Flachdach, begehbar, zum Aufenthalt bestimmt

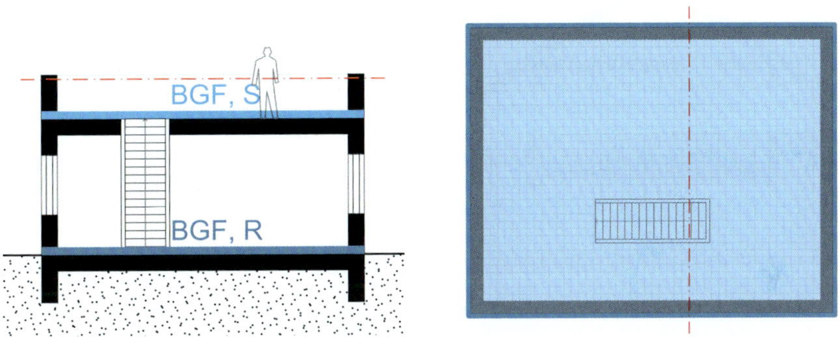

Ein Flachdach, das zum Aufenthalt geplant und ausgeführt wurde, ist als BGF Sonderfall (BGF, S) anzurechnen. Die Nutzungseigenschaft bestimmt sich nach objektiven Kriterien wie konstruktiven, brandschutztechnischen und bauordnungsrechtlichen Gegebenheiten.

Fall 1.5: Flachdach, nicht begehbar, mit Oberlicht/Lichtkuppel

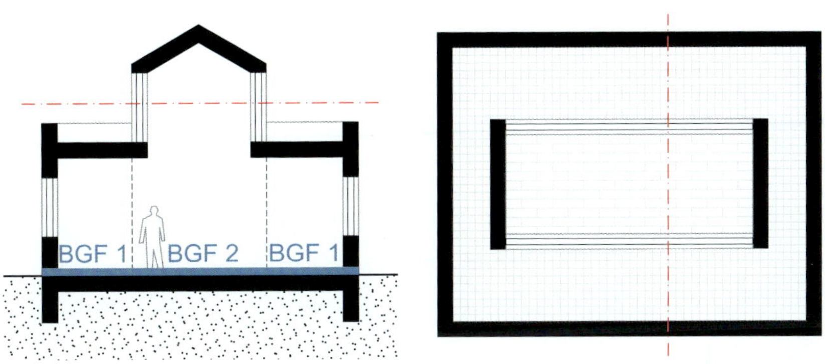

Das Oberlicht hat keine begehbare Fläche und somit keine BGF. Zu beachten sind jedoch die unterschiedlichen Raumhöhen: Die Bruttogrundfläche des Dachgeschosses ist aufgrund der abweichenden Höhe im Bereich des Oberlichtes in Bereiche entsprechend den unterschiedlichen Raumhöhen zu differenzieren und separat auszuweisen (z. B. BGF 1 und BGF 2).

Fall 1.6: Eingangsüberdachung, Dachüberstand, Sonnenschutz

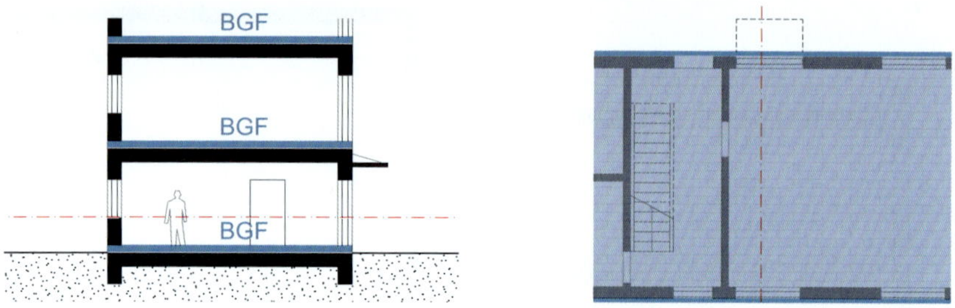

Eingangsüberdachungen und auskragende Sonnenschutzanlagen bilden keinen Raum im Sinne der DIN 277 und werden auch nicht in ihrer vertikalen Projektion als BGF erfasst.

Fall 1.7: Dachüberstand

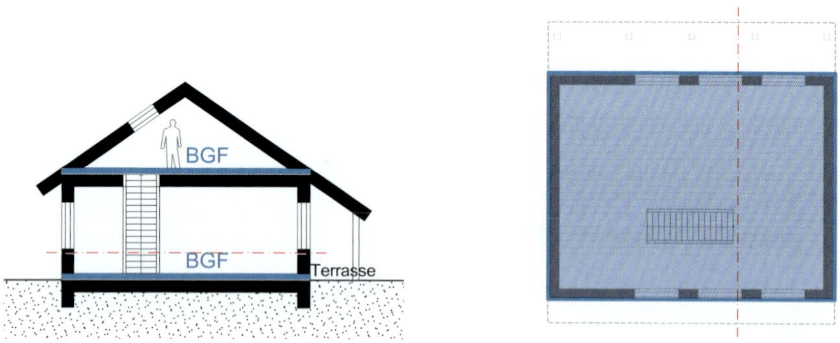

Die Grundflächen von Dachüberständen, die sich mit vertikaler Projektion ergeben, gehören nicht zur BGF, wenn sie nicht der Raumumschließung Sonderfall (Bereich S) zugeordnet werden können. Grundflächen von Baukonstruktionen am Bauwerk wie beispielsweise Terrassen, Carports, Eingangstreppen oder Höfe werden als BGF S erfasst, wenn sie einer Nutzung nach DIN 277, Tabelle 1 und/oder 2 zugeordnet werden können und unterbaut sind oder eine konstruktive feste Verbindung mit dem Bauwerk haben.

3.3.2 Tragwerk, Fassade und Ausbau

Die Baukonstruktion kann vertikal senkrecht oder geneigt ausgeführt sein. Je nach ihrer Art und Lage wird diese als BGF angerechnet: Für die Berechnung der BGF sind (auch bei geneigten Fassaden) die äußeren Abmessungen der Wandkonstruktion in Höhe der Boden-/Deckenbeläge maßgebend.

Fall 2.1: Geneigte Wand

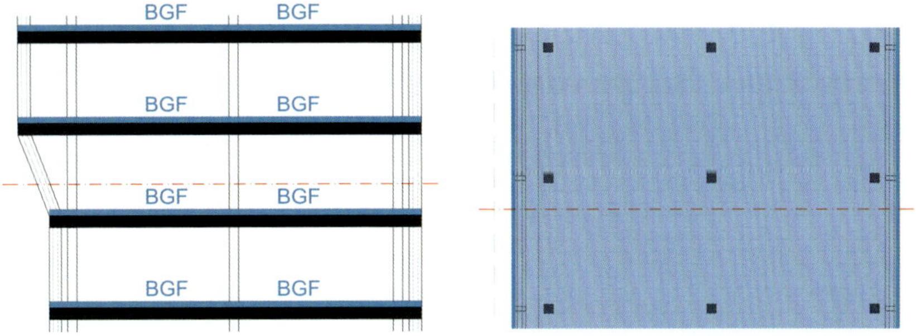

Die BGF wird ermittelt anhand der äußeren Maße der Außenwand in Höhe der Oberkante von Boden- oder Deckenbelägen; eine schräg verlaufende Fassade hat hierauf keinen Einfluss.

Fall 2.2: Doppelfassade

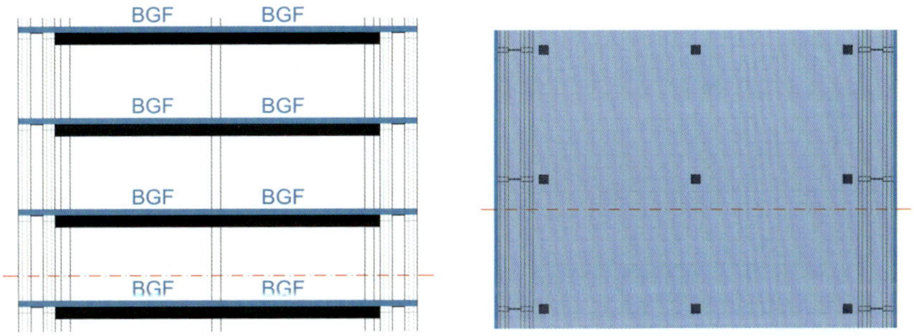

Maßgebend für die Bestimmung der BGF sind die äußeren Maße der Baukonstruktionen einschließlich Bekleidungen. Das gilt ebenso bei mehrschaligen Wandkonstruktionen. Zur Ermittlung der BGF ist die Außenseite der mehrschaligen Konstruktion maßgebend.

Der Hohlraum in mehrschaligen Fassaden ist unabhängig von deren Größe in der weiteren Differenzierung der Konstruktionsgrundfläche (KGF) zuzuordnen, es sei denn, es wird ein nutzbarer Raum gebildet.

Wird zwischen der inneren und der äußeren Fassade ein solcher nutzbarer Raum gebildet (z. B. Schaufenster), wird dieser Raum zwischen den Fassaden der Nettoraumfläche (NRF) zugeordnet.

Fall 2.3: Stütze außen/innen

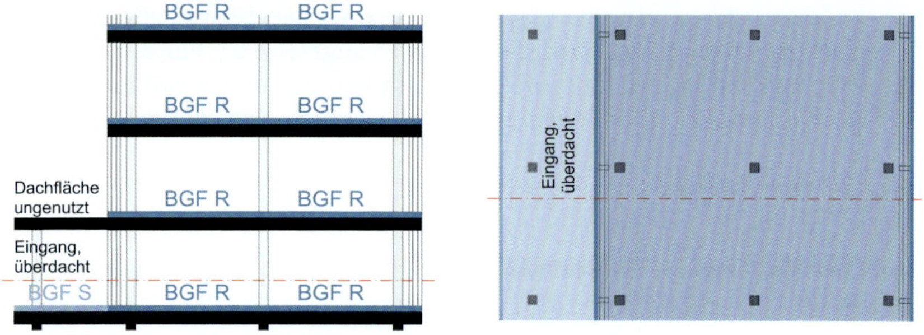

Stützen gehören unabhängig von ihren Abmessungen generell als KGF zur BGF und sind in diese eingeschlossen. Je nach Raumumschließung sind die Grundflächen der Raumumschließung Regelfall (BGF, R allseits umschlossene Fläche) oder der Raumumschließung Sonderfall (BGF, S oben und/oder seitlich offene Fläche) zuzuordnen.

3.3.3 Erschließung und Versorgung

Das Gebäude wird sowohl horizontal als auch vertikal durch Treppen, Flure, Aufzüge usw. erschlossen. Diese Flächen können eben oder geneigt sein. Grundflächen sind getrennt zu erfassen nach Geschossebenen des Gebäudes, nach unterschiedlichen Geschosshöhen und nach den Bereichen der Raumumschließung sowie differenziert nach eben bzw. schräg verlaufenden Flächen.

Die Grundflächen schräg verlaufender Ebenen und Decken (Treppen, Rampen, Tribünen u. Ä.) sind als senkrechte Projektion zu berücksichtigen (siehe Kapitel 3.3.5, Abb. 3.3 und Fall 5.7).

Fall 3.1: Treppenhaus

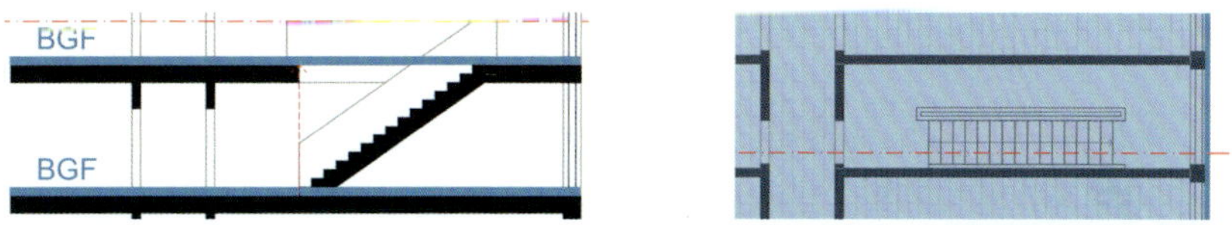

Treppen werden als vertikale Projektion in das darüberliegende Geschoss erfasst. Somit liegt die Grundfläche der Treppe in der Geschossebene, in der die Treppe ankommt.

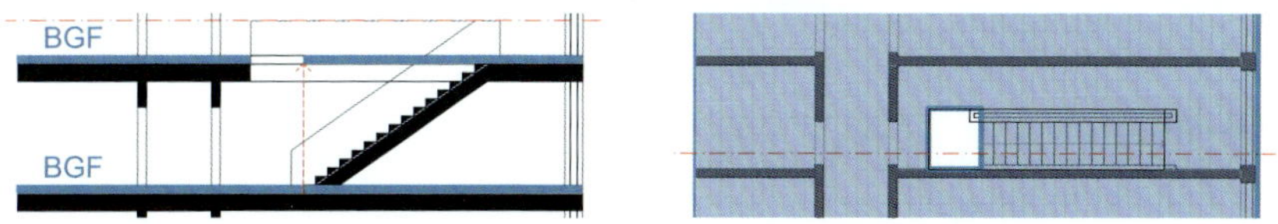

Ist das Treppenloch größer als die nach oben projizierte Treppenfläche, ist diese Differenzfläche nicht als BGF zu erfassen. In diesem Fall ist im unteren Geschoss (Beginn der Treppe) eine BGF mit einer Höhe über 2 (oder mehr) Geschosse separat auszuweisen.

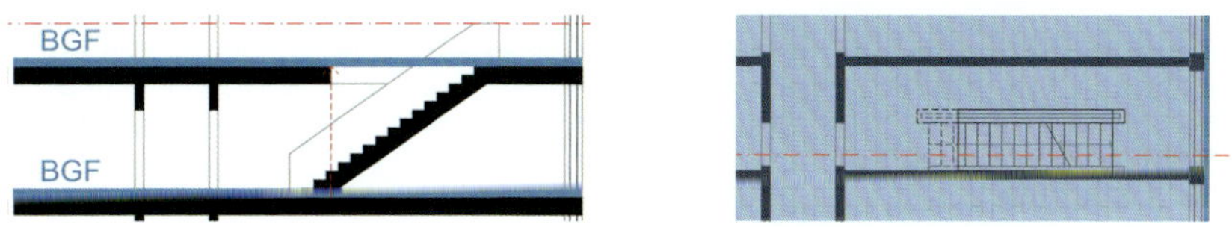

Ist die Fläche der nach oben projizierten Treppe größer als das Treppenloch, wird diese Differenz nicht im darüberliegenden Geschoss als BGF erfasst, sondern im Geschoss, in dem die Treppe beginnt, erfasst und separat ausgewiesen.

Die Fläche unter der Treppe wird als BGF „unter schräg verlaufender Fläche" ggf. in Abhängigkeit von ihrer lichten Raumhöhe separat erfasst.

Das Treppenauge (Luftraum) wird bei nennenswerter Größe (lichter Querschnitt > 1 m^2) von der BGF abgezogen. Ist der lichte Querschnitt des Treppenauges ≤ 1 m^2, wird dieser übermessen und als BGF erfasst.

Fall 3.2: Aufzug

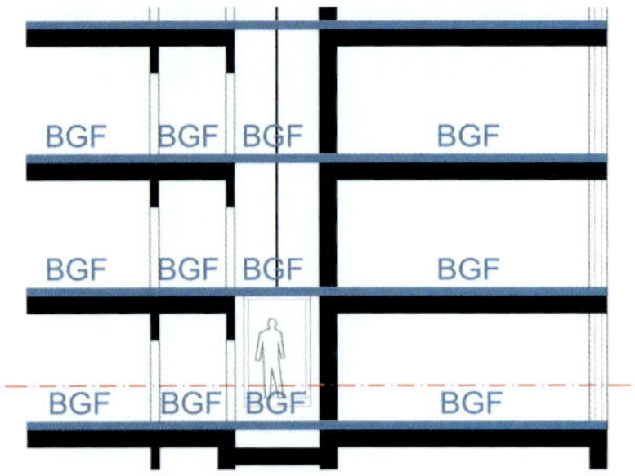

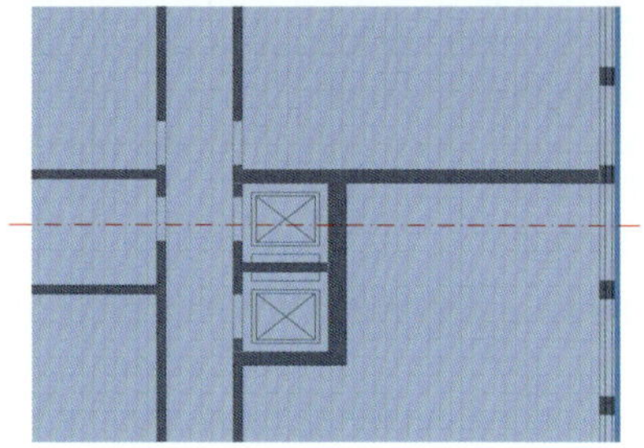

Die Flächen von Aufzugsschächten ebenso wie die Flächen von Installations-/Wartungsschächten gehören unabhängig von ihrer Größe in jedem Geschoss, durch das sie führen, zur BGF.

In der weiteren Differenzierung der BGF werden Installations- und Aufzugsschächte mit einem lichten Querschnitt > 1,0 m² der Nettoraumfläche (NRF) zugeordnet. Haben diese Schächte einen lichten Querschnitt ≤ 1 m², dann gehören diese Grundflächen zur KGF.

Fall 3.3: Rolltreppe

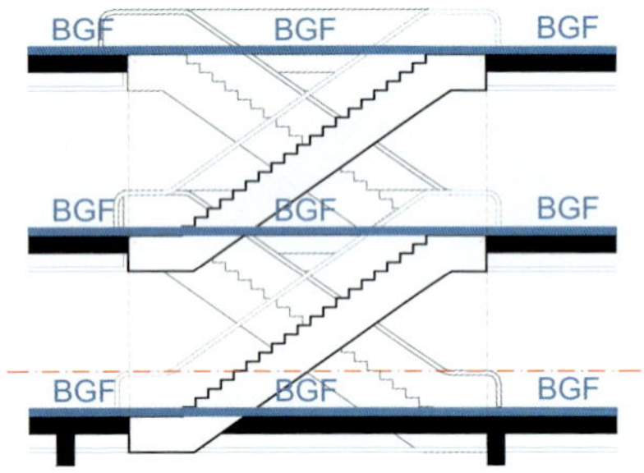

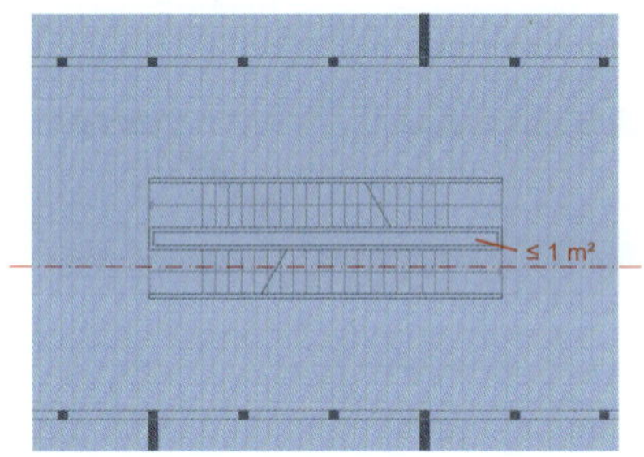

Treppen mit beweglichen Stufen (Rolltreppe) werden analog den festen Treppen (Fall 3.1) ermittelt. Die Fläche der Rolltreppe wird durch vertikale Projektion als horizontale Grundfläche im darüberliegenden Geschoss angerechnet und diesem Geschoss als Menge zugeordnet.

Lufträume in Galerie- oder Treppengeschossen (z. B. Treppenauge), die einen lichten Querschnitt von > 1 m² aufweisen, sind keine BGF.

Lufträume, wie beispielsweise Treppenaugen, mit einem lichten Querschnitt ≤ 1 m² werden übermessen, als BGF erfasst und der Treppenfläche zugeordnet.

Die Fläche unter der Treppe wird als BGF „unter schräg verlaufender Fläche" ggf. in Abhängigkeit von ihrer lichten Raumhöhe erfasst und separat ausgewiesen.

3.3.4 Keller und Gründung

Für die Ermittlung der BGF werden die Flächen jedes Geschosses, auch die Flächen des Kellergeschosses, anhand der äußeren Abmessungen einschließlich Bekleidungen erfasst. Flächen von Baukonstruktionen, die (außen) am Gebäude liegen, jedoch nicht konstruktiv fest mit dem Gebäude verbunden sind, sowie untergeordnete Bauteile sind keine BGF.

Fall 4.1: vollunterkellert

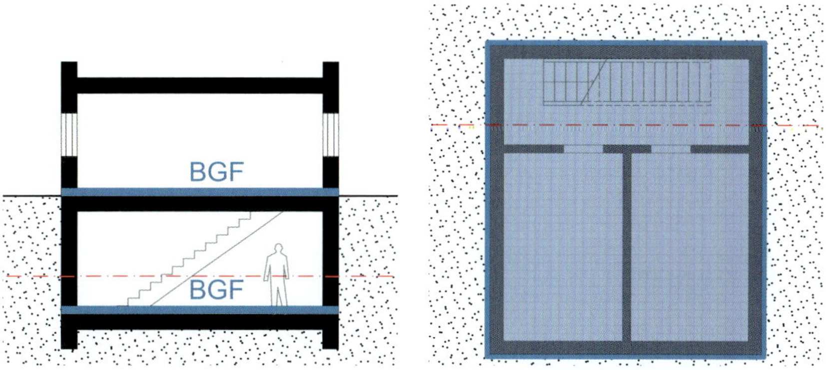

Die BGF des Kellergeschosses wird wie bei jedem oberirdischen Geschoss in Höhe der Oberkante der Bodenbeläge ermittelt. Grundlage sind die äußeren Abmessungen der Baukonstruktion einschließlich Bekleidung.

Fall 4.2: teilunterkellert

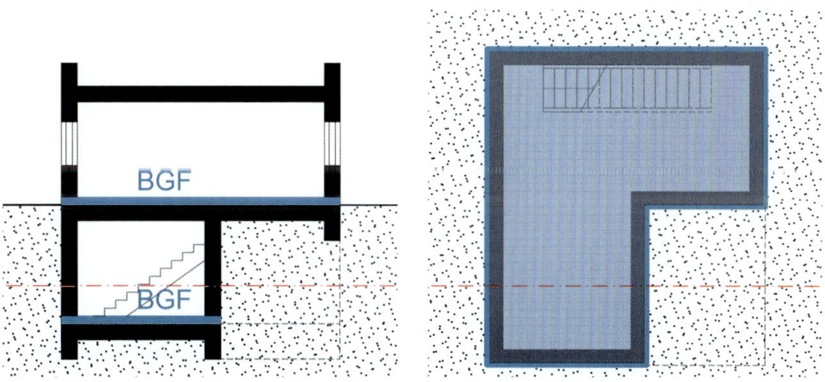

Die BGF des nutzbaren Bereiches des Kellers (Teilunterkellerung) wird in Höhe der Oberkante der Bodenbeläge anhand der äußeren Abmessungen der Baukonstruktion einschließlich Bekleidung ermittelt. Fundamente bleiben unberücksichtigt.

Fall 4.3: nicht unterkellert

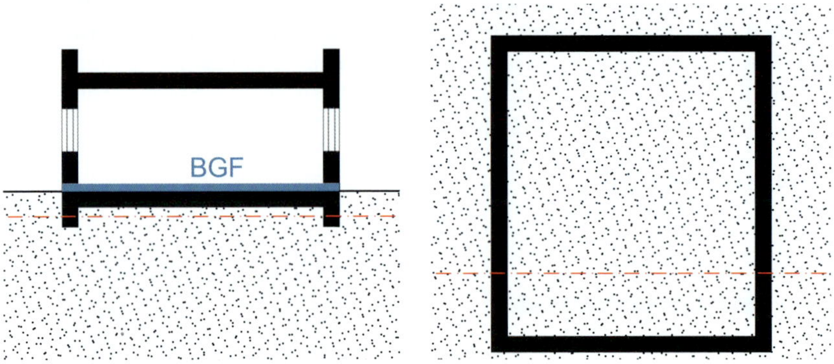

Nicht zur BGF gehören Einzel- und Streifenfundamente sowie Tiefgründungen. Die untere Begrenzung des Gebäudes bei der Mengenermittlung nach DIN 277 ist die Bodenplatte bzw. Fundamentplatte (Gründung) des Gebäudes.

Fall 4.4: Kriechkeller

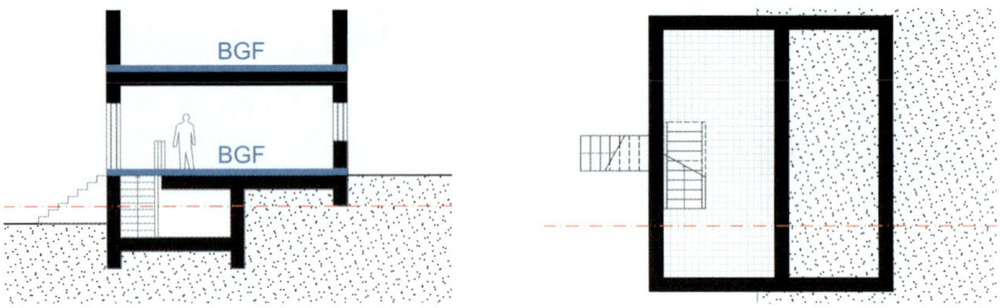

Die Flächen in Kriechkellern und -gängen gehören unabhängig von ihrer Größe nicht zur BGF. Sie dienen üblicherweise ausschließlich der Wartung, Inspektion und Instandsetzung von Bauteilen sowie technischen Anlagen und werden ebenso wie die Grundflächen von Hohlräumen in abgehängten Decken und Installationsdoppelböden nicht als BGF erfasst.

Gegebenenfalls werden diese Räume bei der Ermittlung des Bruttorauminhaltes (BRI) berücksichtigt, falls diese Hohlräume ein Volumen > 1 m^3 aufweisen.

Fall 4.5: Lichtschächte

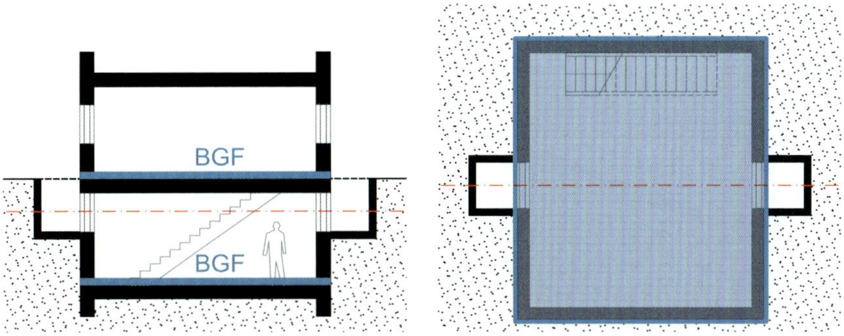

Flächen von Licht-, Luft- und Montageschächten, die außen am Bauwerk liegen, gehören unabhängig von ihrer Größe nicht zur BGF.

Fall 4.6: Kellertreppe, außen

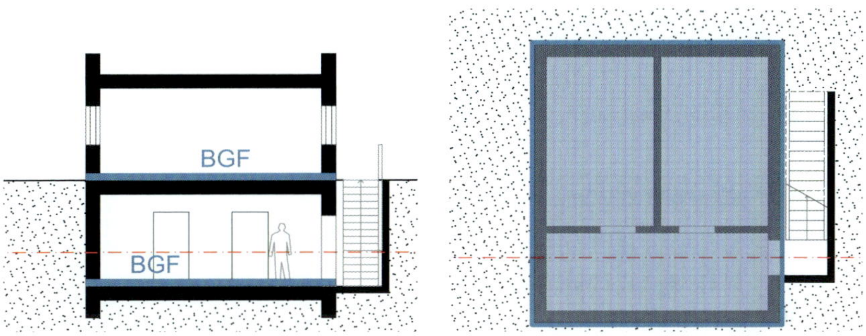

Flächen von Baukonstruktionen, die sich außerhalb des Gebäudes befinden, an das Gebäude anschließen, jedoch nicht mit dem Gebäude konstruktiv fest verbunden sind, gehören nicht zur BGF.

Eine Außentreppe, der zwar eine Nutzung nach DIN 277, Tabelle 1 und/oder Tabelle 2 zugewiesen werden kann, die aber nicht unterbaut oder konstruktiv fest mit dem Gebäude verbunden ist, gehört nicht zur BGF. Ist diese Außentreppe konstruktiv fest mit dem Bauwerk verbunden, z. B. mit einer durchlaufenden Boden-, Decken-, Dach- oder Wandkonstruktion, ist deren Fläche als BGF, S zu berücksichtigen.

Fall 4.7: Einfahrt Tiefgarage, Rampe außen

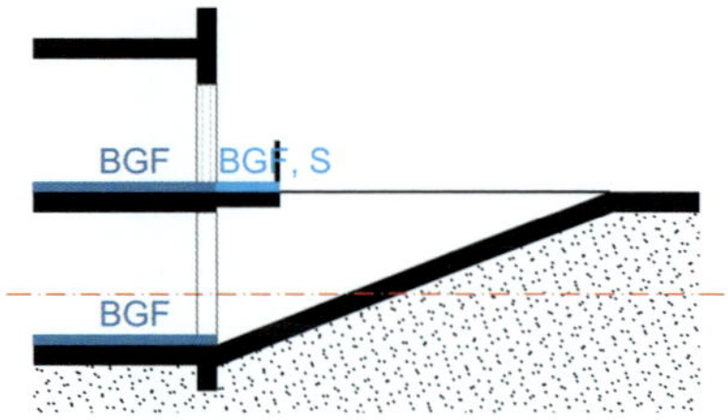

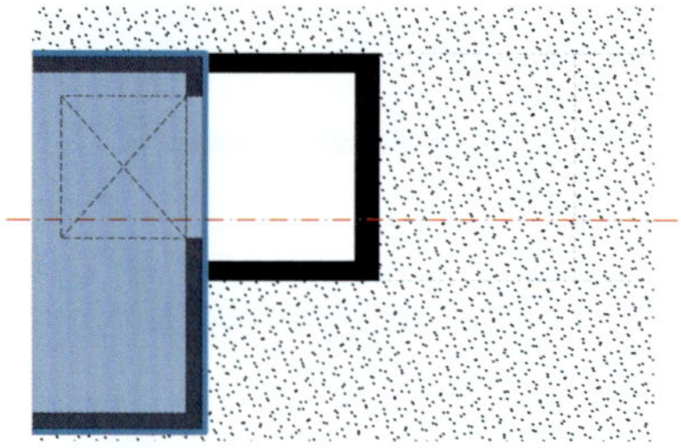

Die BGF eines Geschosses wird in Höhe der Oberkante der Boden- und Deckenbeläge ermittelt. Maßgebend sind die äußeren Abmessungen der Baukonstruktion einschließlich Bekleidung. Dies gilt auch bei allseitig umschlossenen Räumen, die über Öffnungen dem Außenklima ausgesetzt sind. Bei nicht geschlossenen Öffnungen (z. B. Rollgitter in Garagen) wird die äußere Abmessung analog den Fenster- und Türöffnungen bis zur Außenseite der äußeren Außenwandbekleidung ermittelt.

Baukonstruktionen am Bauwerk (z. B. Terrassen, Carports, Eingangstreppen, Höfe) werden bei der Ermittlung der BGF berücksichtigt, wenn deren Flächen eine Nutzung nach DIN 277, Tabelle 1 zugeordnet werden kann und wenn sie unterbaut oder konstruktiv fest mit dem Gebäude verbunden sind (z. B. mit durchlaufenden Bodenplatten, Decken-, Dach-, Wandkonstruktionen). Diese Flächen werden dem Sonderfall der Raumumschließung zugeordnet.

Fall 4.8: unterbaute Bereiche

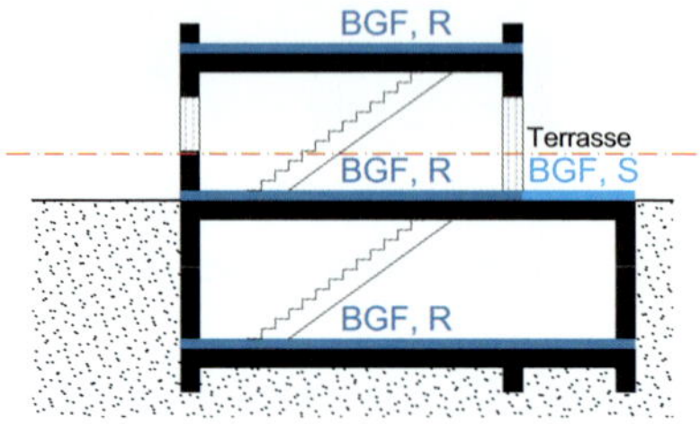

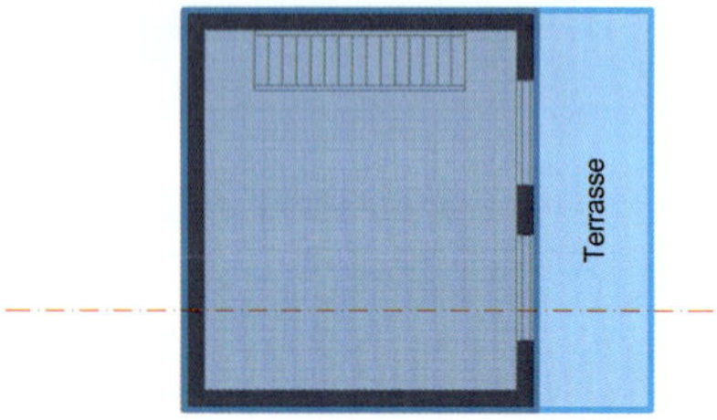

Baukonstruktionen am Bauwerk, denen eine Nutzung der Fläche nach DIN 277, Tabelle 1 zugeordnet werden kann (z. B. Nutzungsfläche: Terrassen, Höfe; Verkehrsfläche: Treppen, Rampen) und die unterbaut oder konstruktiv fest mit dem Bauwerk verbunden sind, werden als BGF berücksichtigt. Diese BGF gehören zur Raumumschließung Sonderfall: nicht an allen Seiten vollständig begrenzt (BGF, S).

Eine Terrasse auf unterbautem Bereich (auf Keller/Tiefgarage) wird als BGF, S in der Mengenberechnung berücksichtigt.

3.3.5 Ebenen und Decken

Die BGF des Gebäudes werden je Geschoss bzw. je Ebene für alle begehbaren Bereiche erfasst und sind in Bereiche mit unterschiedlichen Geschosshöhen zu differenzieren. Nicht begehbare Bereiche (z. B. Lufträume, Deckenöffnungen) werden ab einem lichten Querschnitt von > 1 m² nicht als BGF erfasst. Ebenso gehören nicht zugängliche oder nicht nutzbare Flächen (z. B. Spitzboden im Dach, Abseiten im Drempel, Kriechkeller) sowie Flächen, die ausschließlich der Wartung, Inspektion und Instandsetzung dienen (Flächen in abgehängten Decken oder Installationsdoppelböden), nicht zur BGF.

Die Grundflächen schräg verlaufender Ebenen und Decken (Treppen, Rampen, Tribünen u. Ä.) sind als vertikale Projektion auf eine horizontale Ebene zu berücksichtigen.

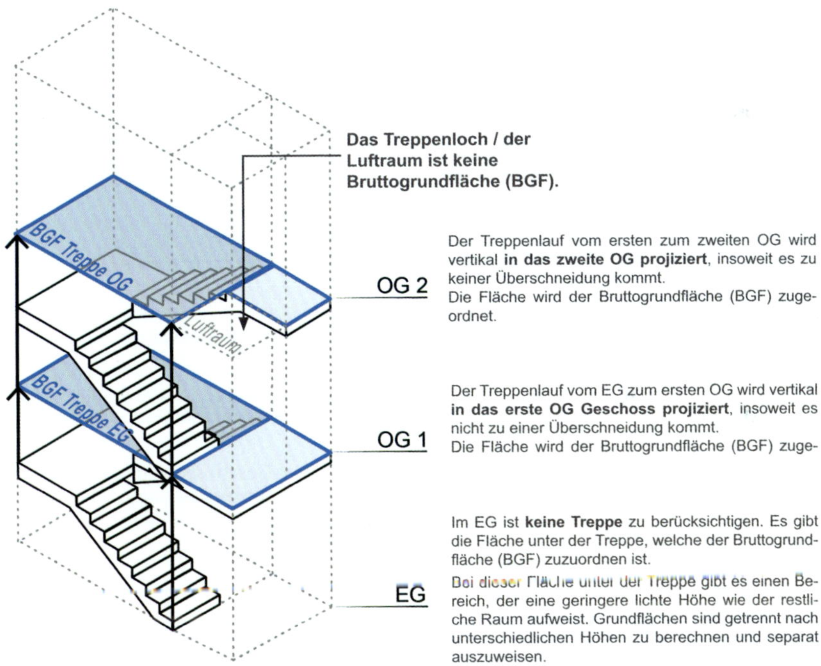

Abb. 3.3: Berechnung der Bruttogrundfläche (BGF) bei Treppen nach DIN 277

Dargestellt ist in Abb. 3.3 die vertikale Projektion einer Treppe auf eine horizontale Ebene im darüberliegenden Geschoss, wobei die Deckenöffnung des darüberliegenden Geschosses (hier im dargestellten Beispiel) die gleiche Größe wie die Grundfläche der Treppe hat.

Sind die durch vertikale Projektion in die horizontale Ebene projizierten Grundflächen der geneigten Ebenen kleiner als die Deckenöffnung (Treppenloch) im darüberliegenden Geschoss, dann wird dieser verbleibende Luftraum nicht als BGF erfasst (siehe Kapitel 3.3.3, Fall 3.1).

Sind die durch vertikale Projektion in die horizontale Ebene projizierten Grundflächen der geneigten Ebenen größer als die Deckenöffnung (Treppenloch) im darüberliegenden Geschoss, dann wird diese Überschneidung nicht als BGF im darüberliegenden Geschoss erfasst. Die Fläche der Überschneidung gehört zur BGF des Geschosses, in dem die Treppe beginnt (siehe Kapitel 3.3.3, Fall 3.1).

Fall 5.1: Galerie, Luftraum

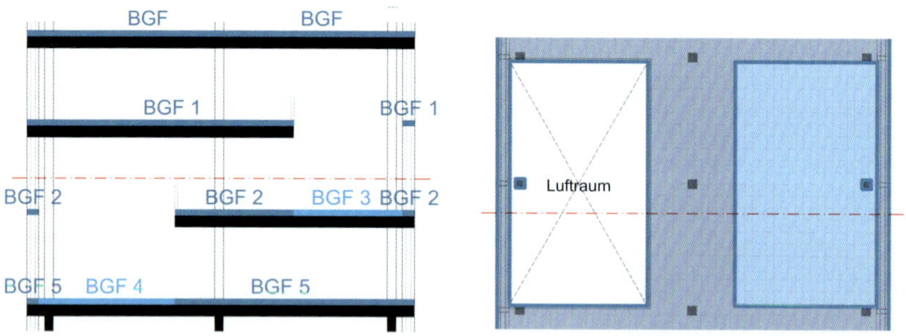

Nicht begehbare Bereiche einer Ebene (z. B. Lufträume von Galeriegeschossen, sonstige Deckenöffnungen, Treppenaugen), die im Lichten eine Fläche > 1 m^2 aufweisen, sind keine BGF.

Diese Bereiche sind auf ihrer untersten (begehbaren) Ebene zu erfassen und entsprechend ihrer größeren lichten Raumhöhe und damit auch größeren Geschosshöhe separat auszuweisen (im dargestellten Beispiel: BGF 4 und BGF 3).

Die Grundflächen sind getrennt nach ihren unterschiedlichen Geschosshöhen zu erfassen. In der Abbildung Fall 5.1 sind beispielhaft BGF mit verschiedenen Geschosshöhen dargestellt und die Differenzierung in dementsprechend getrennte Bereiche für die Ermittlung der BGF aufgezeigt (BGF 1 bis BGF 5).

Fall 5.2: Splitlevel

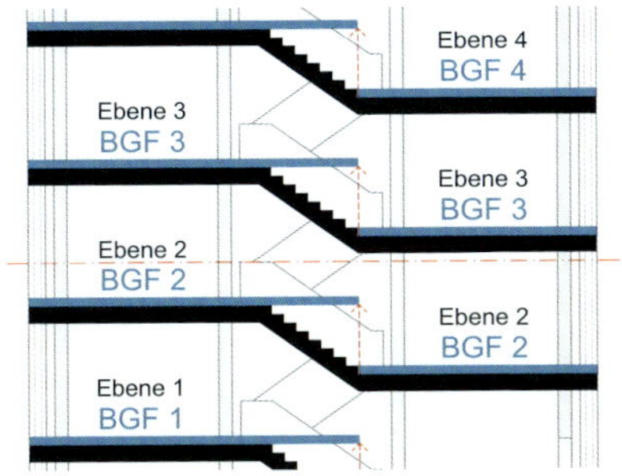

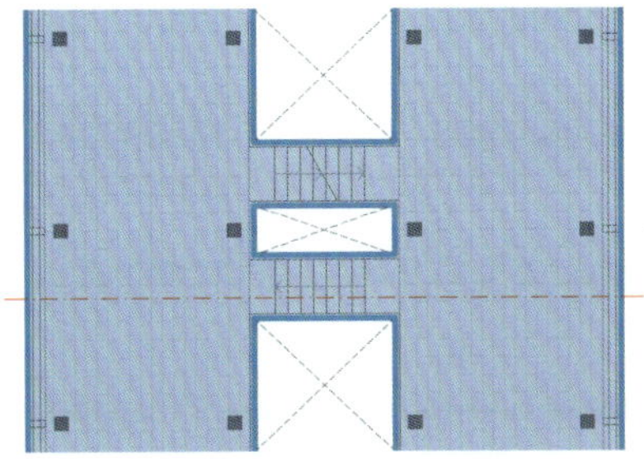

BGF werden getrennt nach Geschossebenen erfasst. Mit Treppen verbundene versetzte Geschosse (Splitlevel) werden entsprechend der Zuordnung zu einer Geschossebene zusammengefasst oder separat als Geschoss ausgewiesen. Ist es nicht sinnvoll, Geschossebenen zusammenzufassen und wurden die Geschosse daher verschiedenen Ebenen zugewiesen, sind diese Geschosse getrennt voneinander zu ermitteln.

Grundsätzlich werden schräg verlaufende Konstruktionen (z. B. Treppen) vertikal in das nächsthöhere Geschoss als ebene Fläche projiziert und diesem Geschoss zugeordnet.

Fall 5.3: Innenhof, Atrium, unterbaut, ungenutzte Dachfläche

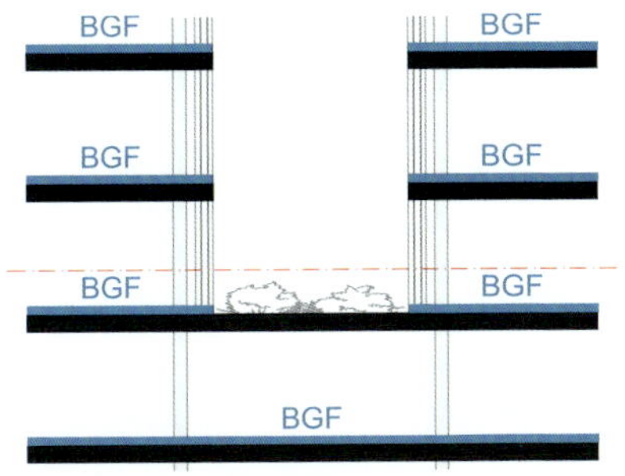

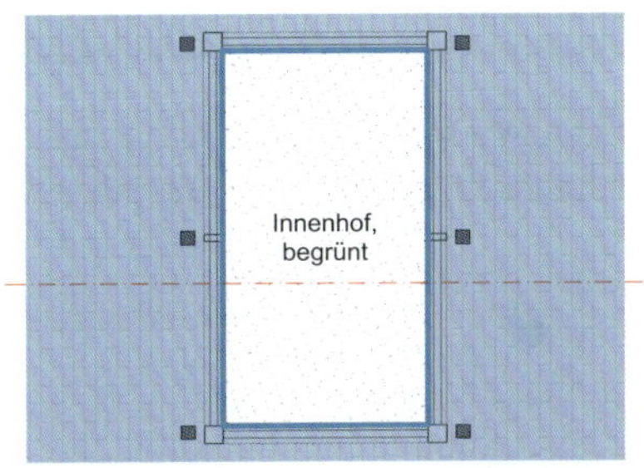

Eine begrünte Dachfläche im Innenhof besitzt nach DIN 277, Tabelle 1 keinen Nutzungszweck. Sie gehört daher nicht zur Bruttogrundfläche.

Nutzungszweck nach DIN 277, Tabelle 1 bedeutet, den Flächen entsprechend ihrer Art und Nutzung eine Funktion als Nutzungsfläche (NUF), als Verkehrsfläche (VF) oder als Technikfläche (TF) zuzuweisen.

Fall 5.4: Innenhof, Atrium, unterbaut, genutzte Dachfläche

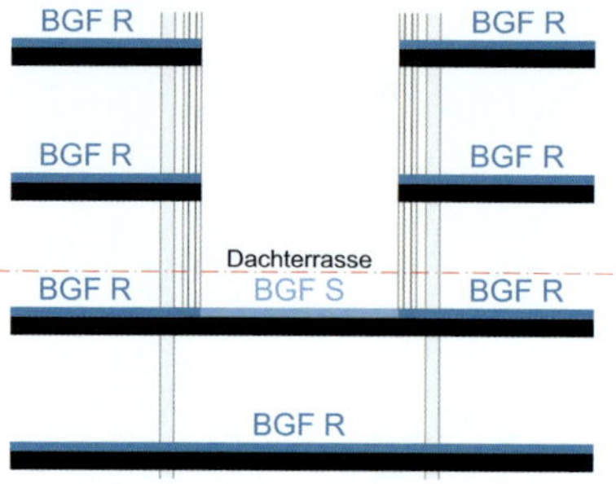

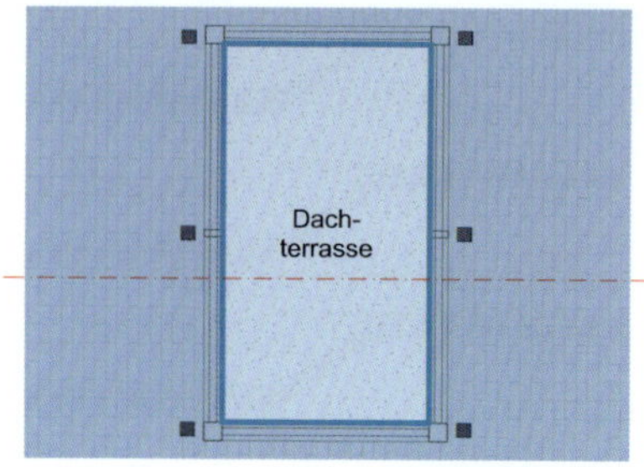

Einer unterbauten Dachterrasse im Innenhof kann eine Nutzung nach DIN 277, Tabelle 1 als NUF zugeordnet werden. Sie gehört daher zur BGF.

Baukonstruktionen am Bauwerk, beispielsweise Innenhöfe, Atrien, (Dach-)Terrassen sind bei der Berechnung der BGF zu berücksichtigen, wenn diesen Flächen ein Nutzungszweck nach DIN 277, Tabelle 1 und/oder Tabelle 2 zugeordnet werden kann und wenn sie unterbaut oder mit dem Bauwerk konstruktiv fest verbunden sind. Die Dachterrasse ist eine nicht allseits umschlossene Fläche und gehört daher zur Raumumschließung Sonderfall.

Fall 5.5: Innenhof, Atrium, nicht unterbaut, genutzte/ungenutzte Freifläche

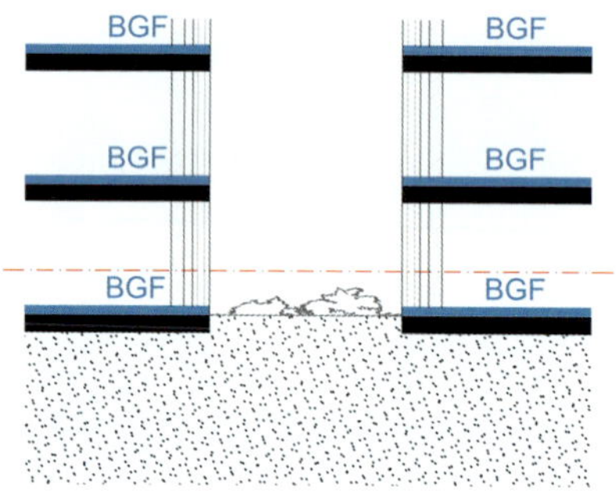

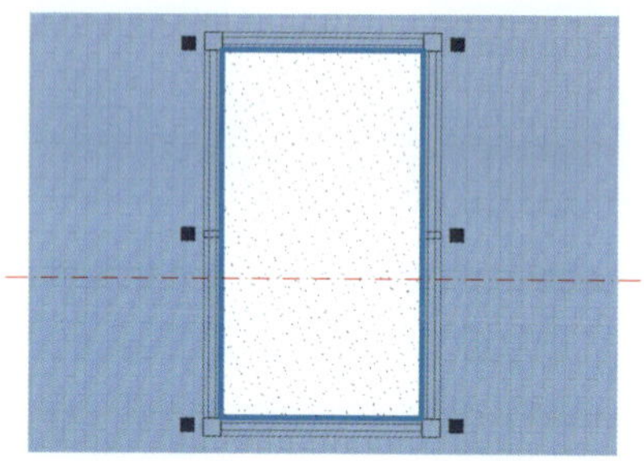

Eine nicht unterbaute Freifläche, die nicht konstruktiv fest mit dem Bauwerk verbunden ist, gehört nicht zur Bruttogrundfläche.

Ist die Baukonstruktion am Bauwerk (z. B. Terrasse) konstruktiv fest mit dem Gebäude verbunden, beispielsweise mittels durchlaufender Dach-, Decken- oder Wandkonstruktionen, wird die Grundfläche der Baukonstruktion der BGF zugeordnet. Diese gehört in diesem Fall zum Bereich Sonderfall der Raumumschließung (BGF, S).

Fall 5.6: abgehängte Decke, Doppelboden

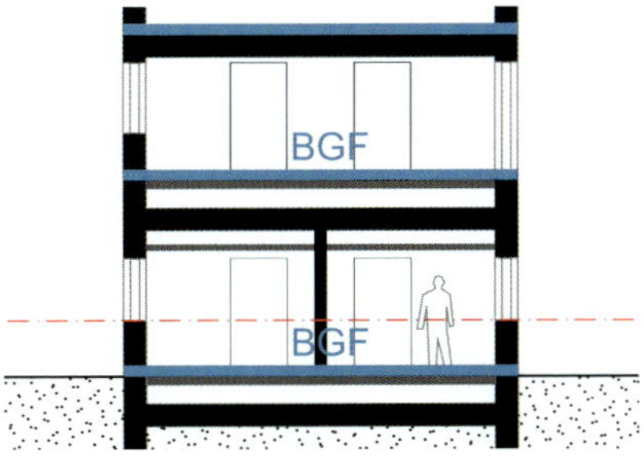

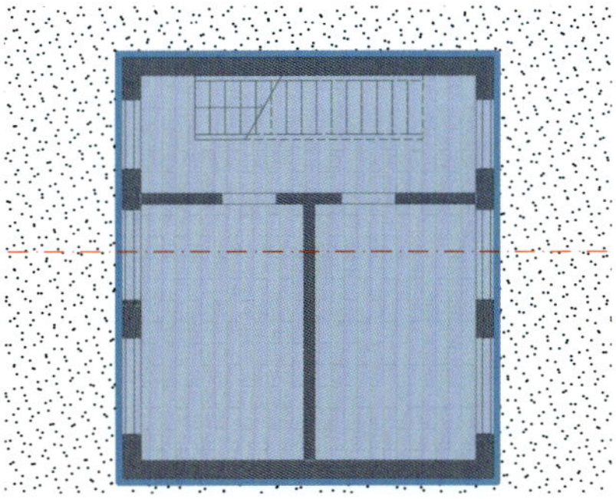

Bereiche des Gebäudes mit geringer Höhe, deren (Revisions-)Zugang lediglich für die Wartung, Inspektion und Instandsetzung von Bauteilen oder von haustechnischen Anlagen und Leitungen genutzt wird, sind keine BGF. Beispielsweise sind das

- die Grundflächen von Installationsdoppelböden,
- die Flächen von abgehängten Decken, auch wenn sie zu Wartungszwecken begehbar sind,
- die Grundflächen von Kriechgängen,
- die durch vertikale Projektion ermittelte Grundfläche von Dachleitern und Dachstegen.

Die Grundflächen dieser (Hohl-)Räume und Baukonstruktionen gehören nicht zur BGF.

Fall 5.7: schräge Ebenen, Sitzränge

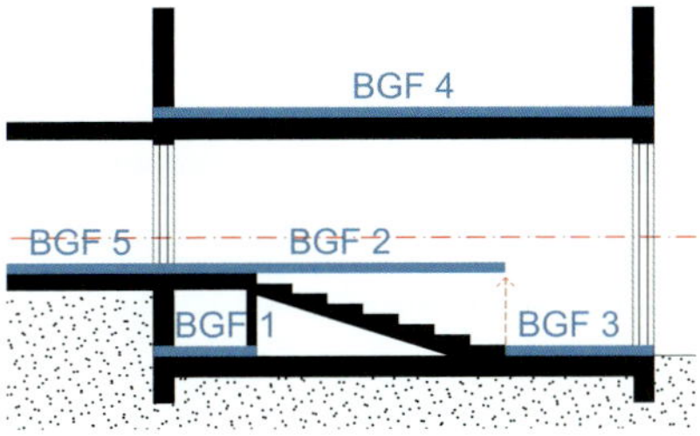

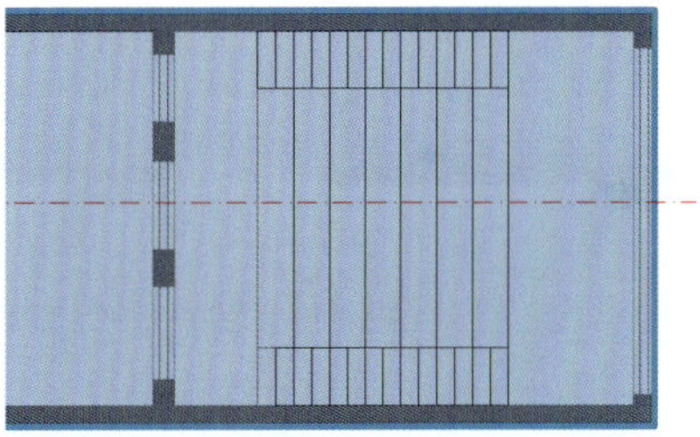

Von schräg verlaufenden Baukonstruktionen (z. B. Treppen, Sitzrängen, Rampen) wird die Grundfläche durch vertikale Projektion auf eine horizontale Ebene ermittelt. Diese Grundflächen werden in die darüberliegende Ebene projiziert, also in die Ebene, in der die schräge Fläche ankommt.

Die Zuordnung der Fläche unter der Treppe erfolgt entsprechend dem Nutzungszweck. Kann diese Fläche unter der Treppe keiner Nutzung nach DIN 277, Tabelle 1 und/oder Tabelle 2 zugeordnet werden und/oder dient der Raum der Wartung, Inspektion und Instandsetzung von Bauteilen oder technische Anlagen, gehört die Grundfläche unter der Treppe unabhängig von ihrer Größe analog dem Kriechkeller nicht zur BGF.

Handelt es sich jedoch beispielsweise um eine offene Treppe im Eingangsbereich und somit um keinen geschlossen, nicht genutzten Raum unter der Treppe, dann gehört die Fläche unter der Treppe zur BGF und ist aufgrund der geringeren Raumhöhe separat auszuweisen.

3.3.6 Anbauten und Außenflächen, Begrenzung

Flächen von Baukonstruktionen außerhalb des Gebäudes, die an das Gebäude anschließen, jedoch nicht mit dem Gebäude konstruktiv fest verbunden sind, sind nicht als BGF zu erfassen. Mit „konstruktiv fest verbunden" sind beispielsweise durchlaufende Bodenplatten, Decken-, Dach- und Wandkonstruktionen mit kraftschlüssigen Verbindungen zwischen Gebäude und außen liegender Baukonstruktion gemeint.

Abweichend davon gehören Baukonstruktionen am Bauwerk, die einen Nutzungszweck nach DIN 277, Tabelle 1 besitzen und mit dem Gebäude konstruktiv fest verbunden oder unterbaut sind, zur BGF.

Je nach Raumumschließung werden die Grundflächen der Baukonstruktion am Bauwerk der Raumumschließung Regelfall (R: allseits umschlossen) oder der Raumumschließung Sonderfall (S: seitlich und/oder oben offen) zugeordnet.

Die Berechnung der BGF erfolgt anhand der äußeren Maße der Baukonstruktion; bei durch Brüstungen und Geländer begrenzten Flächen wird der am weitesten außen liegende Teil der Brüstung in Höhe der Boden-/Deckenbeläge berücksichtigt (siehe Abb. 3.4).

Abb. 3.4: Messregel Bruttogrundfläche (BGF) für Raumumschließung Sonderfall

Fall 6.1: Balkon/Loggia, nicht überdeckt

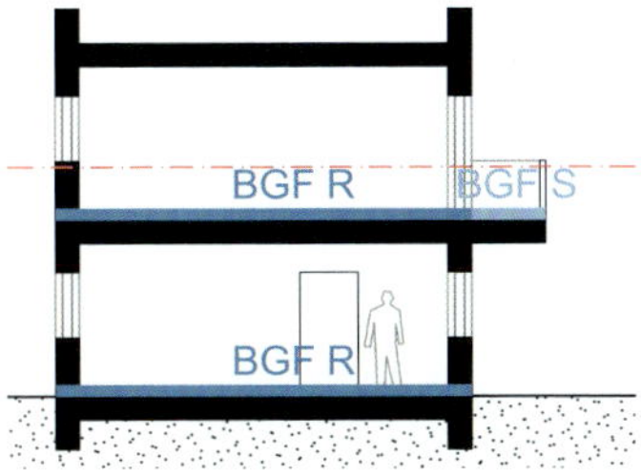

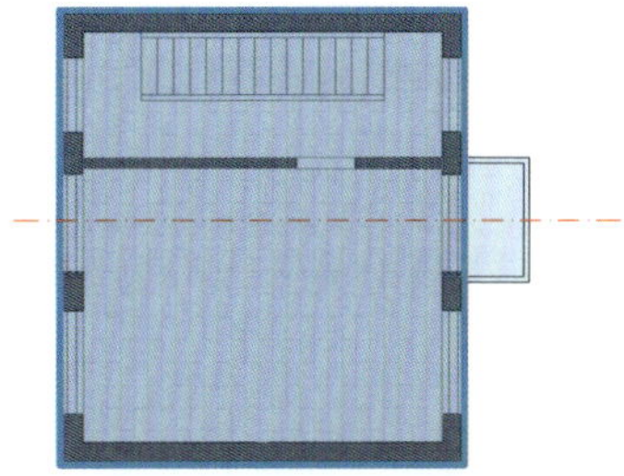

Balkone sind Baukonstruktionen, die konstruktiv fest mit dem Bauwerk verbunden sind. Daher werden diese Flächen als BGF, S angerechnet. Diese außerhalb des Bauwerkes liegenden Flächen, die seitlich und oben offen sind, sind nur durch ein Geländer bzw. eine Brüstung begrenzt. Die BGF von nicht überdachten Balkonen, Dachterrassen und ähnlichen Räumen werden der Raumumschließung S (Sonderfall) zugeordnet. Die BGF wird bis zu den Außenkanten der Konstruktion gemessen, wobei der am weitesten außen liegende Bestandteil der Brüstung bzw. des Geländers maßgebend ist.

Fall 6.2: Balkon/Loggia, überdeckt

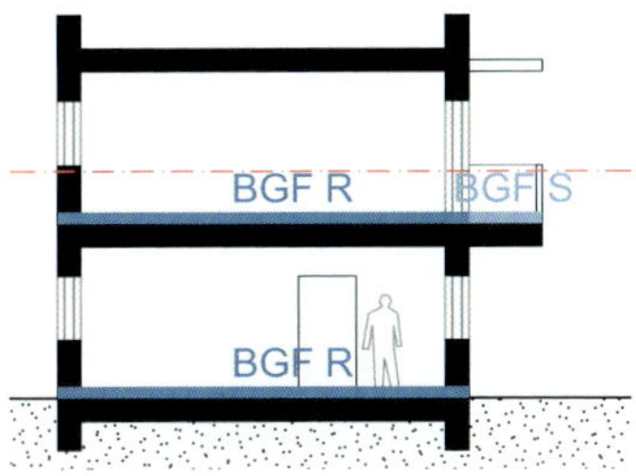

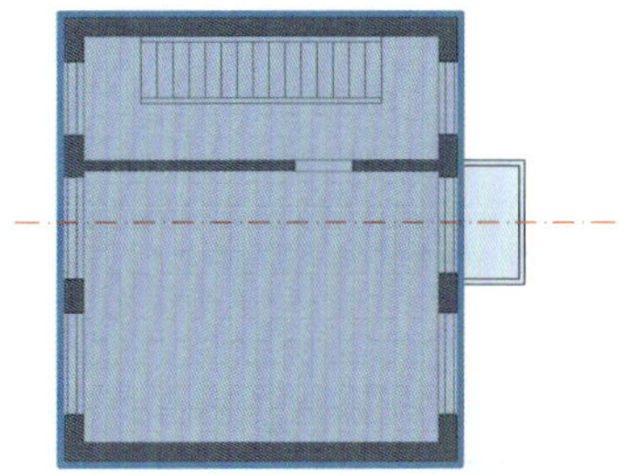

Überdachte Balkone, Dachterrassen und Loggien sind nach oben geschlossene, jedoch seitlich offene Baukonstruktionen. Sie sind konstruktiv fest mit dem Bauwerk verbunden und werden als BGF, S angerechnet.

Fall 6.3: geneigte obere Abgrenzung

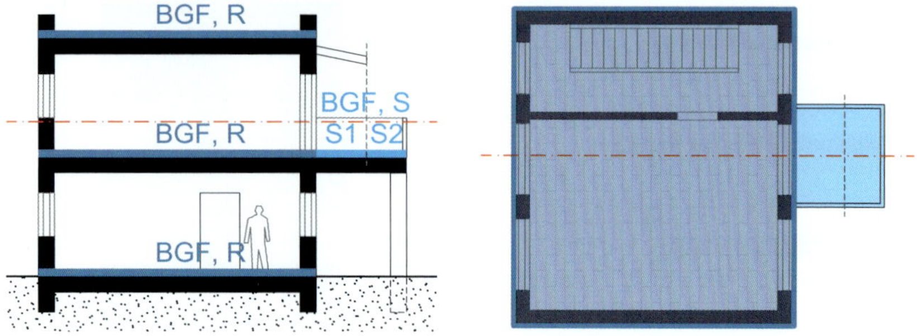

Die Begrenzung bei schräg verlaufender Decken-/Dachkonstruktion ist durch vertikale Projektion der überdeckenden Fläche zu ermitteln. Flächen mit unterschiedlichen Bruttorauminhaltshöhen sind separat auszuweisen. Die BGF sind nach ihren verschiedenen Bruttorauminhaltshöhen zu differenzieren (z. B. BGF, S1 überdeckter Bereich, BGF, S2 nicht überdeckter Bereich).

Fall 6.4: Laubengang

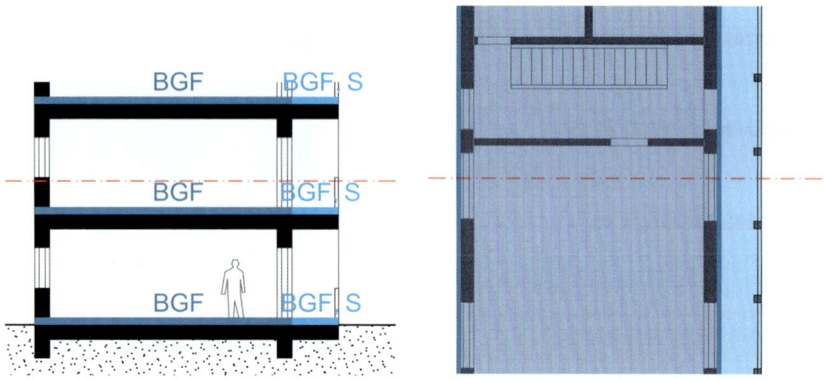

Laubengänge und Loggien sind Baukonstruktionen, die konstruktiv fest mit dem Bauwerk verbunden sind. Daher werden diese Flächen als BGF angerechnet. Sie werden der Raumumschließung S (Sonderfall) zugeordnet und entsprechend unterschiedlichen Geschosshöhen (überdacht/nicht überdacht) separat ausgewiesen.

Fall 6.5: Rollgitter als Begrenzung

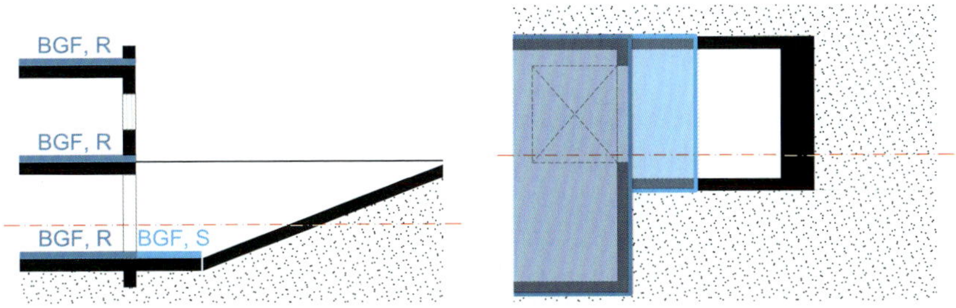

BGF, die allseits umschlossen sind, werden der Raumumschließung R (Regelfall) zugeordnet. Das sind in der Regel alle Innenräume, die vor Witterung geschützt sind. Zum Regelfall der Raumumschließung gehören jedoch auch solche Räume, deren Umschließung Außenklima in den Räumen zulasst, beispielsweise durch Rollgitter von Tiefgarageneinfahrten oder Metallgitter in Wandöffnungen ohne Fenster.

Dem Eingangsbereich kann eine Nutzung nach DIN 277, Tabelle 1 zugewiesen werden (Verkehrsfläche). Ist dieser Eingangsbereich konstruktiv fest mit dem Gebäude verbunden (z. B. durchlaufende Bodenplatte), wird die Grundfläche dieses Eingangsbereiches als BGF, S erfasst.

Fall 6.6: Baukonstruktion außen

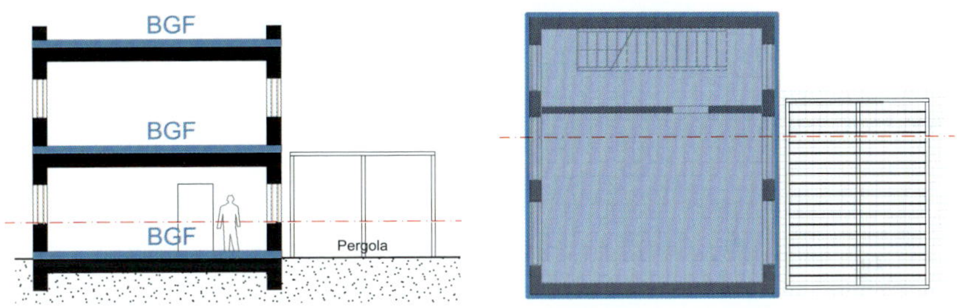

Flächen von Baukonstruktionen außerhalb des Gebäudes, die an das Gebäude anschließen, jedoch nicht mit dem Gebäude konstruktiv fest verbunden sind, sind nicht als BGF zu erfassen. Falls die außerhalb des Gebäudes liegende und nicht mit ihm verbundene Baukonstruktion ein eigenständiges Gebäude ist (z. B. Garage, Abstellraum), dann sind die Grundflächen dieses (zweiten) Bauwerkes separat zu ermitteln.

Fall 6.7: Anbauten, nicht beheizt

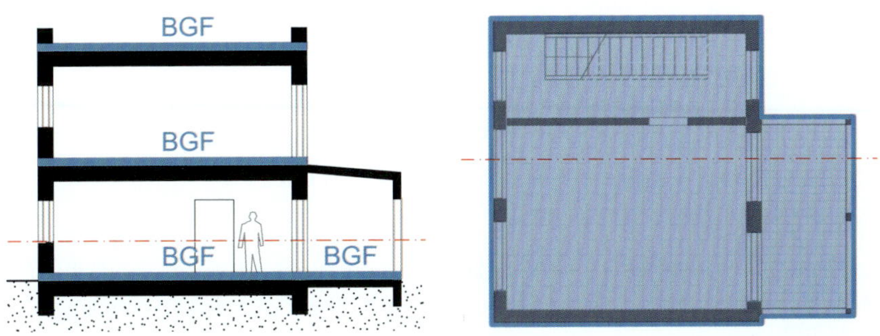

Flächen von nicht beheizten Anbauten an das Gebäude (z. B. Wintergarten), die konstruktiv fest mit dem Bauwerk verbunden sind, werden als BGF erfasst. Die Räume sind allseits umschlossen und werden daher der Raumumschließung R (Regelfall) zugeordnet. Die BGF wird bis zu den Außenseiten der vertikalen Baukonstruktionen (Außenwände) gemessen.

3.4 Bruttorauminhalt (BRI): Fallbeispiele

Der BRI eines Gebäudes wird durch die äußeren Begrenzungen eines Gebäudes bestimmt. Die äußeren Begrenzungen eines Bauwerkes sind seine Gründungsfläche, seine Außenwandfläche und seine Dachfläche (siehe Abb. 3.5). Untergeordnete Bauteile, wie konstruktive und gestalterische Vorsprünge an Fassaden (Gesimse, Pilaster u. Ä.), sowie Fundamente, Dachüberstände, Eingangsüberdachungen, Sonnenschutzanlagen, Schornsteinköpfe und Lüftungsrohre/-schächte gehören nicht zum BRI.

Abb. 3.5: Begrenzungsflächen Bruttorauminhalt BRI, grafische Darstellung

3.4.1 Ermittlung der Höhen für den Bruttorauminhalt, allgemein

3.4.1.1 Ermittlung der BRI-Höhen für Raumumschließung R, Regelfall

Der Bruttorauminhalt (BRI) wird berechnet, indem der Bruttogrundfläche (BGF) eine Geschosshöhe zugeordnet wird (siehe Abb. 3.6). Diese BRI-Höhe entspricht in der Regel dem vertikalen Abstand zwischen Oberkante Fertigfußboden (OK FFb) des jeweiligen Geschosses und Oberkante Fertigfußboden (OK FFb) des darüber befindlichen Geschosses.

Berechnung der BRI-Höhe (R) eines **Regelgeschosses**:

$\text{BRI-Höhe}_{\mathbf{R}} = \text{Abstand OK FFb}_{\text{Geschoss n}}$ bis $\text{OK FFb}_{\text{Geschoss n + 1}}$

mit
n Geschossebene

$\text{BRI-Höhe}_{\mathbf{R1}} = \text{Abstand OK FFb}_{\text{Geschoss EG}}$ bis $\text{OK FFb}_{\text{Geschoss OG 1}}$

$\text{BRI-Höhe}_{\mathbf{R2}} = \text{Abstand OK FFb}_{\text{Geschoss OG 1}}$ bis $\text{OK FFb}_{\text{Geschoss OG 2}}$

usw.

Im obersten Geschoss wird der Abstand zwischen Oberkante Fertigfußboden des jeweiligen Geschosses (OK FFb) und Oberkante des Dachbelages (OK FFb) angesetzt.

Berechnung der BRI-Höhe (R) **Dachgeschoss**: R3

$\text{BRI-Höhe}_{\mathbf{R3}} = \text{Abstand OK FFb}_{\text{Dachbelag}}$ bis $\text{OK FFb}_{\text{letztes Geschoss}}$

Im untersten Geschoss ist abweichend von der Berechnung der BRI-Höhe beim Regelgeschoss von der Unterkante der Boden-/Fundamentplatte und, wenn vorhanden, von der Unterkante der unter der Boden-/Fundamentplatte liegenden Dämmschicht auszugehen. In jedem untersten Geschoss bzw. jedem nach unten an Außenluft grenzenden Geschoss wird die BRI-Höhe wie folgt ermittelt: Abstand zwischen Unterkante Bodenplattenbekleidung (UK GRF) des jeweiligen Geschosses und Oberkante Fertigfußboden (OK FFb) des darüber befindlichen Geschosses.

Berechnung der BRI-Höhe (R) **unterstes Geschoss**: R0

$$\text{BRI-Höhe}_{\mathbf{R0}} = \text{Abstand OK FFb}_{\text{Geschoss 0}} \text{ bis UK GRF}_{\text{unterstes Geschoss}}$$

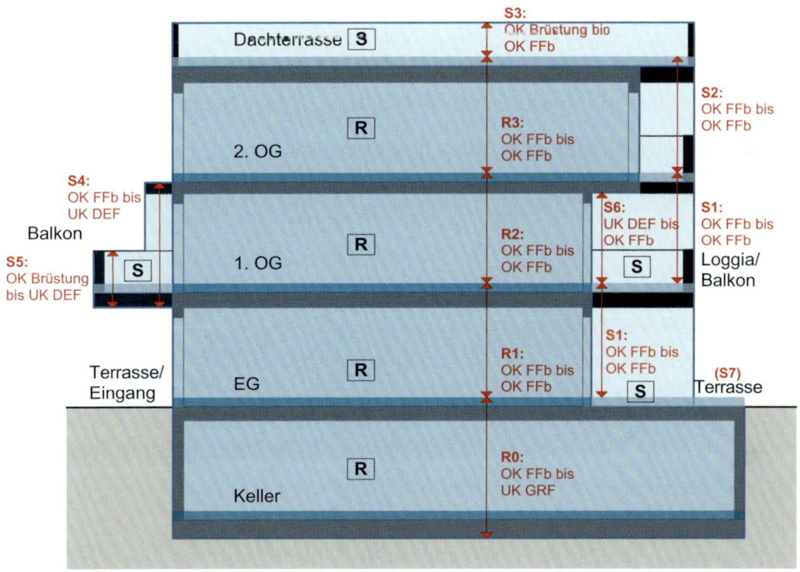

Gebäudeschnitt

Bruttorauminhalt (BRI)

R Bruttorauminhalt, Regelfall (Rauminhalt einer allseits umschlossenen Fläche)

R Bruttogrundfläche, Regelfall

S Bruttorauminhalt, Sonderfall (Rauminhalt von seitlich offenen und/oder überdeckten Flächen, die konstruktiv mit dem Bauwerk fest verbunden sind; z. B. Balkon, Loggia, Terrasse auf unterbauter Fläche)

S Bruttogrundfläche, Sonderfall

⟷ zur BGF zugehörige Höhe, BRI-Höhe

Abb. 3.6: Bruttorauminhalt (BRI) und Geschosshöhen (BRI-Höhe), grafische Darstellung

3.4.1.2 Ermittlung der BRI-Höhen für Raumumschließung S, Sonderfall

Der Bruttorauminhalt (BRI) ist für Bruttogrundflächen (BGF), die nicht allseits umschlossen sind, mit den jeweiligen oberen und/oder seitlichen Begrenzungen des Raumes zu berechnen (siehe Abb. 3.6). Hierbei wird unterschieden in Grundflächen, die nach oben offen und seitlich begrenzt sind (z. B. nicht überdachter Balkon, Dachterrasse), und in Flächen, die überdeckt und seitlich offen sind (z. B. Loggia, Durchfahrt).

Die obere Begrenzung des Bruttorauminhaltes (BRI) ist für Flächen, die nach oben offen und seitlich begrenzt sind, die Oberkante der sie umschließenden Baukonstruktion (Geländer, Attika, Brüstung).

Für Grundflächen, die seitlich offen und überdeckt sind, ist die BRI-Höhe analog der Ermittlung für die Raumumschließung Regelfall anzunehmen. Ermittelt wird der Abstand zwischen Oberkante Fertigfußboden (OK FFb) des jeweiligen Geschosses und Oberkante Fertigfußboden (OK FFb) des darüber befindlichen Geschosses bzw. Oberkante des Dachbelages.

Berechnung der BRI-Höhe (S) eines **Regelgeschosses:**

$$\text{BRI-Höhe}_{S1} = \text{Abstand OK FFb}_{\text{Geschoss n}} \text{ bis OK FFb}_{\text{Geschoss n + 1}}$$

mit
n Geschossebene

$$\text{BRI-Höhe}_{\textbf{S1 Beispiel}} = \text{Abstand OK FFb}_{\text{Geschoss Balkon OG 1}} \text{ bis OK FFb}_{\text{Balkon OG 2}}$$

Im obersten Geschoss wird als BRI-Höhe der Abstand zwischen Oberkante Fertigfußboden des letzten Geschosses (OK FFb) bis zur Oberkante des Dachbelages der Überdachung (OK FFb) angesetzt. Bei nicht überdachten Bereichen wird als BRI-Höhe der Abstand von Oberkante Fertigfußboden des letzten Geschosses (OK FFb) bis Oberkante Brüstung (OK Brüstung) des letzten Geschosses ermittelt.

Berechnung der BRI-Höhe (S) **Dachgeschoss, überdacht**: S2

$$\text{BRI-Höhe}_{S2} = \text{Abstand OK FFb}_{\text{Dachbelag}} \text{ bis OK FFb}_{\text{letztes Geschoss}}$$

Berechnung der BRI-Höhe (S) **Dachterrasse/Balkon, nicht überdacht, seitlich begrenzt**: S3

$$\text{BRI-Höhe}_{S3} = \text{Abstand OK FFb}_{\text{Dachbelag}} \text{ bis OK Brüstung}_{\text{Dachterrasse/Balkon}}$$

Ist die seitlich offene und überdeckte Grundfläche (z. B. Balkon) die unterste Ebene, ist abweichend von der Berechnung der BRI-Höhe beim Regelgeschoss der Abstand von Unterkante Deckenbekleidung (UK DEF) des jeweiligen Geschosses bis Oberkante Fertigfußboden (OK FFb) der darüber befindlichen Sonderfallfläche auszugehen bzw. bis zur Oberkante des Dachbelages der Überdachung (OK FFb). Ist die Grundfläche der untersten Ebene nicht überdacht, dann ermittelt sich die BRI-Höhe aus dem Abstand von Unterkante Deckenbekleidung (UK DEF) des jeweiligen Geschosses bis Oberkante Brüstung (OK Brüstung) des jeweiligen Geschosses.

Berechnung der BRI-Höhe (S) **unterstes Geschoss, überdacht**: S4

$$\text{BRI-Höhe}_{\text{S4}} = \text{Abstand UK DEF}_{\text{unterstes Geschoss n}} \text{ bis OK FFb}_{\text{Dachbelag n}}$$

$$\text{BRI-Höhe}_{\textbf{S4 Beispiel}} = \text{Abstand UK DEF}_{\text{Balkon OG 1}} \text{ bis OK FFb}_{\text{Dachbelag Balkon OG 1}}$$

Berechnung der BRI-Höhe (S) **unterstes Geschoss, nicht überdacht**: S5

$$\text{BRI-Höhe}_{\text{S5}} = \text{Abstand UK DEF}_{\text{unterstes Geschoss}} \text{ bis OK Brüstung}_{\text{unterstes Geschoss}}$$

Für die Ermittlung der Regelfallflächen und Regelfallrauminhalte sind immer die Außenkanten der äußeren Bekleidungen der sie umgrenzenden Bauteile maßgebend. Daher ermittelt sich die Bruttorauminhaltshöhe (BRI-Höhe) einer Loggia, die unter einem allseits umschlossenen Raum liegt, aus dem Abstand zwischen Oberkante Fertigfußboden (OK FFb) des jeweiligen Geschosses bis Unterkante Deckenbekleidung (UK DEF) des darüberliegenden Geschosses.

Berechnung der BRI-Höhe S6 **Geschoss unter einer Raumumschließung R**:

$$\text{BRI-Höhe}_{\text{S6}} = \text{Abstand OK FFb}_{\text{Geschoss n}} \text{ bis UK DEF}_{\text{Geschoss n + 1}}$$

mit
n = Geschossebene

Beispielberechnung BRI-Höhe S6:

$$\text{BRI-Höhe}_{\text{S6}} = \text{Abstand OK FFb}_{\text{OG 1}} \text{ bis UK DEF}_{\text{OG 2}}$$

Bruttogrundflächen (BGF), die nicht überdeckt sind und keine begrenzende Baukonstruktion (Geländer, Brüstung, Attika) haben, kann keine BRI-Höhe zugeordnet werden. Für diese Flächen (z. B. Terrassen, Höfe auf unterbauten Grundstücksflächen) wird kein Bruttorauminhalt ausgewiesen (siehe Abb. 3.6 [S7]).

3.4.2 Dach- und Gebäudeabschluss

Der BRI wird begrenzt von den äußeren Flächen des Bauwerkes, die eben, geneigt oder schräg sein können. Das Dach ist die obere Begrenzungsfläche des BRI. Hohlräume in Dachkonstruktionen (ungenutzter Spitzboden, Abseite), Dachüberstände, Schornsteine und Lüftungsrohre gehören nicht zum BRI. Der BRI ermittelt sich aus der BGF des Dachgeschosses und der BRI-Höhe; die BRI-Höhe ist der Abstand zwischen der Oberkante des Deckenbelages und der Oberkante des Dachbelages.

Fall 1.1: Satteldach, ausgebaut

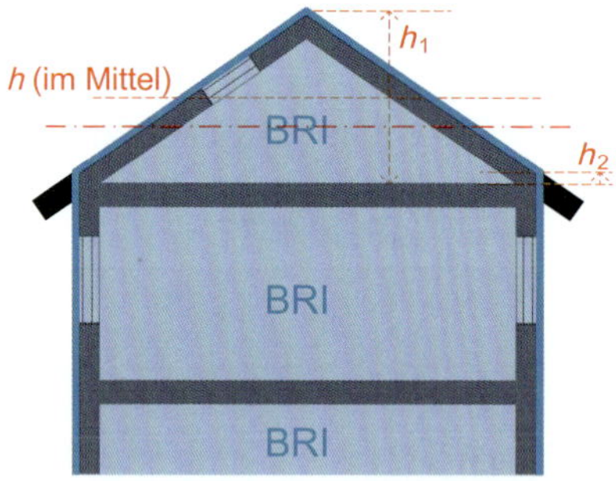

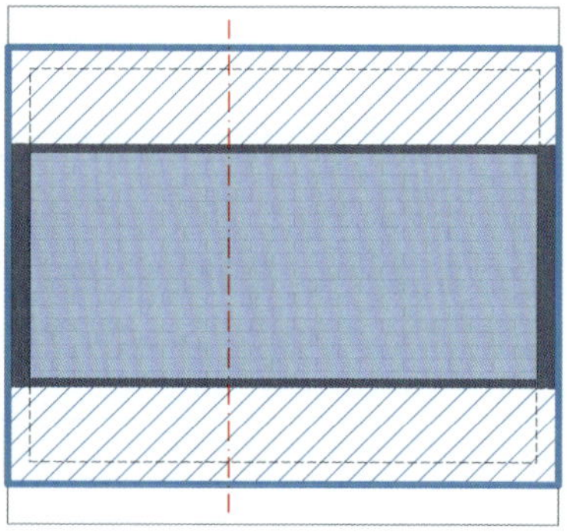

Das ausgebaute Dachgeschoss mit einem Volumen > 1 m^3 gehört zum BRI (siehe auch Kapitel 3.3.1, Fall 1.1). Die zum BRI gehörende BGF wird in Fußbodenhöhe von Außenkante Außenwand bis Außenkante Außenwand gemessen. Liegt die Deckenebene in Höhe der Dachfläche, berechnet sich die BGF in Fußbodenhöhe von Außenkante Dachbelag bis Außenkante Dachbelag. Die BRI-Höhe errechnet sich beim Steil-/Pultdach aus dem mittleren Abstand Oberkante Dachbelag bis Oberkante Deckenbelag:

mittlere BRI-Höhe $h = (h_1 + h_2) : 2$

mit

h_1 Firsthöhe (= Abstand OK FFb Dachgeschoss bis OK First)
h_2 Trauf-/Drempelhöhe (= Abstand OK FFb Dachgeschoss bis Schnittpunkt Außenseite Außenwand mit Dachbelag)

Ist der Dachraum aufgrund objektiver Kriterien generell nutzbar, jedoch noch nicht ausgebaut, ist der BRI des Dachgeschosses zu ermitteln und getrennt auszuweisen.

Fall 1.2: Flachdach, nicht begehbar

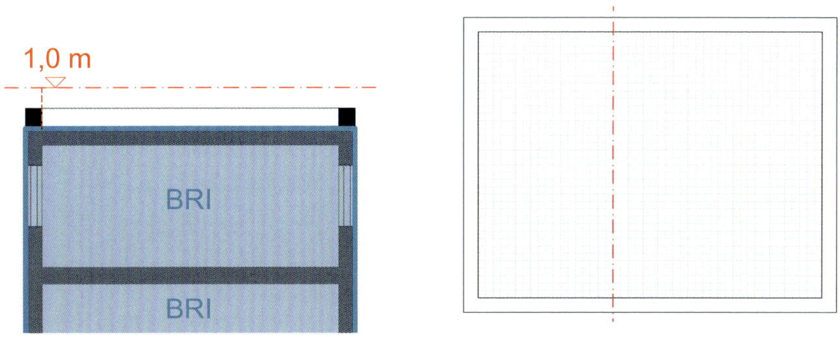

Ungenutzte Dachflächen eines Flachdaches, bei denen bauordnungsrechtlich auch keine Nutzung möglich ist, sind keine BGF und haben daher auch keinen BRI. Dachflächen, die nicht für eine Nutzung (Aufenthalt) bestimmt wurden und damit keinen BRI haben, sind beispielsweise ungenutzte Flachdächer mit Begehungsmöglichkeit für Wartungszwecke, ohne Brüstung und ohne ausreichende Lastannahmen für eine Nutzung zu Aufenthaltszwecken.

Fall 1.3: Flachdach, begehbar, z. B. als Dachterrasse nutzbar

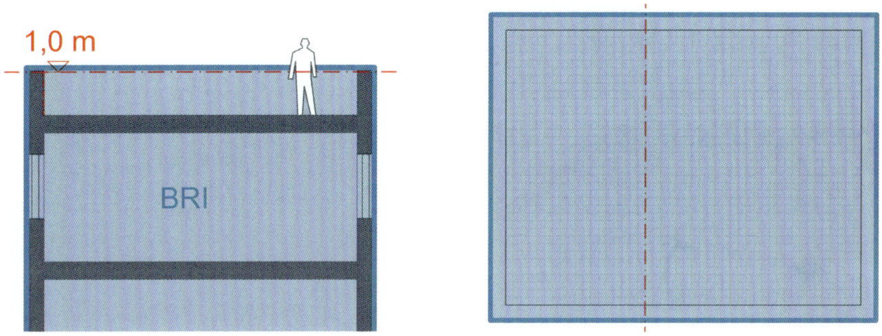

Ein für Aufenthaltszwecke begehbares Flachdach gehört zum BRI. Die BRI-Höhe wird von Oberkante Brüstung/Geländer bis Oberkante Dachbelag gemessen.

Fall 1.4: Oberlicht/Lichtkuppel

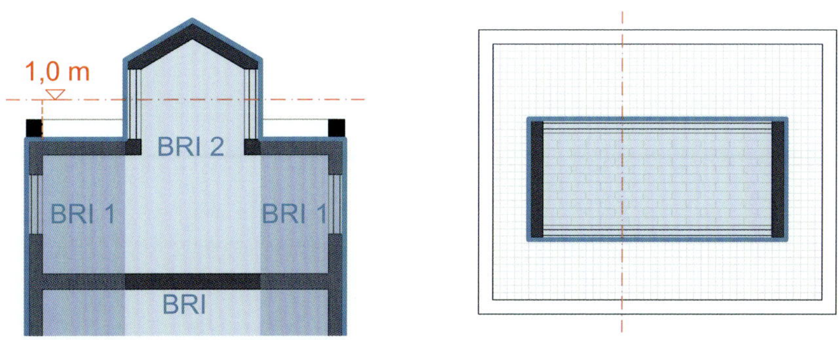

Dachaufbauten wie z. B. Dachoberlichter und Lichtkuppeln gehören zum BRI, wenn sie ein Volumen > 1,0 m³ haben. Dachaufbauten ≤ 1,0 m³ werden nicht als BRI angerechnet. Der BRI wird anhand der BGF und der dazugehörigen BRI-Höhen berechnet. Der BRI ist nach den verschiedenen Höhen zu differenzieren, hier im Beispiel BRI 1 und BRI 2.

Fall 1.5: Satteldach, mit Gaube

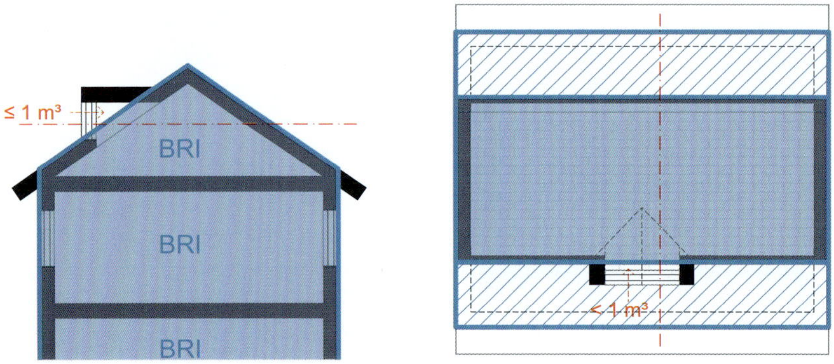

Kleinere Dachaufbauten (Dachgauben, Dachoberlichter) mit einem Volumen ≤ 1,0 m^3 gehören nicht zum BRI. Dachaufbauten mit einem Volumen > 1 m^3 werden als BRI erfasst und sind dem angrenzenden Raum zuzurechnen.

Fall 1.6: Dachüberstand, Vordach

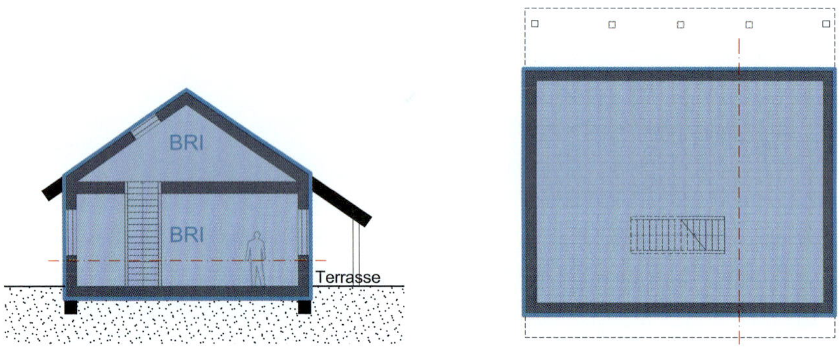

Dachüberstände, Vordächer und Eingangsüberdachungen, die keinen Raum über einer BGF nach oben begrenzen (Bereich Raumumschließung S), gehören nicht zum BRI.

Fall 1.7: Schornstein, Lüftungsrohr

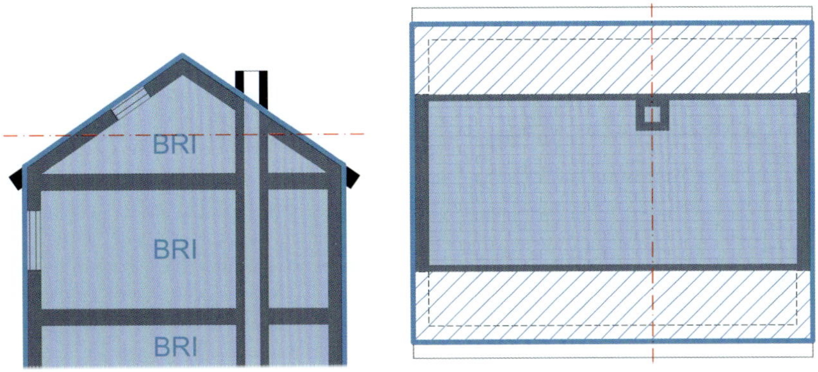

Über den Dachbelag hinausragende Schornsteinköpfe, Lüftungsrohre und Lüftungsschächte gehören nicht zum BRI.

Fall 1.8: Dachrevisionssteg, Dachleiter

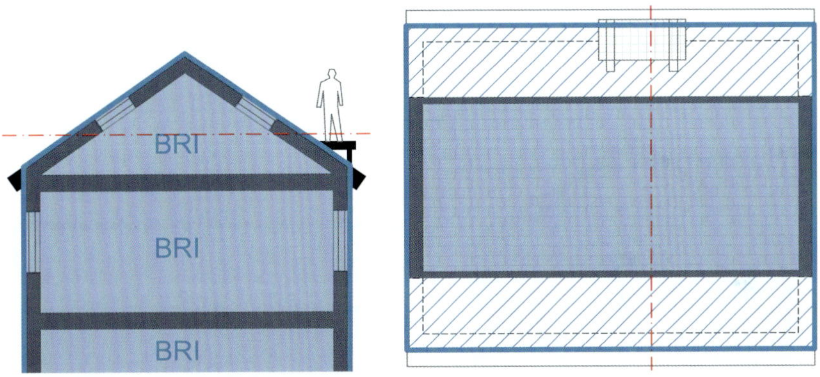

Untergeordnete Bauteile, konstruktive und gestalterische Vorsprünge am Dach (Schneefanggitter, Laufstege usw.) und an der Außenwand (Lisenen, Pilaster, Gesimse) bilden keinen BRI.

Fall 1.9: Hohlräume im Dachgeschoss

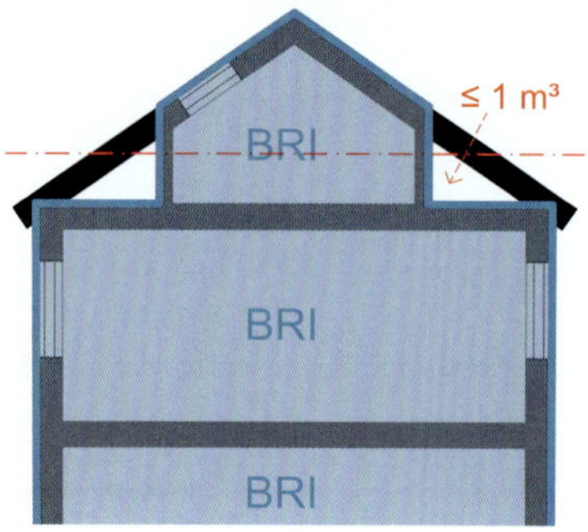

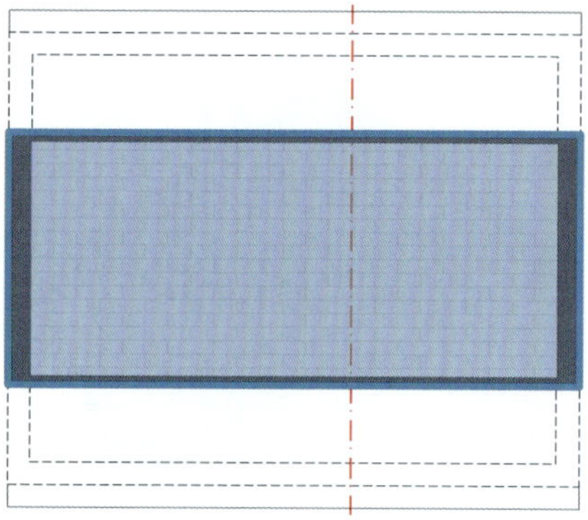

Der BRI ermittelt sich aus der BGF und der dazugehörigen Höhe. Flächen im Dachraum, die keine BGF aufweisen, sind Flächen ohne Zugang und weder begehbar noch nutzbar sind, sowie Flächen in Hohlräumen von Dachkonstruktionen (Abseite Drempel). Für Bereiche des Bauwerkes, die keine BGF haben, jedoch ein Volumen > 1,0 m³, ist der BRI trotzdem zu ermitteln und dem angrenzenden Geschoss zuzuordnen.

Fall 1.10: nicht nutzbare Räume im Dachgeschoss

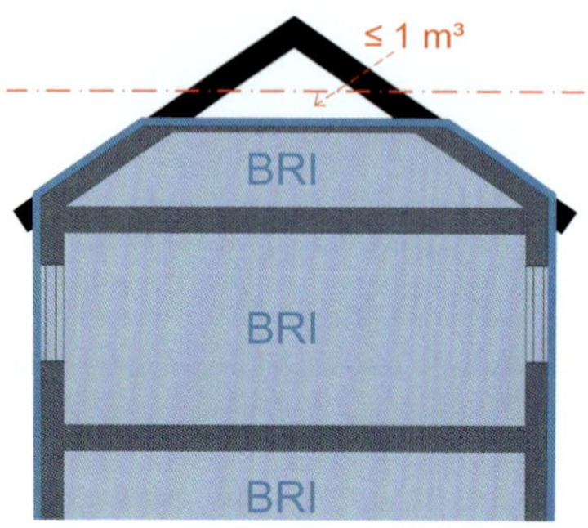

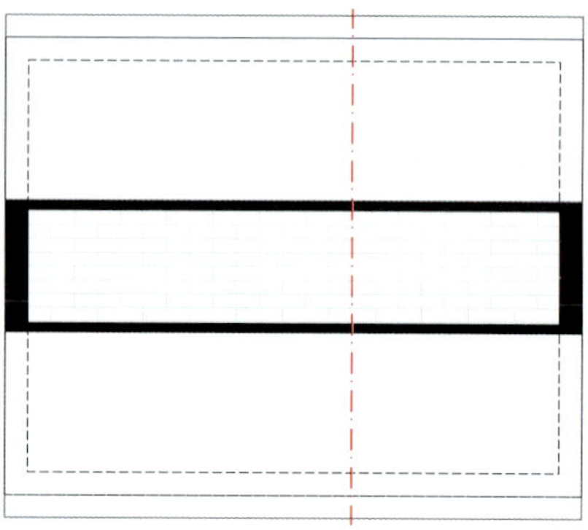

Ein Spitzboden ist eine Fläche im Dachraum, die nicht zur Bruttogrundfläche BGF gehört, wenn diese Fläche keinen Zugang hat, nicht begehbar und nicht nutzbar ist.

Der BRI im Dachraum ist jedoch auch für Flächen zu ermitteln, die keine BGF haben, wenn das Volumen > 1 m³ beträgt. Die BRI von Hohlräumen und nicht begehbaren Räumen im Dachgeschoss mit einem Volumen > 1 m³ sind dem BRI des angrenzenden Geschosses zuzuordnen.

Flächen von nicht nutzbaren Räumen, Hohlräumen, Schächten und sonstigen nicht begehbaren Räumen mit einem Volumen ≤ 1 m³ gehören nicht zum BRI.

3.4.3 Tragwerk, Fassade und Ausbau

Der BRI wird von den äußeren Flächen des Bauwerkes begrenzt. Die Fassade ist die seitliche äußere Begrenzungsfläche des BRI. Untergeordnete Bauteile an Fassaden wie beispielsweise konstruktive und gestalterische Vorsprünge (Gesimse, Fensterlaibungen, Pilaster, Lisenen) sowie auskragende Sonnenschutzanlagen und Eingangsüberdachungen gehören nicht zum BRI.

Fall 2.1: geneigte Wand

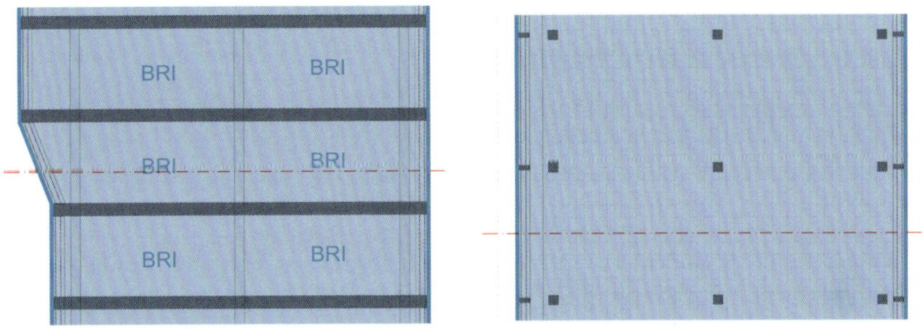

Der BRI wird anhand der BGF in Fußbodenhöhe und der dazugehörigen Höhe berechnet. Sind die seitlichen Begrenzungsflächen des Bauwerkes nicht senkrecht, wird der Bruttorauminhalt anhand der tatsächlichen geometrischen Verhältnisse ermittelt. Im Fall von nicht senkrechten Begrenzungen ist dieses Volumen zusätzlich zu ermitteln und dem angrenzenden Raum zugeordnet.

Fall 2.2: Doppelfassade

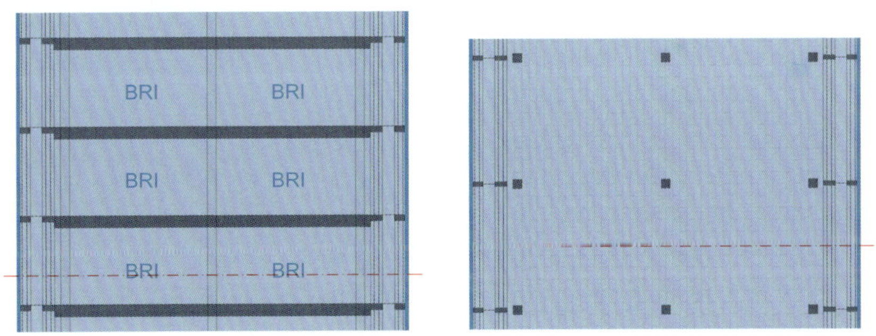

Der Bruttorauminhalt, Regelfall (BRI, R) ermittelt sich aus den äußeren Abmessungen der äußeren Begrenzungsbauteile der allseits umschlossenen Räume. Bei einem konstruktiven Aufbau der senkrechten Begrenzung als Doppelfassade entsteht zwischen der inneren und der äußeren Ebene ein Zwischenraum. Die äußere Ebene stellt die konstruktive und funktionelle Begrenzung des Raumes dar und ist daher für die Berechnung des BRI maßgebend.

Der Zwischenraum zwischen konstruktiven Bauteilenschichten gehört zum BRI.

Fall 2.3: Stützen, außen/innen

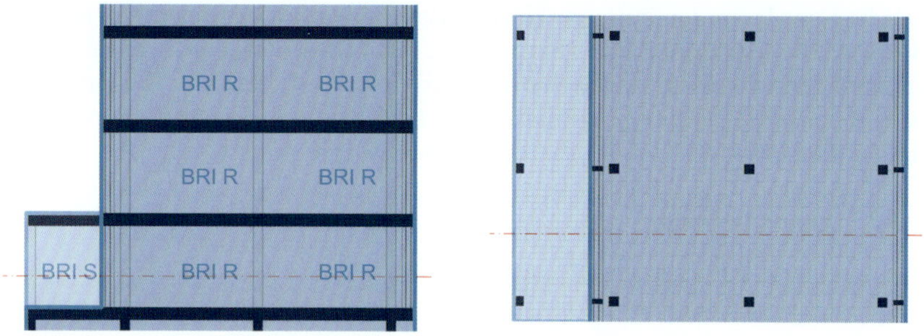

Der BRI wird seitlich durch die äußere Bekleidung der Fassade begrenzt. Stützen gehören, wenn sie innerhalb des Bauwerkes liegen, zum BRI, R.

Befinden sich die Stützen im Bereich Sonderfall der Raumumschließung (z. B. Balkone, Terrassen), gehören sie zum Bruttorauminhalt, Sonderfall.

Stützen, die weder dem Bereich Raumumschließung Regelfall noch einem Bereich mit Raumumschließung Sonderfall zuordenbar sind (z. B. Stützen von außen am Bauwerk liegenden Baukonstruktionen), gehören nicht zum BRI.

3.4.4 Erschließung und Versorgung

Erschließungsflächen gehören grundsätzlich zum BRI. Sie werden getrennt erfasst nach Raumumschließung sowie nach geneigten und ebenen Bereichen und nach abweichenden BRI-Höhen. Volumen von Aufzugsschächten innerhalb des Bauwerkes werden ebenso regelmäßig als BRI je Geschoss erfasst wie das Volumen von Installationsschächten sowie von Lufträumen in Galeriegeschossen und Treppenaugen. Außen am Bauwerk befindliche Licht-, Luft- und Montageschächte sind jedoch erst ab einem Volumen > 1 m^3 als BRI zu erfassen und dem angrenzenden Geschoss zuzuordnen.

Die Rauminhalte werden, wie bereits erläutert, differenziert nach

- den Geschossebenen des Gebäudes,
- ihren unterschiedlichen lichten Raumhöhen und
- der Neigungen der Ebenen erfasst.

Die Grundflächen schräg verlaufender Ebenen und Decken (Treppen, Rampen, Tribünen u. Ä.) sind als vertikale Projektion auf eine horizontale Ebene zu berücksichtigen (siehe Abb. 3.7). Maßgebend sind die äußeren Abmessungen der die Räume begrenzenden Baukonstruktionen. Die Rauminhalte von Räumen oder Gebäudebereichen, die von nicht vertikalen und/oder nicht horizontalen Flächen begrenzt werden, sind nach den realen geometrischen Verhältnissen zu ermitteln.

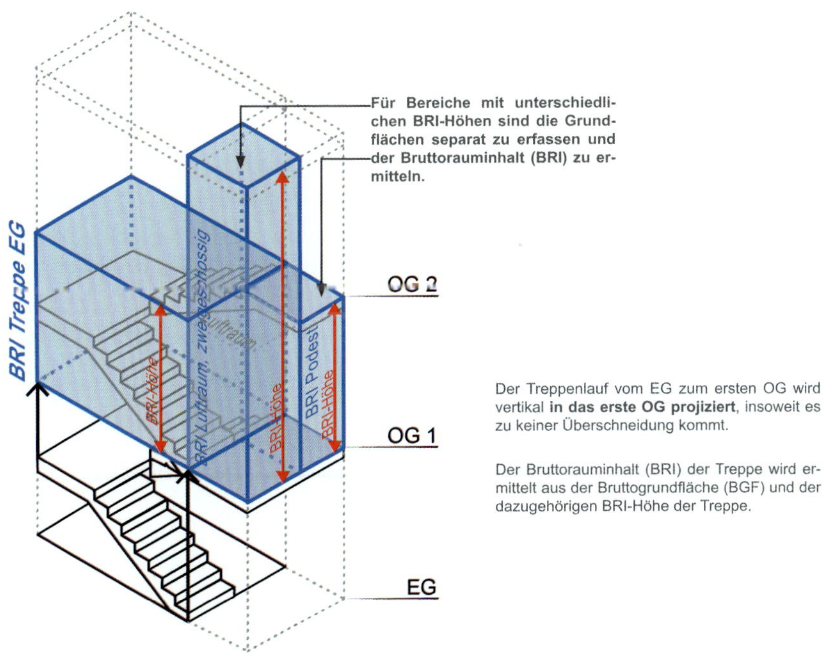

Abb. 3.7: Berechnung des BRI bei Treppen nach DIN 277

Fall 3.1: Treppenhaus und Treppenauge

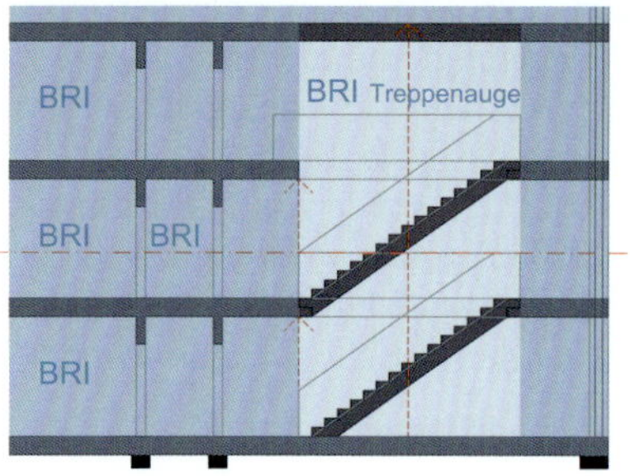

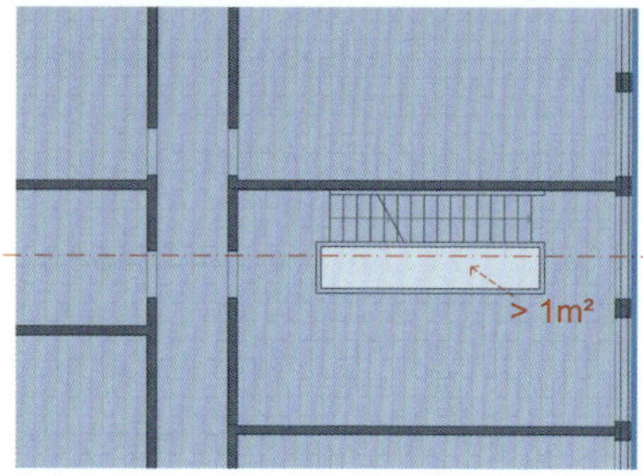

Das im Bauwerk liegende Treppenhaus gehört generell zum BRI. Dieser wird ermittelt aus der BGF und der zugehörigen Höhe. Die Treppenfläche wird vertikal in die darüberliegende Ebene projiziert und dieser zugerechnet. Die BRI-Höhe der Treppenfläche entspricht dem Abstand zwischen Oberkante Deckenbelag des jeweiligen Geschosses und Oberkante Deckenbelag des darüberliegenden Geschosses.

Flächen mit unterschiedlicher Höhe sind bei der Ermittlung des BRI zu differenzieren. Der Luftraum im Treppenauge mit einem lichten Querschnitt ≤ 1 m² wird der Treppenfläche des Geschosses zugeordnet und nicht separat ausgewiesen. Hat der Luftraum im Treppenauge einen lichten Querschnitt > 1,0 m², gehört diese Fläche nicht zur BGF dieser Geschossebene; der Luftraum des Treppenauges gehört jedoch zum BRI. Der BRI eines mehrgeschossigen Treppenauges mit einem lichten Querschnitt > 1 m² wird mit seiner BGF in der begehbaren Ebene des Treppenauges erfasst und mit der entsprechend mehrgeschossigen BRI-Höhe berücksichtigt.

Die Ebene unter der untersten Treppe beinhaltet keine Treppenfläche und keinen Rauminhalt einer Treppenfläche. Der BRI der Grundfläche unter der Treppe wird ermittelt und separat ausgewiesen; die schrägen Flächen der Treppen sind bei der Ermittlung der BRI-Höhe nicht relevant.

Fall 3.2: Aufzugsschacht, Installationsschacht

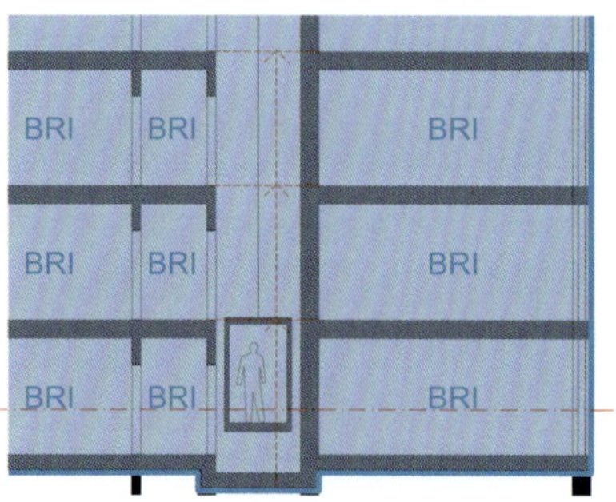

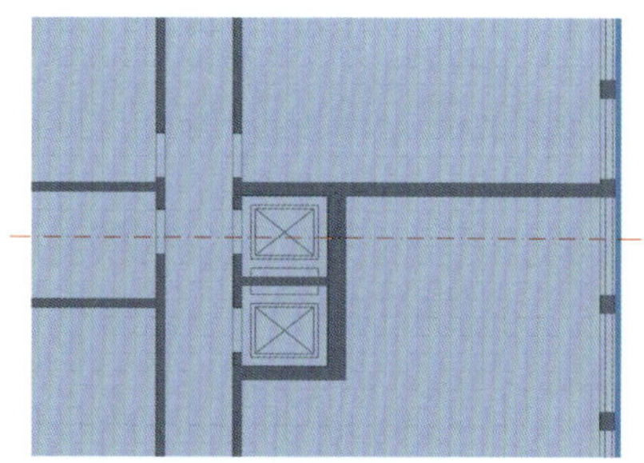

Grundflächen von Aufzugs- und Installationsschächten gehören in jedem Geschoss, durch das sie führen, zur BGF und sind unabhängig von ihrer Größe und ihrem Volumen mit ihrer zugehörigen Höhe dem BRI zuzuordnen.

Fall 3.3: Rolltreppe

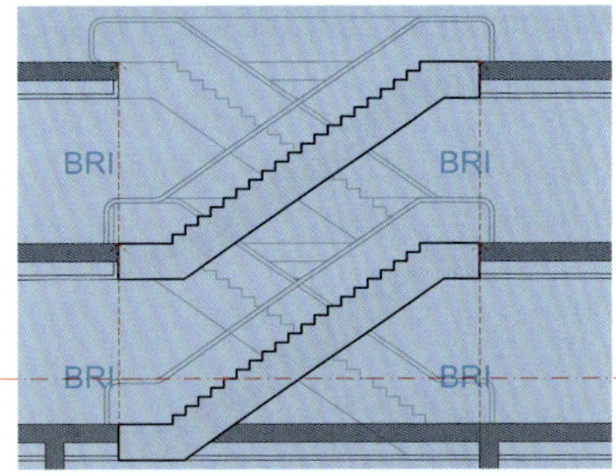

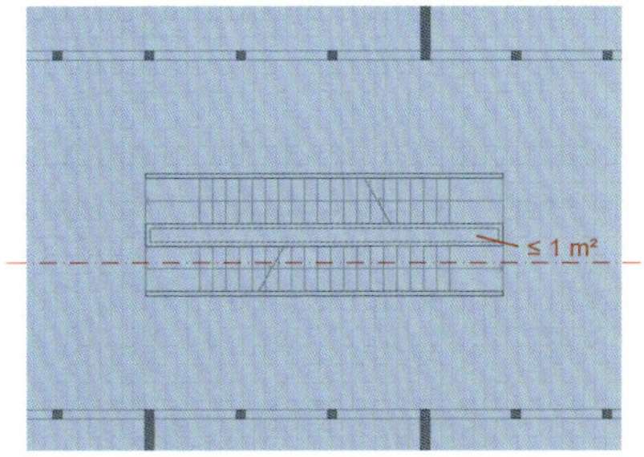

Eine Rolltreppe ist analog dem Aufzug ein Personenbeförderungsmittel mit beweglichen Stufen. Die Ermittlung des BRI erfolgt analog einer festen nicht beweglichen Treppe (siehe Fall 3.1).

Das Treppenauge ist der Luftraum zwischen den Treppenläufen und wird mit einem lichten Querschnitt ≤ 1 m² als Deckenöffnung nicht berücksichtigt. Das Treppenauge wird mit dieser geringen Größe übermessen und als BGF sowie als BRI der Treppenfläche erfasst.

3.4.5 Keller und Gründung

Der BRI wird von den äußeren Flächen des Bauwerkes begrenzt. Die Gründung ist seine untere äußere Begrenzungsfläche. Beim untersten Geschoss ist für die Berechnung der BRI-Höhe die Unterkante der Boden-/Fundamentplatte einschließlich der darunterliegenden Dämmschichten maßgebend. Einzel- sowie Streifenfundamente und Tiefgründungen gehören nicht zum BRI.

Fall 4.1: voll unterkellert

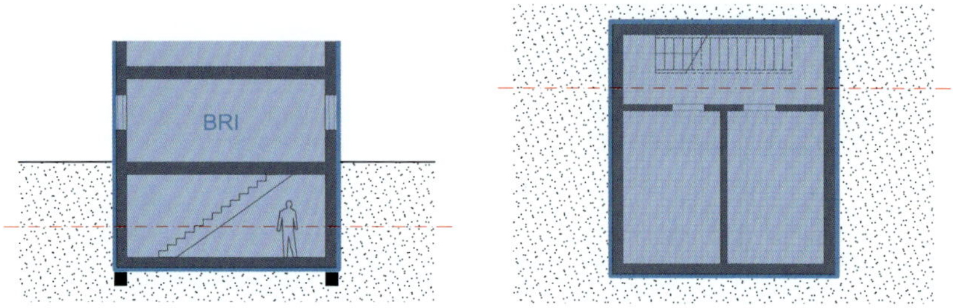

Kellergeschosse gehören zum BRI. Der BRI des Kellergeschosses wird von den äußeren Begrenzungen der Gründungsflächen, Außenwandflächen und Decken- bzw. Dachflächen begrenzt. Fundamente gehören nicht zum BRI.

Fall 4.2: teilunterkellert

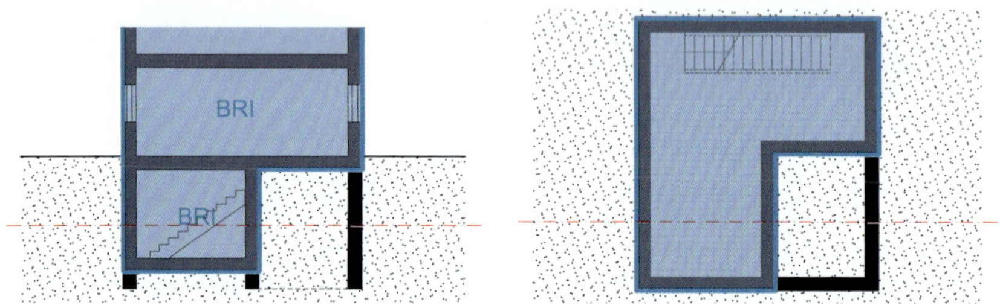

In den nicht unterkellerten Bereichen befinden sich in der Regel Einzel-, Streifenfundamente oder Frostschürzen. Diese zählen nicht zum BRI. Zu diesem gehört ausschließlich der teilunterkellerte Bereich mit seinen Begrenzungsflächen, die das Bauwerk umschließen.

Fall 4.3: nicht unterkellert

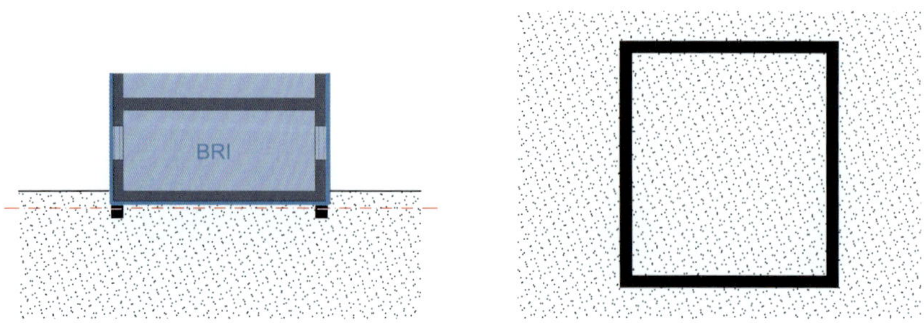

Die untere Begrenzung des nicht unterkellerten Bauwerkes ist die Fundamentplatte einschließlich darunterliegender Dämmschichten. Frostschürzen oder (Streifen-)Fundamente bilden keinen BRI.

Fall 4.4: unterbauter Bereich

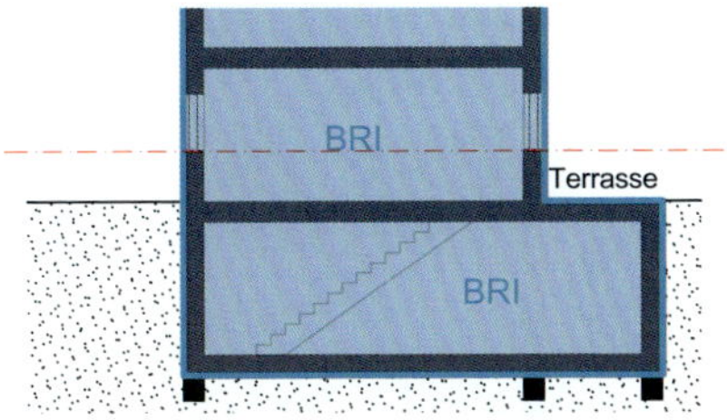

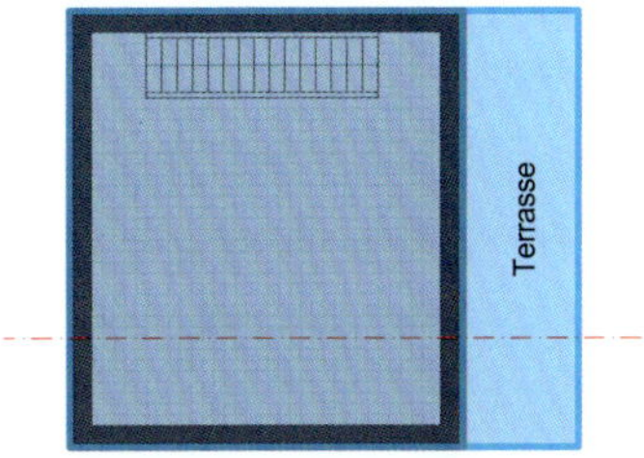

Das Kellergeschoss einschließlich des unterbauten Bereiches gehört zum BRI. Die Terrasse auf dem unterbauten Bereich wird nur dann als BRI erfasst, wenn sie seitlich und/oder nach oben begrenzt ist.

Bei der Ermittlung der BGF werden genutzte Flächen von Baukonstruktionen am Bauwerk (z. B. Terrasse, Treppe, Rampe, Höfe) nur dann erfasst, wenn sie unterbaut oder konstruktiv fest mit dem Bauwerk verbunden sind. Ein BRI ergibt sich jedoch für diese Flächen nur dann, wenn sie überdeckt sind und/oder eine sie seitlich begrenzende Baukonstruktion (Brüstung, Geländer, Attika) aufweisen. In diesem Fall handelt es sich um Rauminhalte des Sonderfalls der Raumumschließung (BRI, S).

Fall 4.5: Tiefgarage, Rampe außen

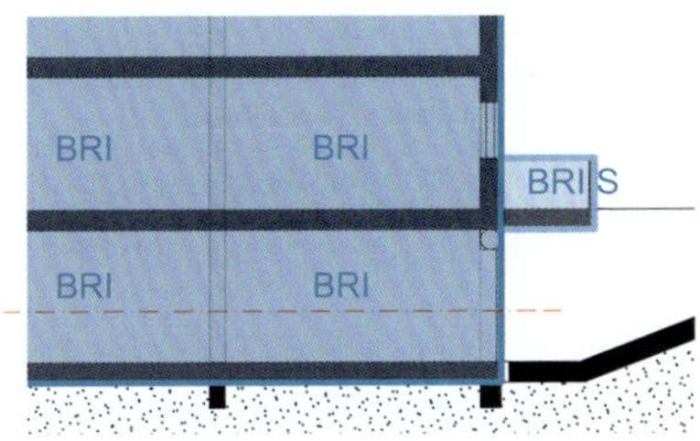

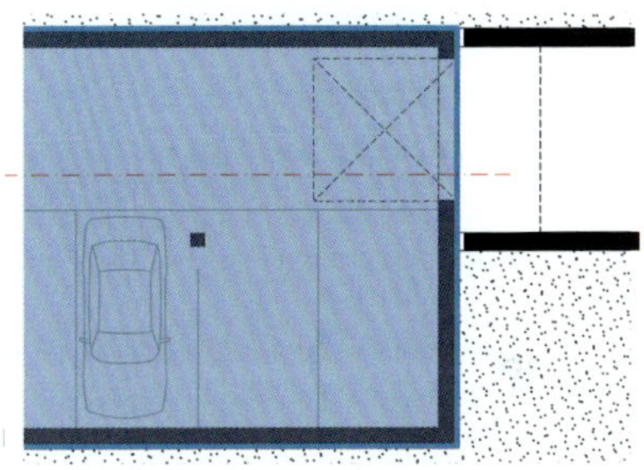

Die allseits vollständig umschlossenen Bereiche des Bauwerkes werden als BRI erfasst und dem Regelfall der Raumumschließung (R) zugeordnet. Allseits umschlossene Räume sind in der Regel Innenräume, die vor Witterung geschützt sind. Jedoch gehören hierzu auch Räume, deren Öffnungen mit dem Außenklima verbunden sind, z. B. über Rollgitter in Garagen. Die äußere Begrenzung ergibt sich aus der horizontalen Projektion der seitlich neben den offenen Bereichen liegenden Außenkante der Außenwand.

Nicht allseits umschlossene Baukonstruktionen am Bauwerk (z. B. Terrasse, Treppe, Rampe, Höfe) gehören zum BRI, wenn sie der BGF zugeordnet werden können und wenn sie überdeckt sind und/oder seitlich begrenzende Baukonstruktionen (Brüstungen, Geländer) aufweisen.

Ist die Baukonstruktion am Bauwerk konstruktiv fest mit dem Gebäude verbunden und kann der Grundfläche dieser Baukonstruktion eine Nutzung nach DIN 277, Tabelle 1 zugewiesen werden, gehört diese Grundfläche zur BGF. Ein BRI wird dieser Grundfläche jedoch nur dann zugewiesen, wenn diese Fläche seitlich begrenzt und/oder überdacht ist.

Fall 4.6: Gründung(sbauteile)/Fundamente

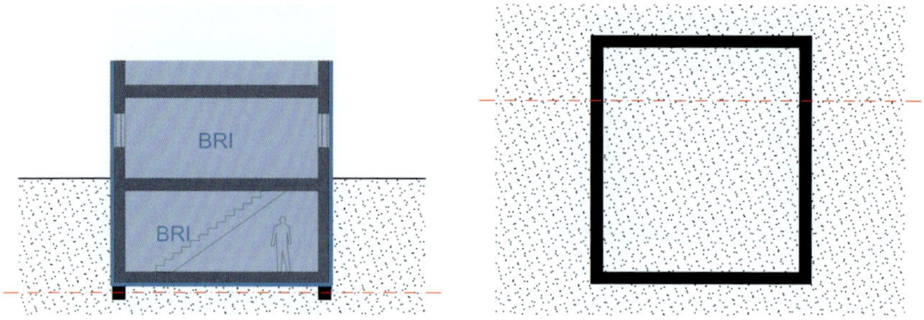

Einzel-, Streifenfundamente und Tiefgründungen gehören nicht zum BRI.

Fall 4.7: Kriechkeller, Hohlräume

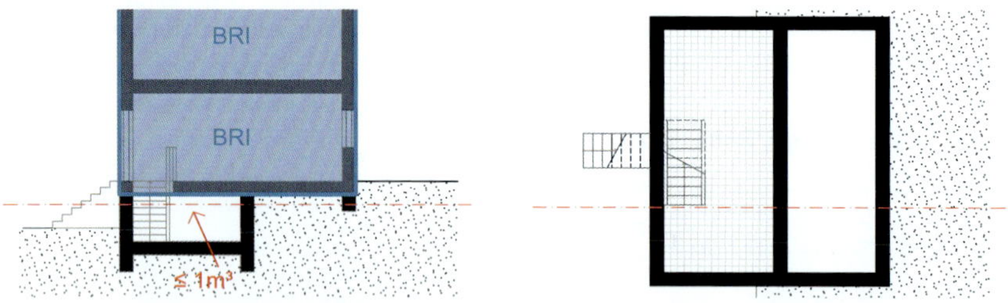

Flächen von Kriechkellern, -gängen und Hohlräumen in abgehängten Decken und in Installationsdoppelböden sind keine BGF und werden nicht dem BRI zugeordnet, wenn deren Volumen ≤ 1 m^3 beträgt.

Für die Bereiche des Bauwerkes, die keine BGF, jedoch ein Volumen > 1,0 m^3 aufweisen, sind die BRI getrennt zu ermitteln und dem angrenzenden Geschoss zuzuordnen.

Fall 4.8: Lichtschacht

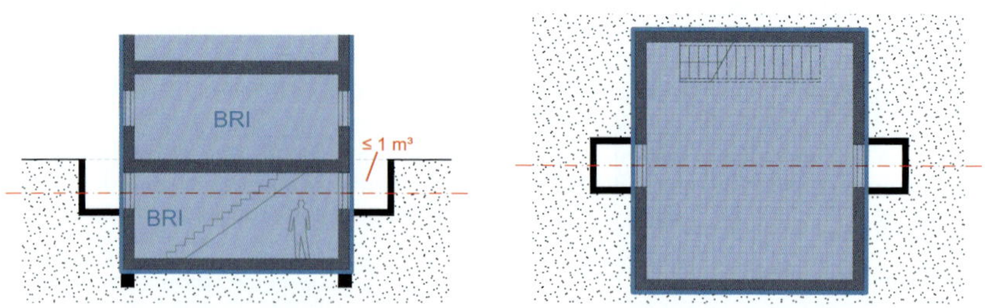

Licht-, Luft- und Montageschächte, die außen am Bauwerk liegen, haben keine BGF. Der BRI von außen am Bauwerk liegenden Schächten mit einem Volumen > 1,0 m^3 wird getrennt ermittelt und dem angrenzenden Geschoss zugeordnet. Außen am Bauwerk liegende Licht-, Luft- und Montageschächte mit einem Volumen ≤ 1 m^3 gehören nicht zum BRI.

Fall 4.9: Kellertreppe, außen

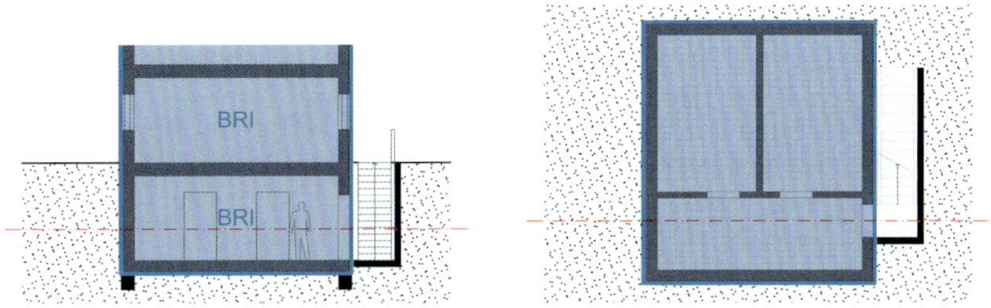

Flächen von Baukonstruktionen, die außerhalb des Bauwerkes liegen, zwar an das Gebäude anschließen, jedoch konstruktiv nicht fest mit ihm verbunden sind, haben keine BGF und keine BRI. Mit „konstruktiv fest verbunden" sind beispielsweise durchlaufende Bodenplatten, Decken-, Dach- und Wandkonstruktionen gemeint.

Fall 4.10: seitliche Begrenzung Rollgitter, Tiefgarage mit Rollgitter

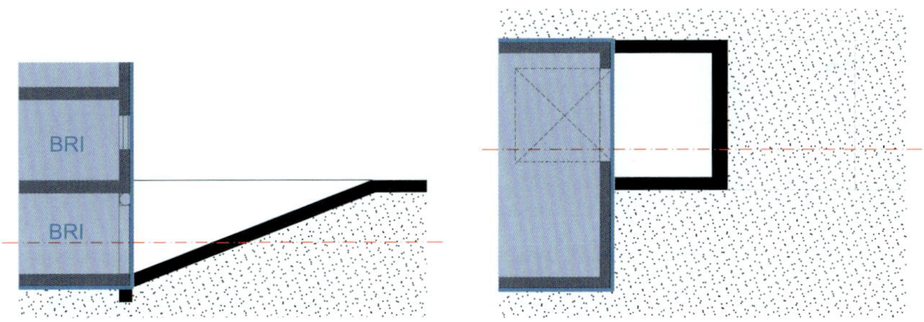

Als BRI im Regelfall der Raumumschließung werden diejenigen Bereiche des Bauwerkes erfasst, die allseits vollständig umschlossen sind. Allseits umschlossene Räume sind in der Regel Innenräume, die vor Witterung geschützt sind. Jedoch gehören hierzu auch Räume, deren Öffnungen mit dem Außenklima verbunden sind, z. B. über Rollgitter in Garagen.

Fall 4.11: Nutzung auf unterbautem Bereich

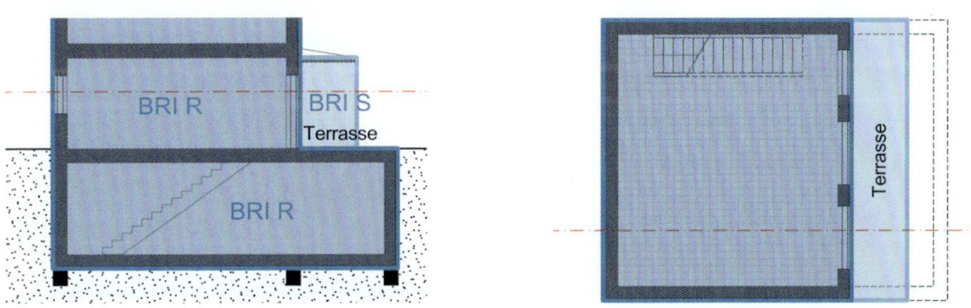

Bei der Ermittlung der Bruttogrundfläche werden Flächen von Baukonstruktionen am Bauwerk berücksichtigt (BGF, S), wenn sie unterbaut sind oder konstruktiv fest mit dem Bauwerk verbunden (z. B. Terrassen, Carports, Eingangstreppen, Höfe). Ein BRI ergibt sich für diese Flächen jedoch nur dann, wenn sie überdeckt sind und/oder eine seitlich begrenzende Baukonstruktion (Brüstung, Geländer, Attika) aufweisen. Bei diesem Bruttorauminhalt handelt es sich um Rauminhalte des Sonderfalls der Raumumschließung (BRI, S).

3.4.6 Ebenen und Decken

Die BRI werden ermittelt aus den BGF und den ihnen zugeordneten Höhen. Sie sind differenziert nach den Geschossebenen des Gebäudes und nach unterschiedlichen Höhen und Neigungen der Ebenen sowie getrennt nach den Bereichen der Raumumschließung zu erfassen. Die Volumina, die von schräg verlaufenden Ebenen und Decken (Treppen, Rampen, Tribünen u. Ä.) begrenzt sind, sind mit ihrer tatsächlichen Geometrie zu berücksichtigen. Maßgebend sind die äußeren Maße der Baukonstruktionen (Außenseite Außenwandbekleidung außen, Außenseite Decken-/Dachbelag).

Fall 5.1: Luftraum, Galeriegeschoss

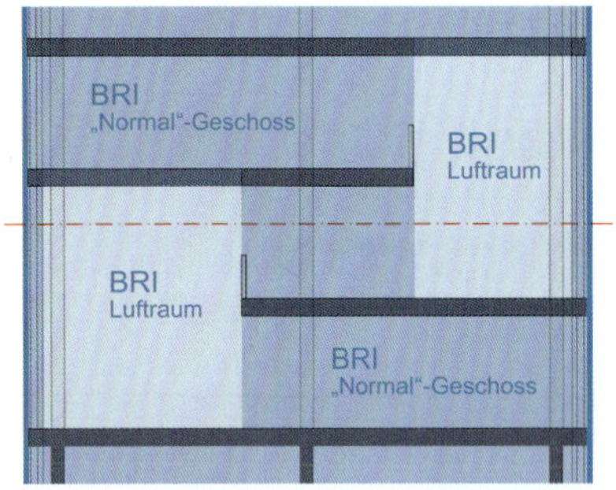

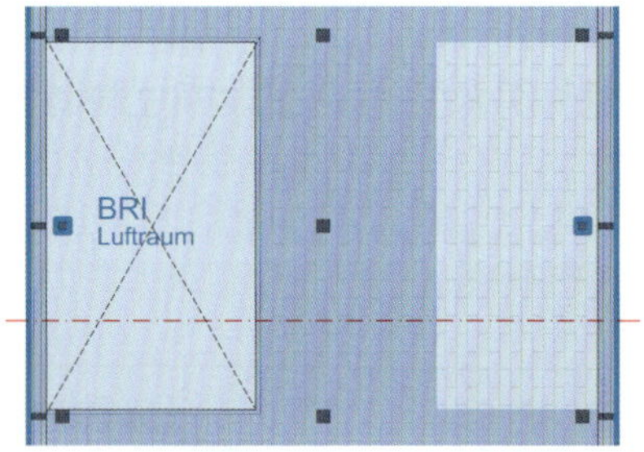

Bereiche eines Geschosses, die nicht begehbar sind und eine Fläche von > 1 m^2 aufweisen (z. B. Luftraum eines Galeriegeschosses), gehören zwar nicht zur BGF des Geschosses, sind jedoch als BRI zu erfassen. Der BRI dieses Luftraumes wird in dem Geschoss erfasst, in dem der Luftraum beginnt. Die BRI-Höhe erstreckt sich demzufolge über 2 oder mehrere Geschosse. BRI mit unterschiedlichen Geschosshöhen sind separat zu erfassen.

Fall 5.2: Innenhof, Atrium – unterbaut, nicht überdacht

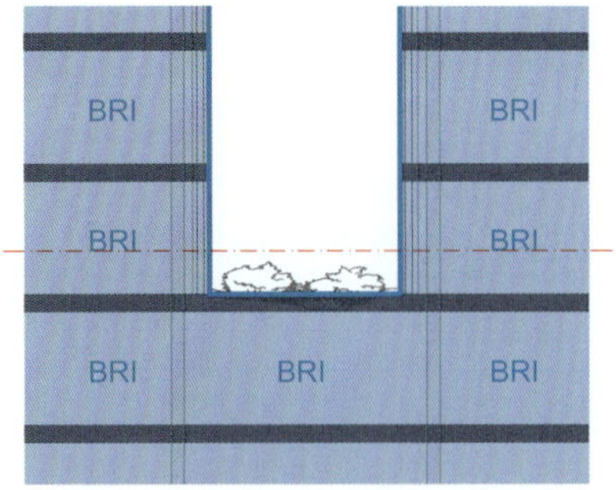

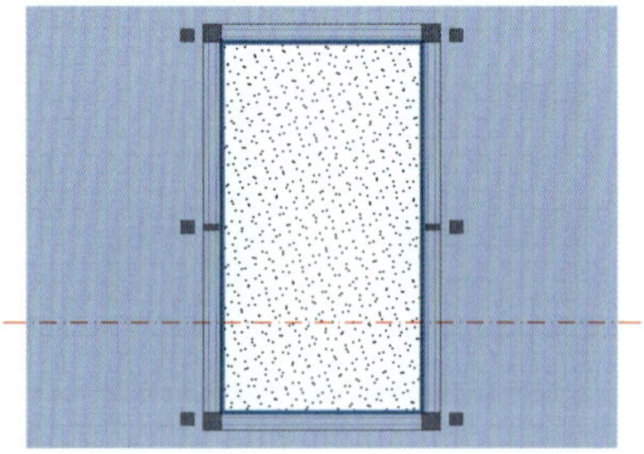

Baukonstruktionen am Bauwerk, denen eine Nutzung nach DIN 277, Tabelle 1 zugewiesen wird und die unterbaut oder konstruktiv fest mit dem Bauwerk verbunden sind, sind bei der Ermittlung der BGF zu berücksichtigen (z. B. Terrassen, Innenhöfe, Treppen).

Für diese BGF ergeben sich jedoch nur dann Rauminhalte, wenn sie überdeckt sind und/oder eine ihnen zugeordnete sie umschließende Baukonstruktion aufweisen (z. B. Geländer, Brüstung, Attika).

Ein zwar unterbauter, aber nicht überdeckter Innenhof, der auch nicht mit einem Geländer oder einer Brüstung seitlich begrenzt ist, hat keinen BRI.

Fall 5.3: Innenhof, Atrium – unterbaut, überdacht

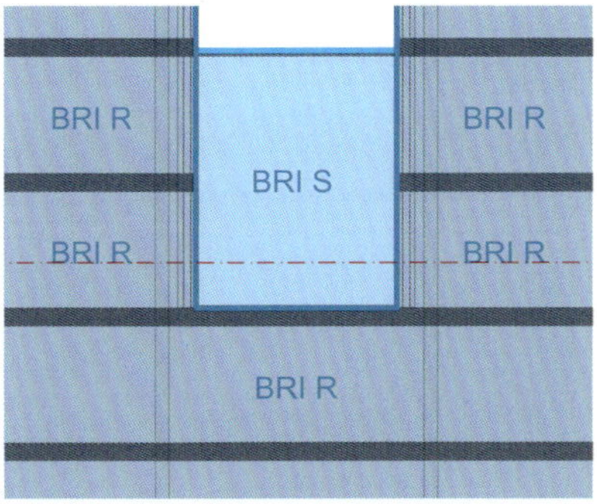

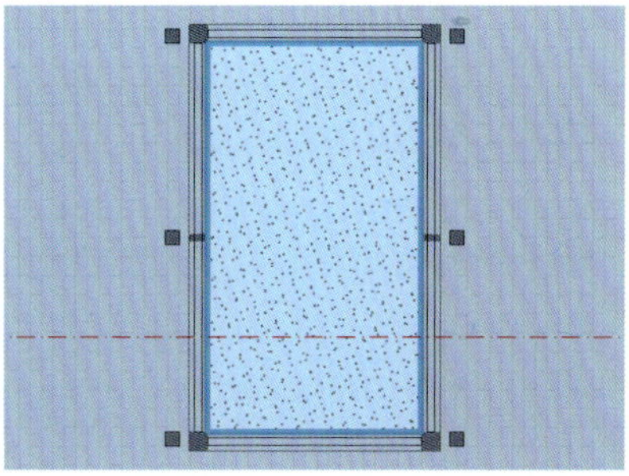

Innenhöfe auf unterbauten Bereichen sind Baukonstruktionen am Bauwerk, die konstruktiv fest mit dem Bauwerk verbunden sind. Diese gehören zur BGF. Für diese BGF ergeben sich jedoch nur dann Rauminhalte, wenn sie überdeckt sind und/oder eine ihnen zugeordnete sie umschließende Baukonstruktion aufweisen (z. B. Geländer, Brüstung, Attika).

Der Rauminhalt eines überdachten Innenhofes ergibt sich aus der BGF und der zugeordneten BRI-Höhe. Die BRI-Höhe ist der Abstand von Oberkante Bodenbelag bis Oberkante Dachbelag der Überdachung.

Fall 5.4: Innenhof, Atrium – unterbaut, seitlich mit Brüstung/Geländer begrenzt

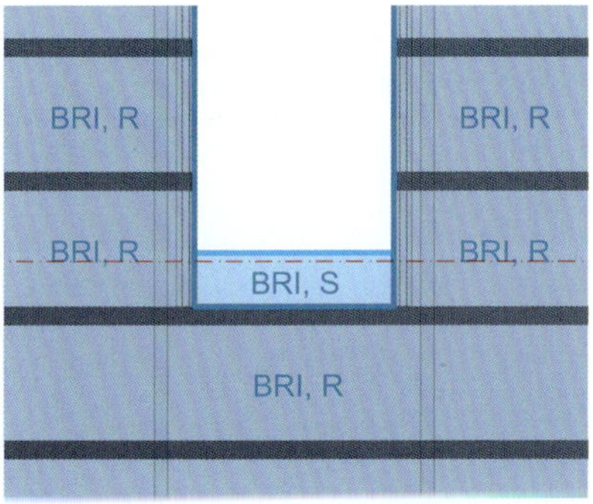

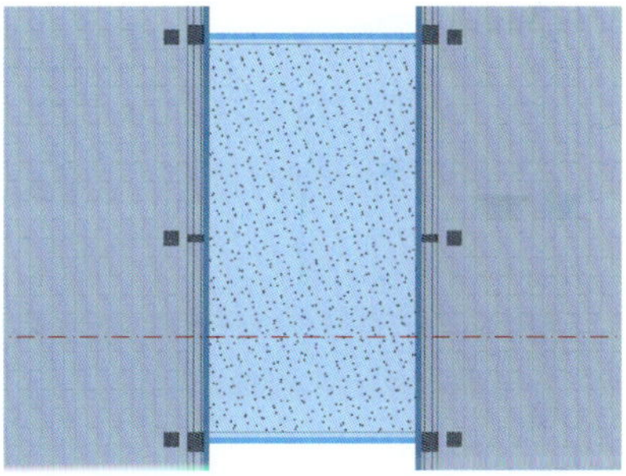

Der von einem Geländer begrenzte und unterbaute Innenhof hat einen Nutzungszweck nach DIN 277, Tabelle 1 und wird daher der BGF zugeordnet. Da diese Grundfläche seitlich durch ein dieser Fläche zugeordnetes Geländer oder eine Brüstung begrenzt ist, gehört das Volumen des Innenhofs bis Oberkante Geländer ebenso zum BRI.

Der Rauminhalt eines seitlich begrenzten Innenhofes ergibt sich aus der BGF und der zugeordneten BRI-Höhe. Diese ist der Abstand von Oberkante Bodenbelag bis Oberkante Geländer oder Brüstung.

Fall 5.5: Innenhof, Atrium – nicht unterbaut, nicht überdacht

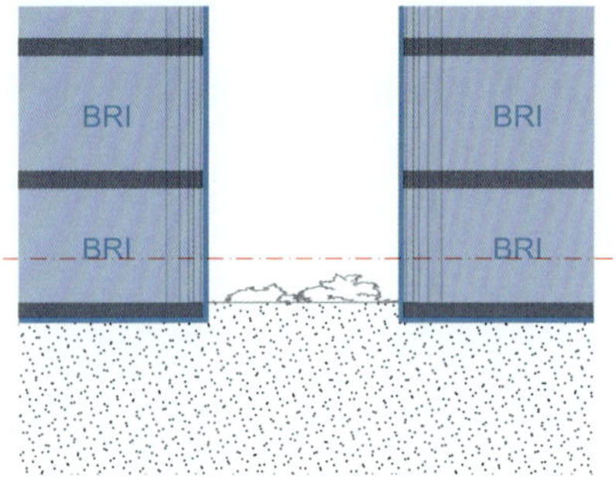

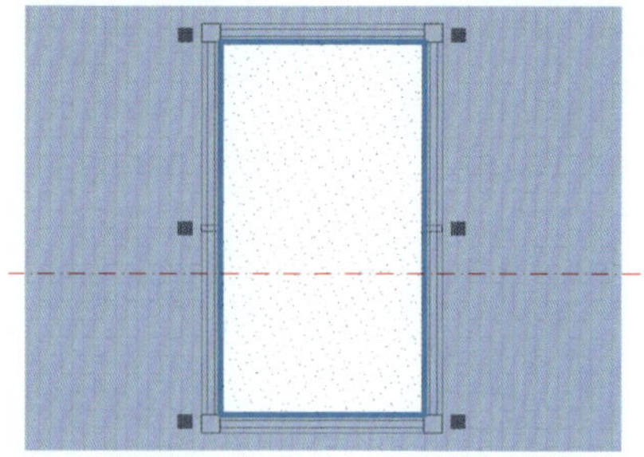

Ein nicht unterbauter Innenhof gehört nicht zum BRI, unabhängig davon, ob er konstruktiv fest mit dem Bauwerk verbunden ist. Entscheidend für die Zuordnung zum BRI ist, ob diesem Innenhof eine Baukonstruktion zugeordnet werden kann, die ihn seitlich und/oder nach oben begrenzt. Die Außenwände der den Innenhof umgebenden Bebauung sind keine dem Innenhof zugeordneten Begrenzungen; sie sind die Begrenzungen der (benachbarten) umgebenden Bauwerke.

Zu beachten ist, dass eine Baukonstruktion am Bauwerk, die konstruktiv fest mit dem Gebäude verbunden ist und einen Nutzungszweck nach DIN 277, Tabelle 1 aufweist (z. B. unterbauter Innenhof), der BGF zugeordnet wird. Hieraus ergibt sich jedoch nicht zwingend ein BRI. Dies ist erst dann der Fall, wenn diese Fläche seitlich und/oder oben begrenzt ist.

Fall 5.6: abgehängte Decke, Doppelboden

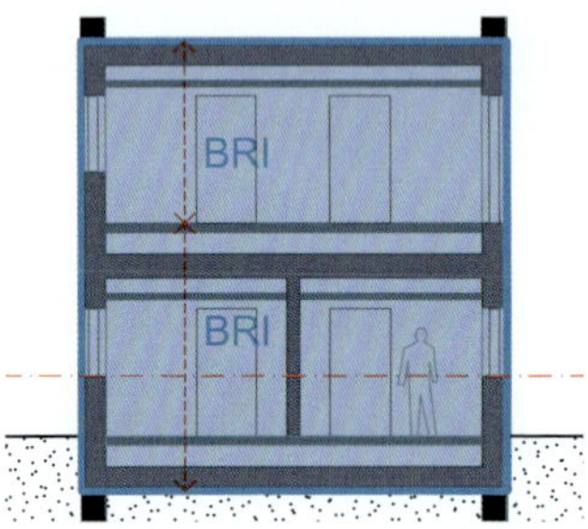

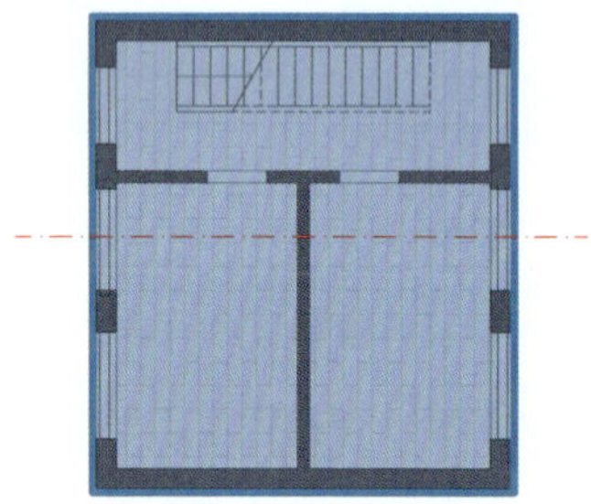

Die Flächen von abgehängten Decken und Doppelböden gehören unabhängig von ihrer Größe nicht zur BGF. Diese Hohlräume des Gebäudes sind jedoch dem BRI zuzuordnen, und zwar ebenfalls unabhängig von ihrer Größe, auch wenn die Grundflächen dieser Hohlräume nicht zur BGF gehören.

Die Volumina in abgehängten Decken und in Doppelböden werden dem Konstruktionsrauminhalt (KRI) zugeordnet und gehören somit zum BRI. Sie sind separat zu erfassen und dem BRI der angrenzenden Räume zuzuordnen.

Baukonstruktionen, die lediglich für Wartung, Inspektion und Instandsetzung von Bauteilen oder von haustechnischen Anlagen und Leitungen genutzt werden (z. B. ortsfeste Dachleitern, Dachstege oder Wartungsstege), werden nicht der BGF zugeordnet und gehören nicht zum BRI.

Fall 5.7: schräge Ebenen, Sitzränge

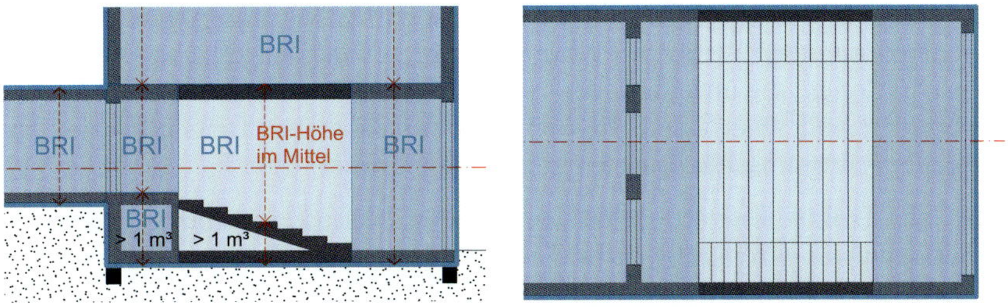

Der BRI über schräg verlaufende Ebenen wird entsprechend den tatsächlichen Abmessungen ermittelt; somit wird die reale Geometrie berücksichtigt. Bereiche mit Flächen unterschiedlicher Höhen sind getrennt zu ermitteln und separat auszuweisen.

Der Bereich unter der Treppe gehört zum BRI des angrenzenden Raumes, wenn das Volumen des Kriechganges/Hohlraumes > 1 m^3 beträgt, auch dann, wenn dieser Bereich nicht der BGF zugeordnet ist.

Handelt es sich nicht um einen geschlossenen Raum unter der Treppe, sondern um einen zum Raum hin offenen Bereich, wird der BRI dieses Bereiches unter der Treppe unabhängig von der Größe als zum Raum gehörend ermittelt und aufgrund der abweichenden Raumhöhe separat ausgewiesen.

3.4.7 Anbauten und Außenflächen

BRI gibt es in der Regel für jene Flächen, die zur BGF gehören. Für Baukonstruktionen am Bauwerk sind die Volumina von Grundflächen der Baukonstruktionen, die unterbaut sind oder konstruktiv fest mit dem Gebäude verbunden sind, zu erfassen. Sie werden, wenn sie nicht allseits umschlossen sind, der Raumumschließung Sonderfall zugeordnet.

Mit „konstruktiv fest verbunden" sind beispielsweise kraftschlüssige Verbindungen wie durchlaufende Bodenplatten, Decken-, Dach- und Wandkonstruktionen gemeint.

Fall 6.1: Balkon, Dachterrasse

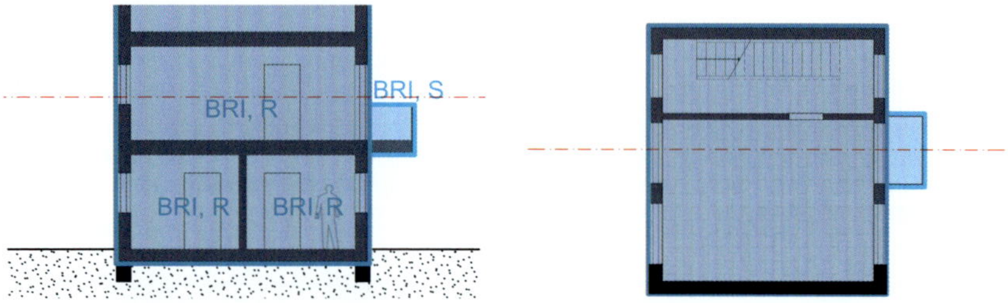

Balkone und Dachterrassen sind konstruktiv fest mit dem Bauwerk verbundene Baukonstruktionen. Baukonstruktionen am Bauwerk, die seitlich begrenzt (Geländer, Brüstung) und oben offen sind, gehören zum BRI.

Der BRI dieser Flächen wird aus der BGF und der dazugehörigen Höhe ermittelt. Die BRI-Höhe wird in der Regel aus dem Abstand von Oberkante Deckenbelag Balkon bis Oberkante Brüstung ermittelt. Befindet sich unter dem Balkon keine weitere Ebene, dann ergibt sich die BRI-Höhe aus dem Abstand von Unterkante Deckenbekleidung Balkon bis Oberkante Brüstung.

Fall 6.2: Balkon, Loggia, überdeckt

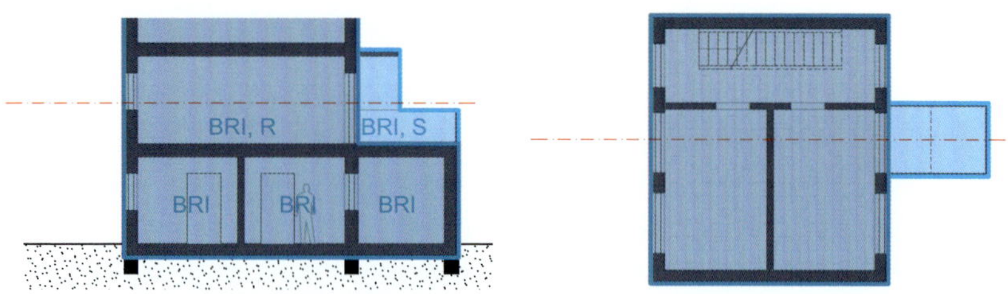

Balkone und Loggien sind konstruktiv fest mit dem Bauwerk verbundene Baukonstruktionen und nicht allseits umschlossene Räume. Sind diese Räume überdeckt, wird der BRI aus der BGF anhand der äußeren Begrenzungen der senkrecht nach unten geloteten Dachfläche und der dazugehörigen Höhe ermittelt. Die Höhe des überdeckten Bereiches ist in der Regel der Abstand von Oberkante Deckenbelag bis Oberkante Dachbelag. Die Höhe des nicht überdeckten Bereiches wird in der Regel als Abstand zwischen Oberkante Deckenbelag bis Oberkante Brüstung bzw. Geländer ermittelt.

Abweichend hiervon wird die BRI-Höhe statt Oberkante Deckenbelag von der Unterkante der Deckenbekleidung berechnet, wenn der Balkon oder die Loggia die unterste Ebene darstellt.

Fall 6.3: Laubengang

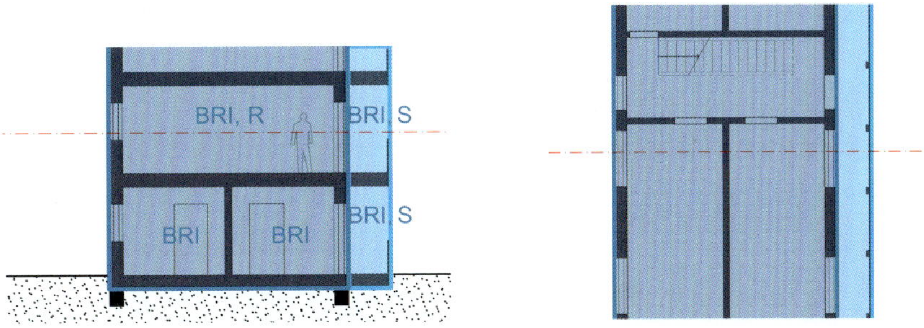

Laubengänge sind zur Außenluft offene Erschließungsflächen an Gebäuden. Sie sind bei der Ermittlung von BGF und BRI analog der BRI-Ermittlung des Balkons zu betrachten (siehe Fall 6.1 und 6.2).

Fall 6.4: Tiefgarageneinfahrt

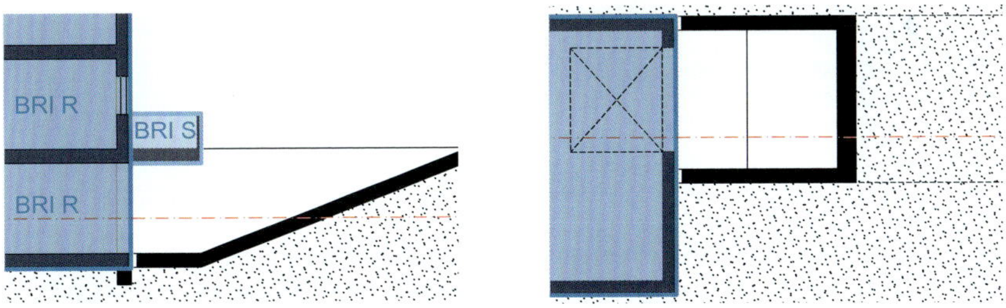

Die Tiefgarageneinfahrt ist eine Baukonstruktion am Bauwerk. Bei der Ermittlung der BGF werden Flächen von Baukonstruktionen am Bauwerk (z. B. Terrasse, Treppe, Rampe, Höfe) nur dann berücksichtigt, wenn sie unterbaut oder konstruktiv fest mit dem Bauwerk verbunden sind. Ein BRI ergibt sich für diese Flächen jedoch nur dann, wenn sie überdeckt sind und/oder eine seitlich begrenzende Baukonstruktion (Brüstung, Geländer, Attika) aufweisen. Bei diesem BRI handelt es sich um Rauminhalte des Sonderfalls der Raumumschließung (BRI, S).

Fall 6.5: Baukonstruktion außen, z. B. Außentreppe, Rampe, Pergola

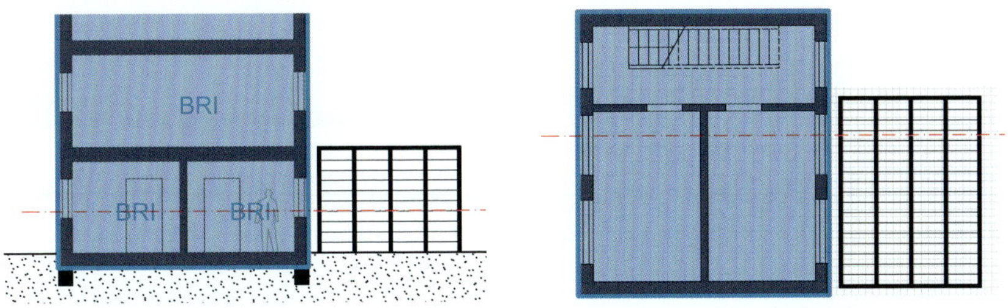

Außerhalb des Bauwerkes befindliche Baukonstruktionen, die nicht konstruktiv fest mit dem Bauwerk verbunden sind, gehören nicht zur BGF und somit auch nicht zum BRI. Sind diese Baukonstruktionen ein eigenständiges (zweites) Bauwerk, sind die BGF und die BRI separat für dieses Bauwerk zu ermitteln.

Fall 6.6: Anbauten, nicht beheizt

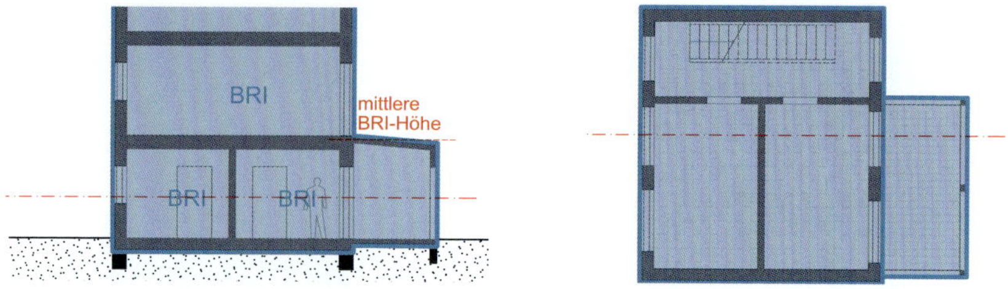

Allseits umschlossene Anbauten am Bauwerk gehören zur BGF und zum BRI. Der BRI wird ermittelt aus den Außenmaßen der äußeren Begrenzungsflächen, d. h. Gründungsfläche, Außenwandfläche und Dachfläche.

Fall 6.7: auskragende Geschosse

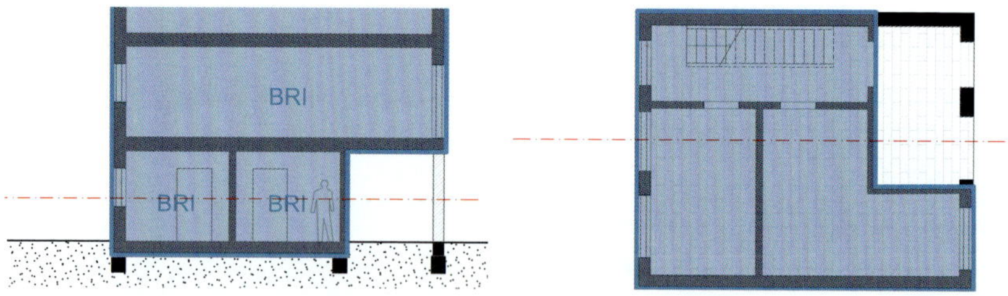

Ein nicht genutzter Raum unter einem auskragenden Geschoss gehört nicht zum BRI.

Falls diesem Raum ein Nutzungszweck nach DIN 277, Tabelle 1 zugeordnet werden kann und er als Baukonstruktion am Bauwerk unterbaut oder konstruktiv fest mit dem Bauwerk verbunden ist, ist er dem BRI zuzuordnen.

Fall 6.8: Nutzung unter auskragenden Geschossen, konstruktiv verbunden

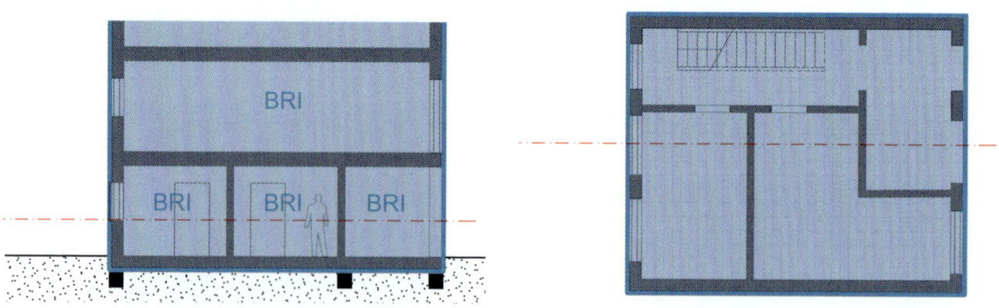

Der Raum unter einem auskragenden Geschoss wird als BRI angerechnet, wenn diesem Raum eine Nutzung nach DIN 277, Tabelle 1 zugeordnet werden kann und er als Baukonstruktion am Bauwerk unterbaut oder konstruktiv fest mit dem Bauwerk verbunden ist.

Fall 6.9: auskragende Bauteile

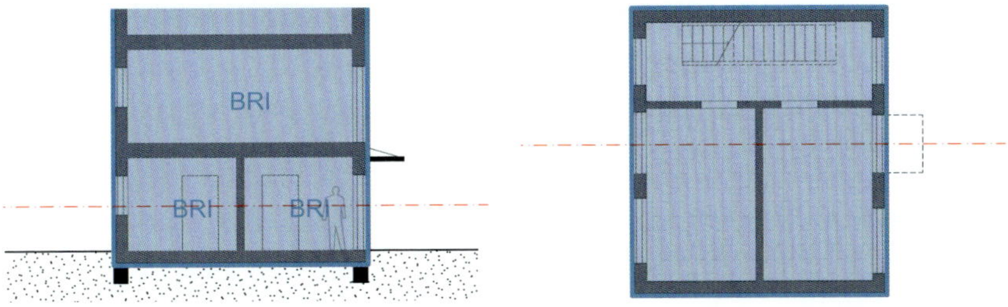

Auskragende Bauteile (z. B. Dachüberstand, Eingangsüberdachung, Sonnenschutz) wie auch untergeordnete Bauteile (konstruktive und gestalterische Vorsprünge an Außenwänden: Lisene, Pilaster, Gesimse u. Ä.) gehören nicht zum BRI.

3.5 Konstruktionsgrundflächen/aufgehende Bauteile (Wände)

3.5.1 Allgemeine Berechnung der Konstruktionsgrundfläche (KGF)

Die Konstruktionsgrundfläche (KGF) ist ein Anteil der Bruttogrundfläche (BGF). Sie ist die horizontale Fläche der aufgehenden Baukonstruktionen des Gebäudes (in der Regel Außen- und Innenwände). Maßgebend sind die Fertigmaße der Baukonstruktion einschließlich ihrer Bekleidungen in Höhe der Boden- und Deckenbeläge. In der Regel wird die KGF ermittelt aus der Differenz von BGF und Nettoraumfläche (NRF) (siehe Abb. 3.8):

KGF = BGF – NGF

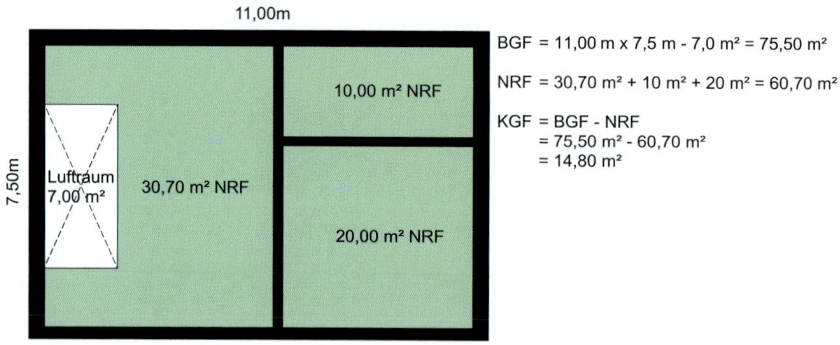

Abb. 3.8: Beispiel zur Berechnung der KGF nach DIN 277

Untergeordnete Bauteile, wie beispielsweise konstruktive Vor- und Rücksprünge der Fassade, Sonnenschutzanlagen, Eingangsüberdachungen und Sockelleisten, werden vernachlässigt und gehören nicht zur KGF.

Bei der Ermittlung der KGF werden generell die horizontalen Flächen der aufgehenden Bauteile einschließlich ihrer Bekleidungen (Außenwände, Innenwände) angerechnet. Des Weiteren sind ausdrücklich die Grundflächen von Wandöffnungen und -nischen (Fenster, Türen, Durchgänge) sowie Installations- und Aufzugsschächten zur KGF hinzuzurechnen, wenn diese einen lichten Querschnitt von $\leq 1{,}0\ m^2$ aufweisen. Zu den aufgehenden Bauteilen und damit zur KGF gehören ebenso raumhohe Vormauerungen und Vorwandinstallationen sowie Installationshohlräume und Wandschlitze in den Wandkonstruktionen.

Begriff der Konstruktionsgrundfläche (KGF)

Die Konstruktionsgrundfläche (KGF) kann bei Bedarf in die Grundfläche der aufgehenden Bauteile der Außenwand und in die Grundfläche der inneren aufgehenden Bauteile differenziert werden:

KGF = AKG + IKG + TGF

Beispielsweise ist zur Ermittlung der Innengrundfläche (IGF) die Außenwand-Konstruktionsgrundfläche (AKG) von der (gesamten) Konstruktionsgrundfläche (KGF) zu separieren. Die IGF ist die innere Fläche des Bauwerkes (einschließlich Innenwänden), die sich zwischen den Innenseiten der

Außenwände ergibt. Ebenso ist bei der Ermittlung der Nettogrundfläche (NGF) eine Differenzierung der (gesamten) Konstruktionsgrundfläche (KGF) erforderlich. Die Nettogrundfläche (NGF) beinhaltet die Grundflächen der Trennwände und wird ermittelt aus der vorgenannten Innengrundfläche (IGF) abzüglich der Innenwand-Konstruktionsgrundfläche (IKG) (siehe Abb. 2.2).

Die Konstruktionsgrundfläche (KGF) der inneren Wände wird in Innenwand-Konstruktionsgrundfläche (IKG) und in Trennwandgrundfläche (TGF) unterschieden, wobei diese Unterteilung nur für die Berechnung der Nettogrundfläche (NGF) relevant ist. Die Nettogrundfläche (NGF) wird ermittelt aus der Nettoraumfläche (NRF) zuzüglich der Trennwandgrundfläche (TGF) (siehe Kapitel 2.1.2.1):

NGF = NRF + TGF

Die Außenwand-Konstruktiongrundfläche (AKG) ist die horizontale Fläche der aufgehenden Bauteile der Außenwand. Die Innenwand-Konstruktionsgrundfläche (IKG) und die Trennwandgrundfläche (TGF) ergeben in Summe die horizontale Fläche der inneren aufgehenden Bauteile.

3.5.2 Konstruktionsgrundflächen: Fallbeispiele

Fall 1 Wandnischen: Fensternische

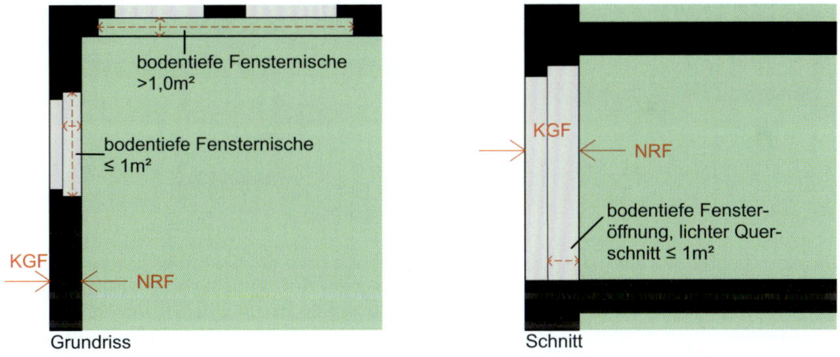

Eine Wandnische ist eine Vertiefung in der Wand. Sie kann sich über die gesamte Wandhöhe erstrecken oder nur einen Teil der Raumhöhe einnehmen. Bei einer sehr geringen Nischenbreite wird die Wandnische auch als Wandschlitz bezeichnet.

Wandnischen, wie z. B. Tür- und Fensterlaibungen, die einen lichten Querschnitt von ≤ 1,0 m^2 aufweisen, gehören zur KGF. Die Grundfläche wird in Höhe der Boden-/Deckenbeläge gemessen. Haben diese am Boden beginnenden Nischen eine lichte Grundfläche > 1,0 m^2, werden diese Flächen zur NRF hinzugezählt und demzufolge nicht bei der KGF berücksichtigt.

Fall 2 Wandöffnung, Durchgang

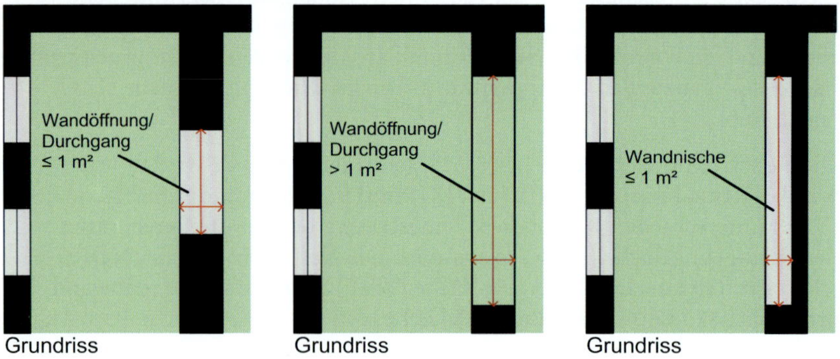

Wandöffnungen, die einen lichten Querschnitt von ≤ 1,0 m² aufweisen, gehören zur KGF. Haben die bodentiefen Wandöffnungen, wie z. B. Durchgänge, eine lichte Grundfläche > 1,0 m², werden diese Flächen zur NRF hinzugezählt und demzufolge nicht bei der KGF berücksichtigt.

Fall 3 Installation- und Aufzugsschächte

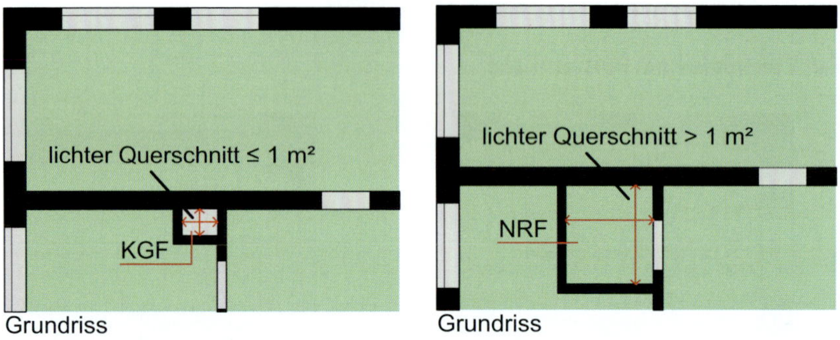

Die Anrechenbarkeit von Schächten zur KGF richtet sich nach der Größe des lichten Querschnittes. Ist der lichte Querschnitt des Installations- oder Aufzugsschachtes ≤ 1,0 m², gehört die Grundfläche des Schachtes zur KGF des Bauwerkes. Bei einer Größe des lichten Querschnittes > 1,0 m² wird diese Fläche zur NRF gezählt und der jeweiligen Nutzung (Technikfläche [TF], Verkehrsfläche [VF]) nach DIN 277, Tabelle 1 zugeordnet.

Beispiel: Aufzugsschacht

Ein Aufzugsschacht dient der Erschließung des Gebäudes. Beträgt die Grundfläche des Aufzugsschachtes im Lichten > 1 m², wird diese der Verkehrsfläche (VF) und damit auch der NRF zugeordnet. Ein Schacht, der haustechnische Anlagen enthält und einen lichten Querschnitt > 1 m² aufweist, wird der TF zugeordnet und gehört damit zur NRF. Hat dieser Schacht im Lichten einen Querschnitt ≤ 1 m², dann gehört er zur KGF.

Fall 4 Installationshohlräume, Wandschlitze

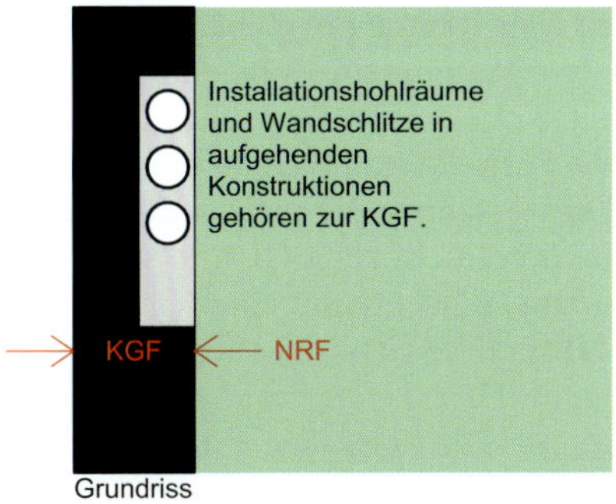

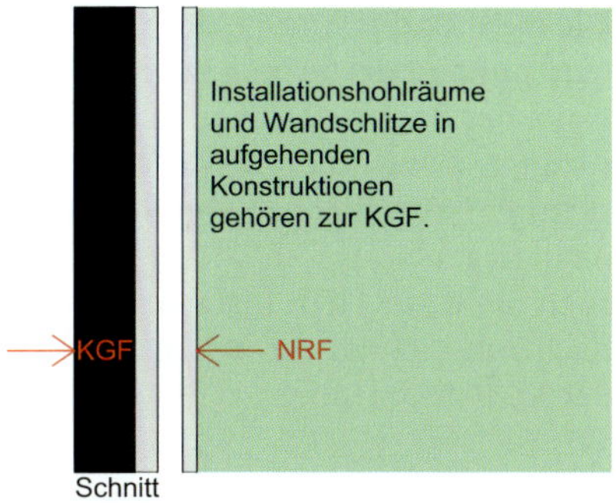

Hohlräume in Wänden oder Wandschlitze, die für die Leitungsführung von Installationen der haustechnischen Anlagen vorgesehen sind, gehören zur KGF.

Fall 5 Vormauerungen, Vorwandinstallationen, Bekleidungen

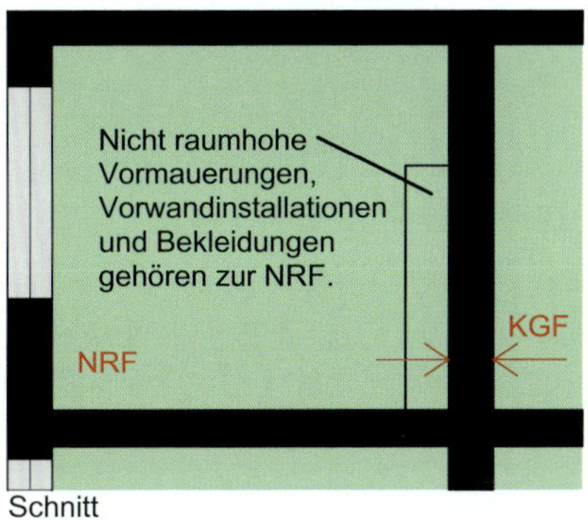

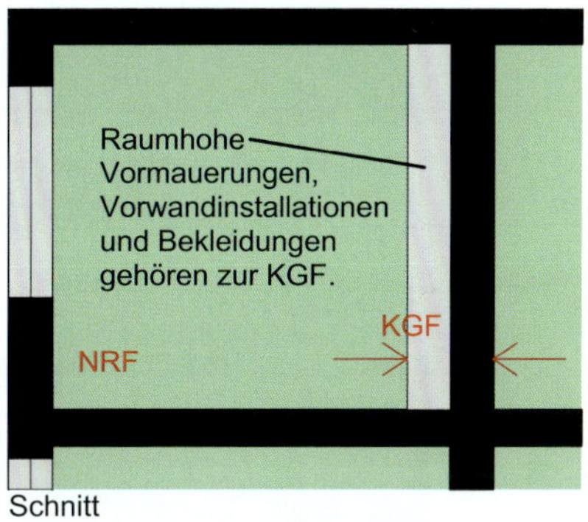

Die KGF ist die horizontale Fläche der Wand in Boden-/Deckenhöhe. Raumhohe Vormauerungen oder Vorwandinstallationen gehören zur KGF, ebenso raumhohe Bekleidungen. Ist beispielsweise als Bekleidung ein Fliesenspiegel oder eine nicht raumhohe Bekleidung mit Wandfliesen geplant, ermittelt sich die KGF nur bis Oberkante Putz, nicht bis Oberkante Fliesenbelag.

Fall 6 Zuordnung der KGF zu Regelfall und Sonderfall

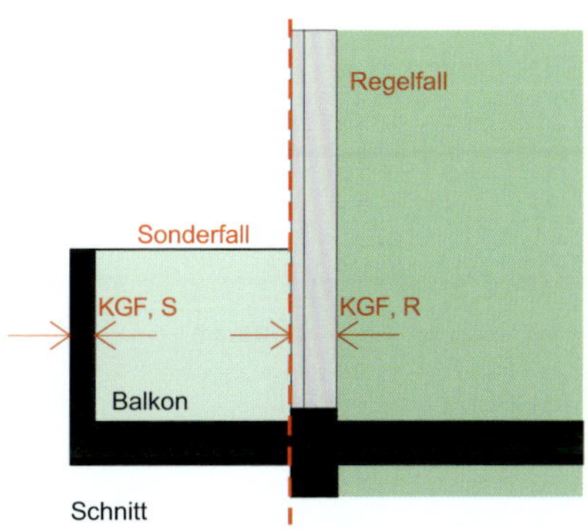

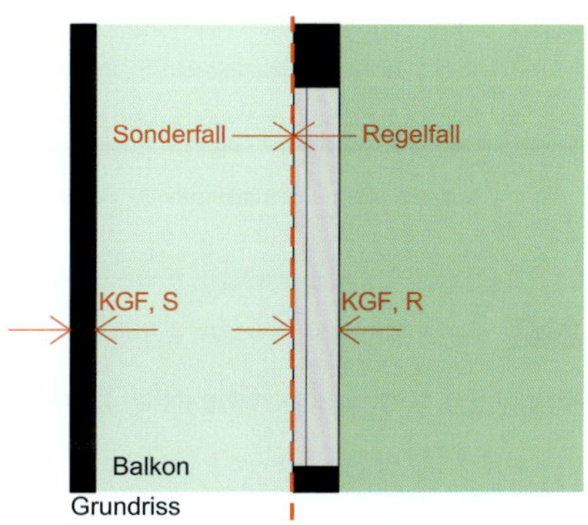

Liegen KGF zwischen den Bereichen Regelfall und Sonderfall (R und S der Raumumschließung), dann werden sie dem Bereich Regelfall zugeordnet.

3.6 Nettoraumfläche (NRF): Fallbeispiele

Die NRF ist die Summe der Grundflächen aller Räume des Gebäudes. Sie wird anhand der lichten Maße zwischen den Bauteilen in Höhe der Oberkante der Boden-/Deckenbeläge berechnet. Konstruktive Vor- und Rücksprünge sowie untergeordnete Bauteile wie Sockelleisten bleiben unberücksichtigt. Grundflächen von Räumen im Dachgeschoss, die nicht zugänglich, nicht begehbar und nicht nutzbar sind, gehören nicht zur BGF und somit auch nicht zur NRF. Installations- und Aufzugsschächte mit einer Grundfläche im Lichten von $\leq 1\ m^2$ sind keine NRF; diese Grundflächen werden der KGF zugeordnet.

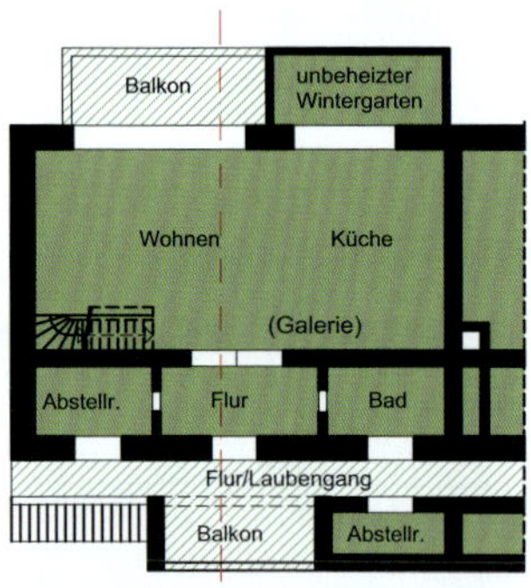

Grundriss EG

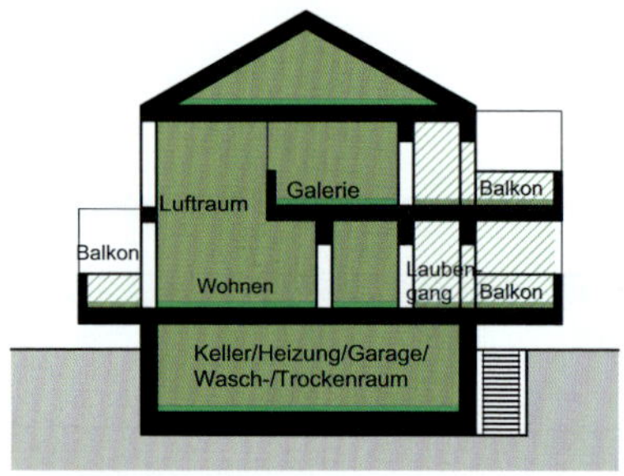

Gebäudeschnitt (Darstellung NRI)

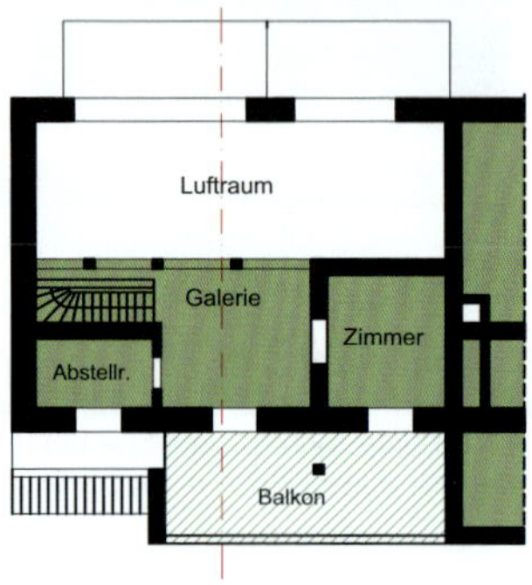

Grundriss OG

Nettoraumfläche (NRF)

- Nettoraumfläche, Regelfall (allseits umschlossene Fläche)
- Nettoraumfläche (Gebäudeschnitt), Regelfall
- Nettoraumfläche, Sonderfall (seitlich offene und überdeckte Fläche oder oben offene und seitlich begrenzte Flächen; z. B. Balkon, Loggia, Terrasse)
- Nettoraumfläche (Gebäudeschnitt), Sonderfall
- keine Nettoraumfläche (z. B. Luftraum, Deckenöffnungen), Konstruktionsgrundfläche (z. B. Wandöffnungen, Hohlräume, Fensternischen)
- Konstruktionsgrundfläche (z. B. horizontale Wandflächen, horizontale Fläche der Stützen)

Abb. 3.9: Nettoraumfläche (NRF), grafische Darstellung am Beispiel

Die Differenzierung der NRF (siehe Abb. 3.9) erfolgt nach

- unterschiedlichen Geschossebenen,
- nach ebener oder geneigter Ausführung der Grundfläche,
- unterschiedlichen lichten Raumhöhen und
- ihrer Raumumschließung.

Der Regelfall R der Raumumschließung erfasst allseits umschlossene Räume. Nicht allseits umschlossene Räume, denen eine Nutzung nach DIN 277, Tabelle 1 zugeordnet werden kann, gehören zur Raumumschließung Bereich S (Sonderfall) (siehe Abb. 3.10).

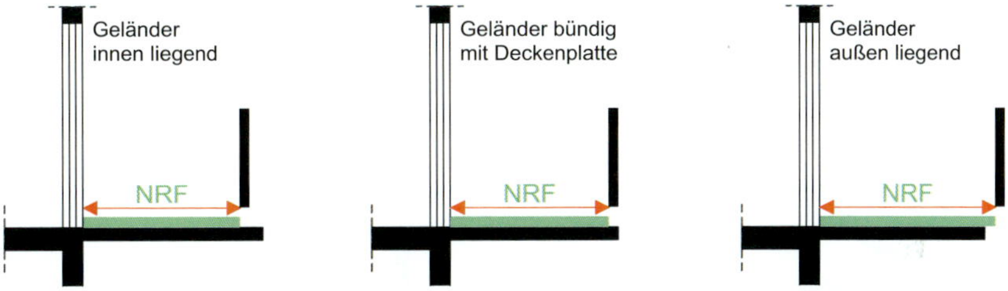

Abb. 3.10: Messregel Nettoraumfläche (NRF) für Raumumschließung Sonderfall

3.6.1 Dach- und Gebäudeabschluss

Der obere Abschluss eines Gebäudes kann eine geneigte Dachform aufweisen oder horizontal eben ausgeführt sein. Je nach Begehbarkeit und Nutzbarkeit der Flächen werden die Grundfläche der Dachräume als NRF angerechnet. Ob eine Fläche im Dachraum nutzbar ist, entscheidet sich anhand objektiver Kriterien. Die Anforderungen an die Räume werden entsprechend ihrem Nutzungszweck nach Landesbauordnung festgelegt. Diese Kriterien können beispielsweise die Möglichkeit der Zugänglichkeit über eine notwendige Treppe und die (auch nachträglich herzustellende) ausreichende Belichtung mit $^1/_8$ der Grundfläche sowie eine erforderliche mittlere lichte Raumhöhe von 2,30 m über $^2/_3$ der Grundfläche sein.

Fall 1.1: Satteldach, nicht ausgebaut

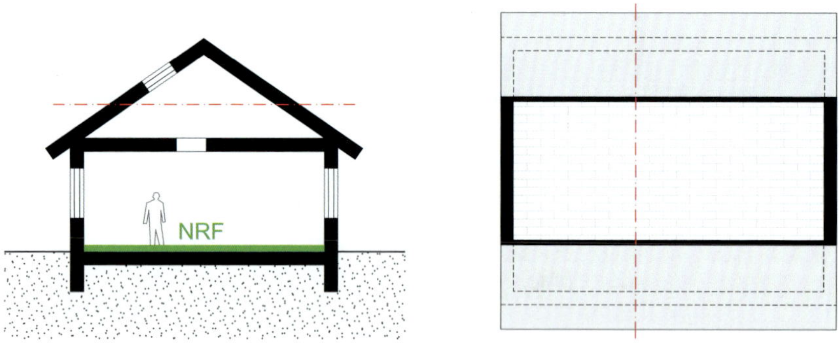

Nicht begehbare Flächen in Dachräumen ohne Zugang, die nicht nutzbar sind, gehören nicht zur BGF und haben demzufolge auch keine NRF. Ist der Dachraum aufgrund objektiver Kriterien generell nutzbar, jedoch noch nicht ausgebaut, ist die NRF des Dachgeschosses zu ermitteln und getrennt auszuweisen.

Fall 1.2: Satteldach, ausgebaut

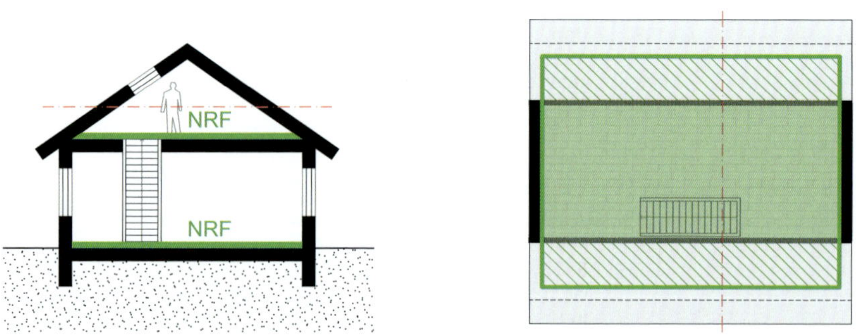

Begehbare und nutzbare Flächen im Dachraum werden der NRF zugeordnet. Die lichten Maße des Raumes zwischen den Wand- oder Dachbekleidungen der aufgehenden Bauteile in Höhe der Deckenbeläge sind der Berechnung zugrunde zu legen.

Fall 1.3: Flachdach, ausschließlich zu Revisions- und Wartungszwecken begehbar

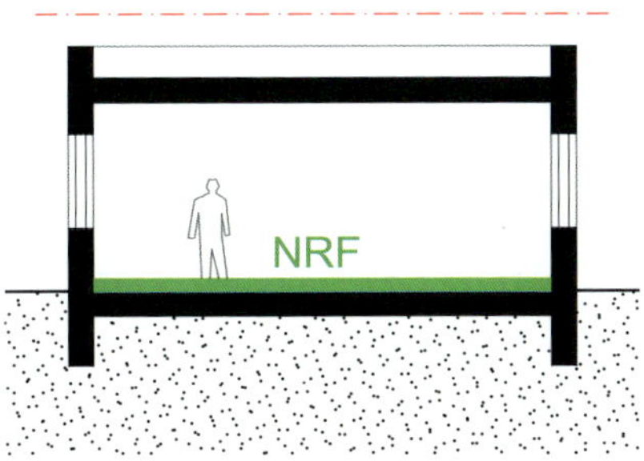

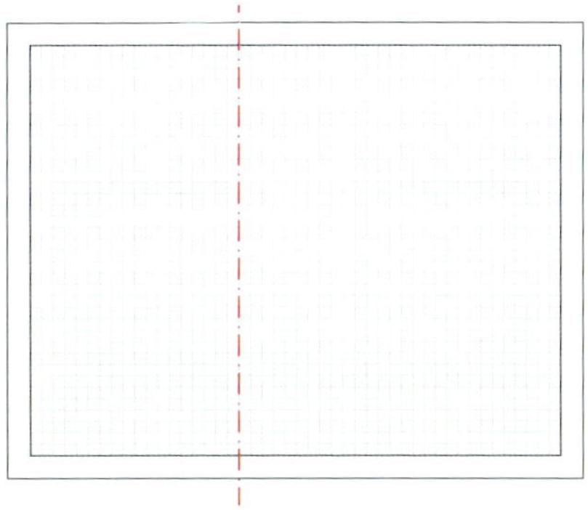

Ein nicht begehbar geplantes und ausgeführtes Flachdach (z. B. statische Nutzlast nicht begehbar, keine Brüstung/Geländer, ggf. Attika) gehört nicht zur BGF und somit auch nicht zur NRF.

Fall 1.4: Flachdach, begehbar, genutzte Dachfläche

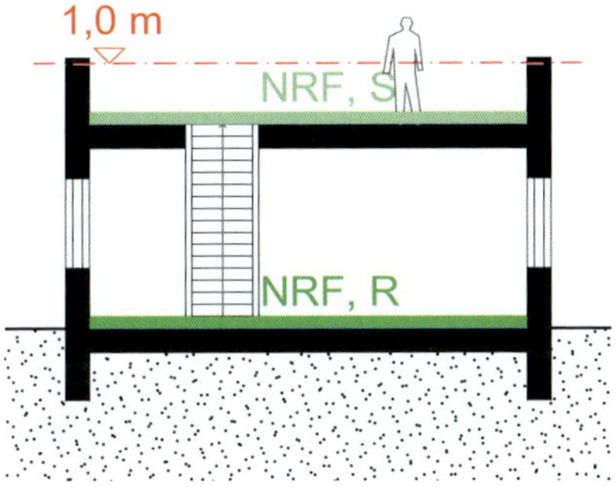

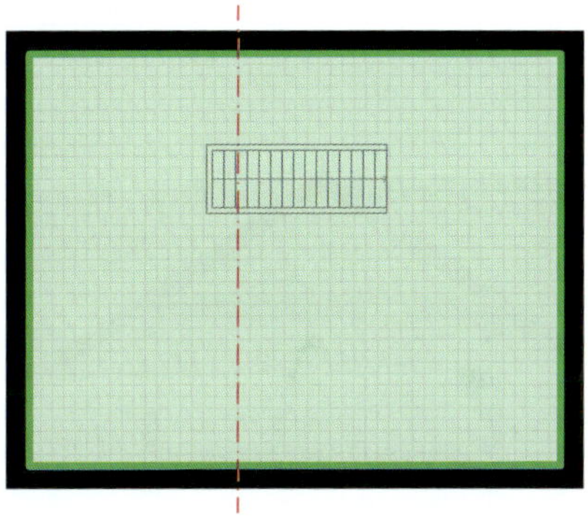

Die Grundfläche eines begehbaren und genutzten Flachdaches gehört mit ihren lichten Abmessungen zwischen den Innenseiten der Brüstung bzw. des Geländers zur NRF. Ein Flachdach ist eine genutzte Dachfläche, wenn diese für einen Aufenthalt von Personen ausgebildet ist und einem Nutzungszweck nach DIN 277, Tabelle 1 zugewiesen werden kann. Solche genutzten Flachdächer sind z. B. Dachterrassen oder Parkdecks. Die NRF wird von der Innenseite Geländer/Brüstung anhand der lichten Abmessungen bestimmt.

Eine Nutzung der Dachfläche durch Personen für Wartung oder Instandsetzung von Bauteilen ist kein Nutzungszweck im Sinne der DIN 277; daher erfolgt keine Anrechnung als NRF.

Die genutzte Dachfläche ist seitlich begrenzt (z. B. Brüstung, Geländer, Attika) und/oder überdeckt. Aufgrund des nicht allseits umschlossenen Raumes wird diese Fläche der Raumumschließung Sonderfall (NRF, S) zugeordnet. Maßgebend zur Berechnung der NRF ist der lichte Abstand in Höhe des Dachbelages zwischen den am weitesten innen liegenden Innenkanten der seitlichen Begrenzungen (Brüstung Geländer).

Fall 1.5: Flachdach mit Dachoberlicht/Lichtkuppel

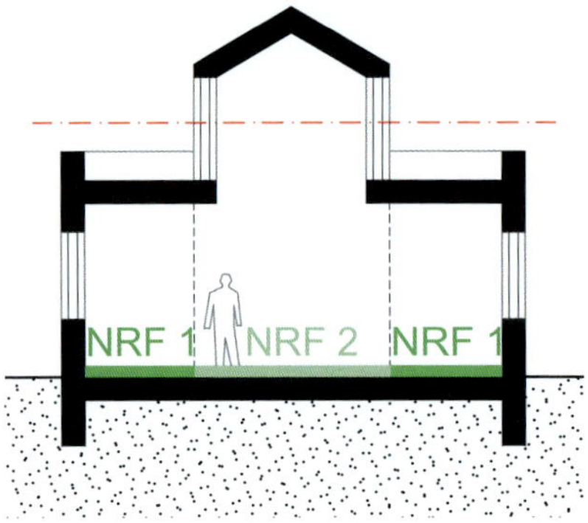

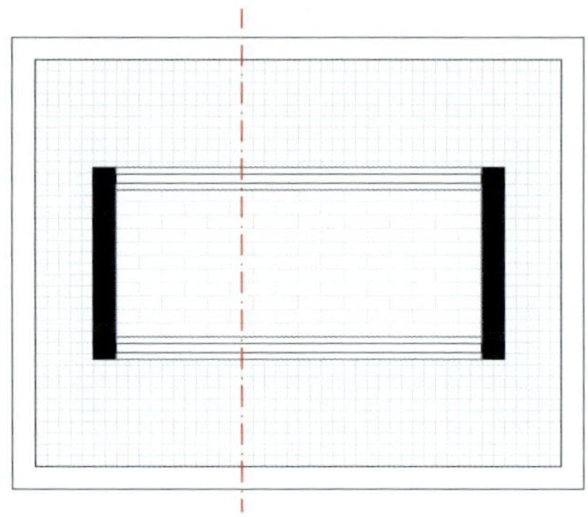

Das Oberlicht des Flachdaches gehört nicht zur NRF; es besitzt keine begehbare Fläche. Die NRF des Dachgeschosses ist jedoch aufgrund der abweichenden Höhe im Bereich des Oberlichtes in Teilbereichen differenziert zu ermitteln und separat auszuweisen (z. B. NRF 1 und NRF 2).

Fall 1.6: Dachüberstände

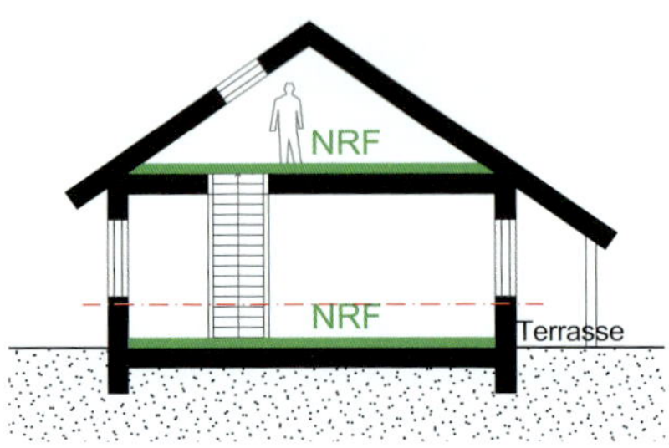

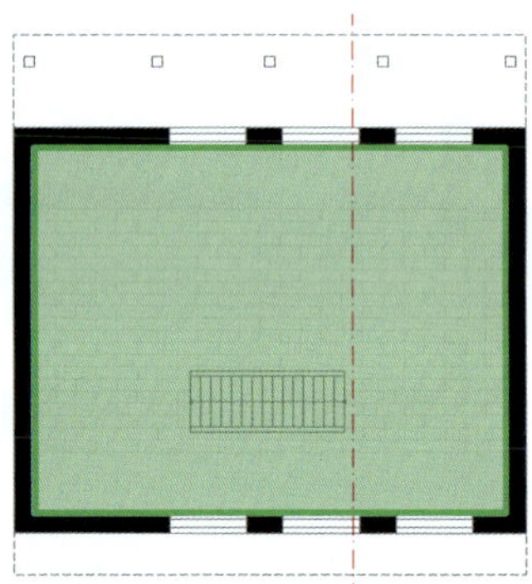

Grundflächen unter Dachüberständen gehören nur dann zur NRF, wenn diesen Flächen eine Nutzung nach DIN 277, Tabelle 1 zugeordnet werden kann (z. B. Terrasse, Eingangsbereich) **und** wenn diese Flächen unterbaut oder mit dem Bauwerk konstruktiv fest verbunden sind. Da im Beispiel die Fläche der Terrasse zwar einem Nutzungszweck nach DIN 277, Tabelle 1 entspricht, jedoch nicht unterbaut ist und auch keine Baukonstruktion aufweist, die fest mit dem Gebäude verbunden ist, z. B. die konstruktive Verbindung mit einer durchlaufenden Bodenplatte, gehört die Fläche unter dem Dachüberstand nicht zur NRF.

3.6.2 Tragwerk, Fassade und Ausbau

Die Baukonstruktion von Fassaden kann senkrecht oder geneigt ausgeführt sein. Für die Berechnung der NRF sind die inneren lichten Abmessungen der Wandkonstruktion in Höhe der Boden-/Deckenbeläge maßgebend. Gegebenenfalls sind auch Fenster- und Wandnischen sowie die Grundflächen von Schächten bei der Berechnung der NRF zu berücksichtigen.

Fall 2.1: geneigte Wand

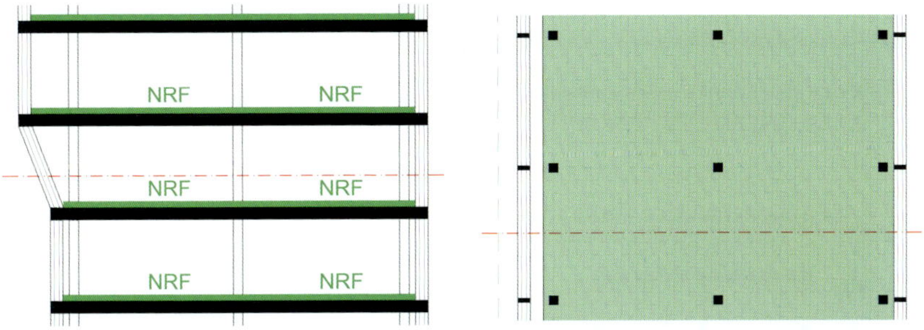

Die Ermittlung der NRF wird anhand der lichten inneren Maße in Höhe der Oberkante der Boden- oder Deckenbeläge vorgenommen; eine schräg verlaufende Fassade hat hierauf keinen Einfluss.

Fall 2.2: Doppelfassade, Schaufenster

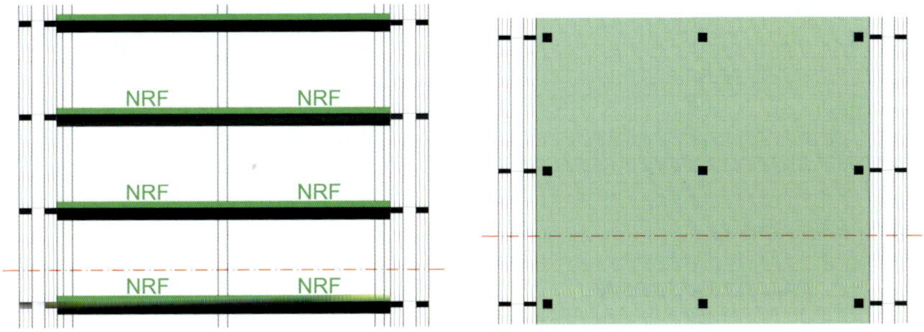

Doppelfassade

Für die Ermittlung der NRF sind die inneren lichten Maße der aufgehenden Baukonstruktionen einschließlich Bekleidungen maßgebend; das gilt ebenso für mehrschalige Wandkonstruktionen. Ein zwischen Teilen der Baukonstruktion eingeschlossener Hohlraum, wie z. B. in mehrschaligen Fassaden, gehört nicht zur NRF. Dieser Hohlraum ist der KGF zuzuordnen.

Schaufenster

Bei einem Schaufenster entsteht ein Raum zwischen der äußeren Fassadenkonstruktion und einer inneren Trennwand oder einer anderweitigen räumlichen Abtrennung. Diesem Raum kann eine Nutzung nach DIN 277, Tabelle 1 und 2 zugewiesen werden. Im Falle einer Nutzungszuordnung der Fläche nach DIN 277, Tabelle 1 (z. B. des Schaufensters/der Verkaufsfläche) wird die NRF des Bereiches zwischen der äußeren Fassadenkonstruktion und der inneren Trennwand mit seinen lichten Abmessungen erfasst und separat ausgewiesen (siehe Kapitel 3.7.2, Fall 2.8).

Fall 2.3: Stützen, außen/innen

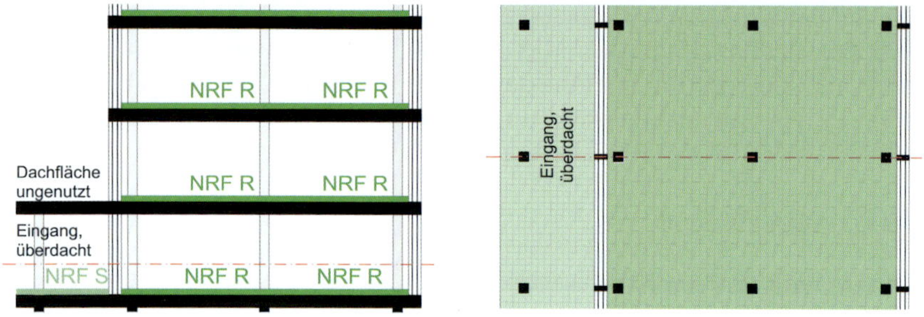

Unabhängig von ihren Abmessungen sind Stützen keine NRF. Sie gehören sowohl im Bereich der Raumumschließung Regelfall wie auch in der Raumumschließung Sonderfall zur KGF.

Fall 2.4: baukonstruktive Einbauten

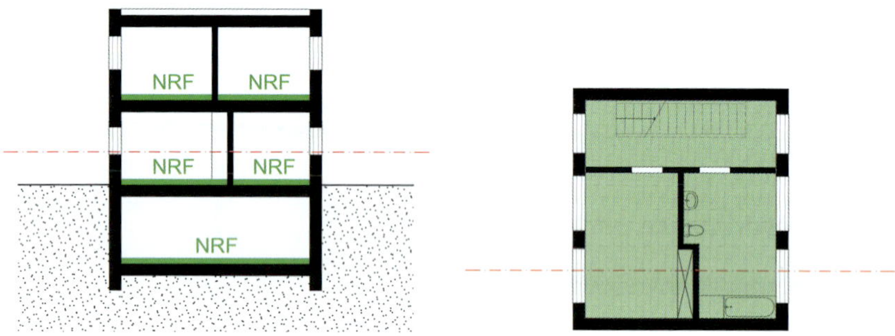

Die Grundflächen von fest mit dem Bauwerk verbundenen Einbauten (sog. baukonstruktiven Einbauten), wie beispielsweise Regalen, Schränken, Gestühl, Sanitärausstattung, Einbauküchen, Kamin, gehören unabhängig von ihrer Größe und Höhe zur NRF.

Fall 2.5: Wandnische

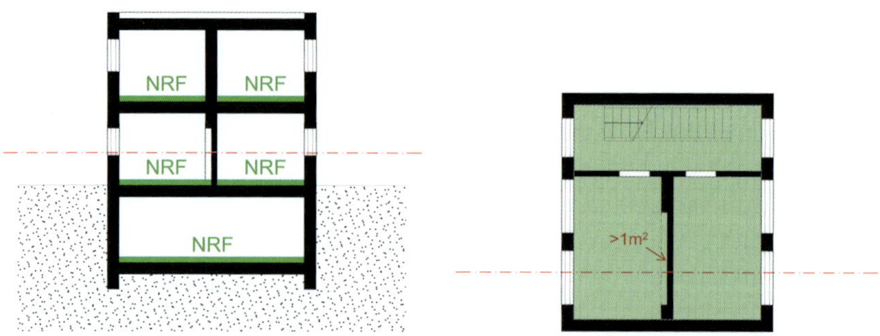

Eine Wandnische ist eine Vertiefung in der Wand. Sie kann sich über die gesamte Wandhöhe erstrecken oder nur einen Teil der Raumhöhe einnehmen. Bei einer sehr geringen Nischenbreite wird die Wandnische auch als Wandschlitz bezeichnet.

Wandöffnungen und Wandnischen mit einer Grundfläche mit einem lichten Querschnitt von $\leq 1\ m^2$ gehören nicht zur NRF. Diese werden als Bestandteil der Wand der KGF zugerechnet. Haben die am Boden beginnenden Wandnischen einen lichten Querschnitt von $> 1\ m^2$, werden sie der NRF zugeordnet (siehe auch Kapitel 3.5.2).

Fall 2.6: Vormauerung, raumhoch/nicht raumhoch

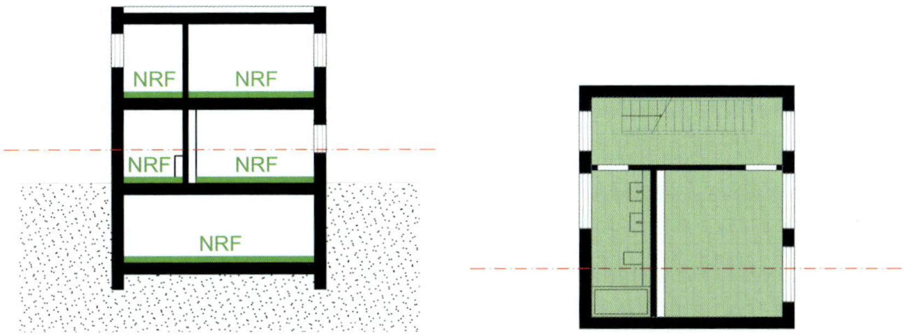

Raumhohe Vormauerungen und Vorwandinstallationen sind keine NRF, sondern werden der KGF zugeordnet. Hingegen gehören nicht raumhohe Vormauerungen und Vorwandinstallationen unabhängig von der Größe ihrer Grundfläche.

Fall 2.7: Fensternischen

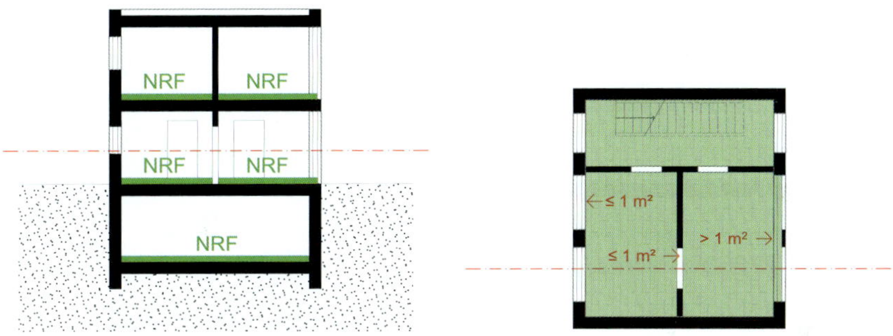

Am Boden beginnende Fensternischen, die eine lichte Grundfläche von > 1 m^2 haben, werden zur NRF hinzugerechnet. Bodentiefe Fensternischen mit einem lichten Querschnitt ≤ 1 m^2 sind keine NRF, sondern gehören zur KGF. Fensternischen mit Brüstung sind immer der KGF zuzuordnen (siehe Abb. 3.11).

Fall 2.8: Türnischen, Durchgänge

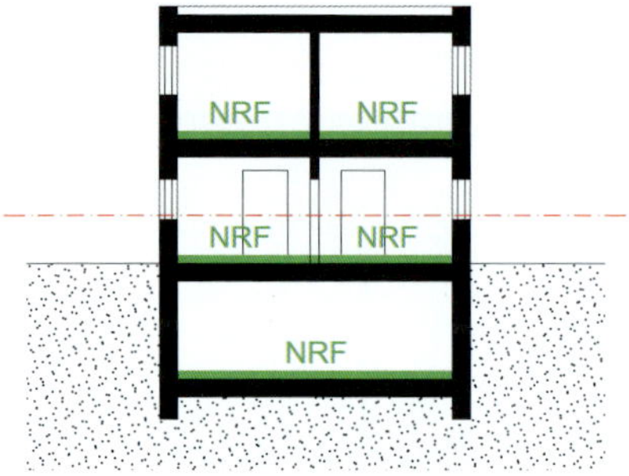

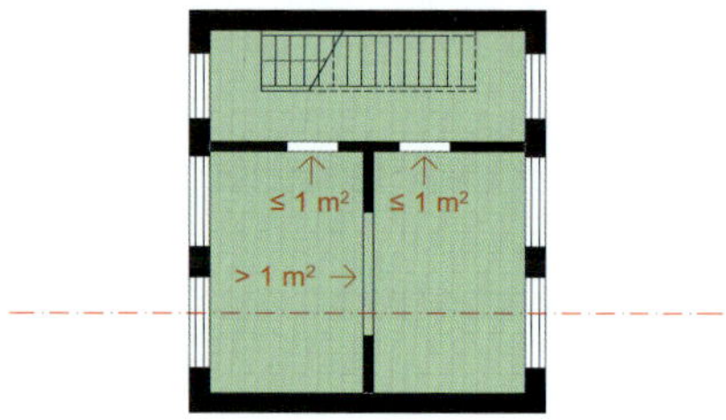

Türnischen und Durchgänge, die eine Grundfläche im Lichten von > 1 m^2 haben, werden zur NRF hinzugerechnet. Türnischen und Durchgänge mit einem lichten Querschnitt ≤ 1 m^2 sind keine Nettoraumfläche, sondern gehören zur KGF (siehe Abb. 3.11).

Fall 2.9: tragende und nicht tragende Wände

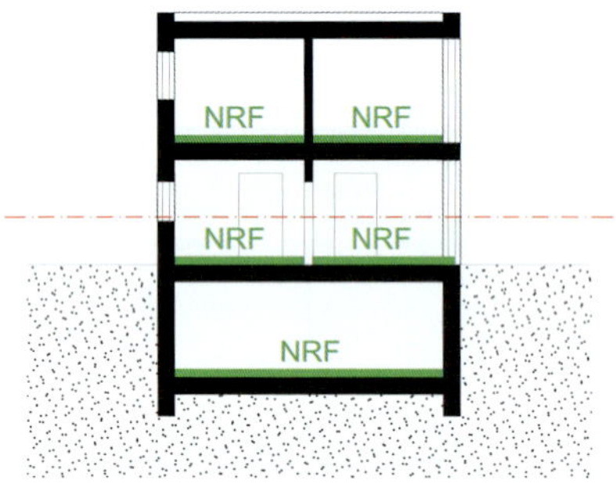

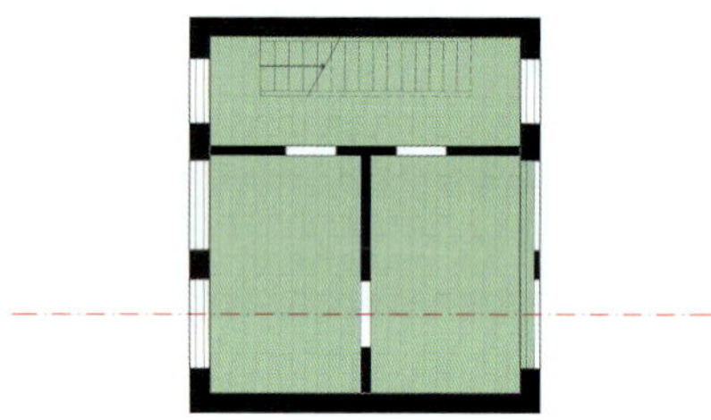

Die horizontale Fläche der tragenden und nicht tragenden Wände in Boden-/Deckenhöhe gehört immer zur KGF, unabhängig von der Größe des Querschnitts. Die Grundflächen von tragenden und nicht tragenden Wänden sind somit bis auf die Ausnahmen von großen Wandnischen keine NRF (siehe Fall 2.5 und 2.7).

Fall 2.10: Trennwände

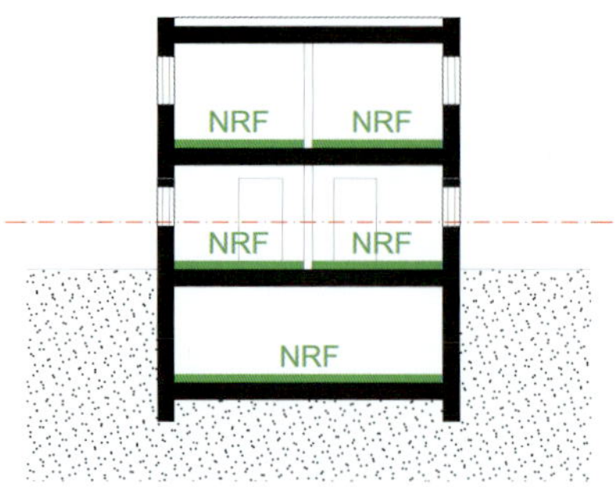

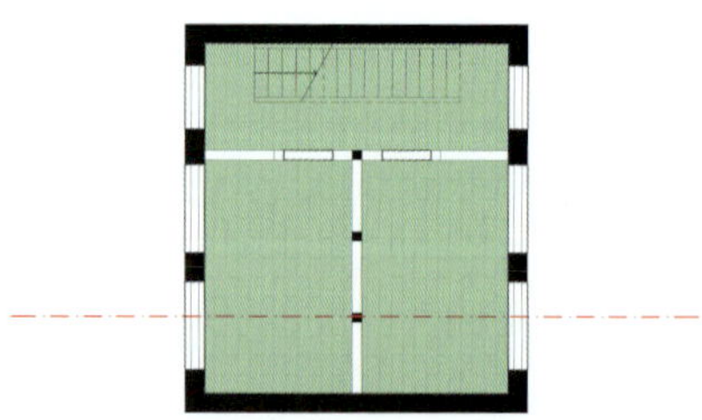

Trennwände sind Bauteile, die Räume abschließen. Sie können massiv oder als leichte Konstruktion ausgeführt sein. Trennwände gehören zur KGF und werden nicht der NRF zugeordnet.

Fall 2.11: bewegliche Raumteiler/WC-Trennwände

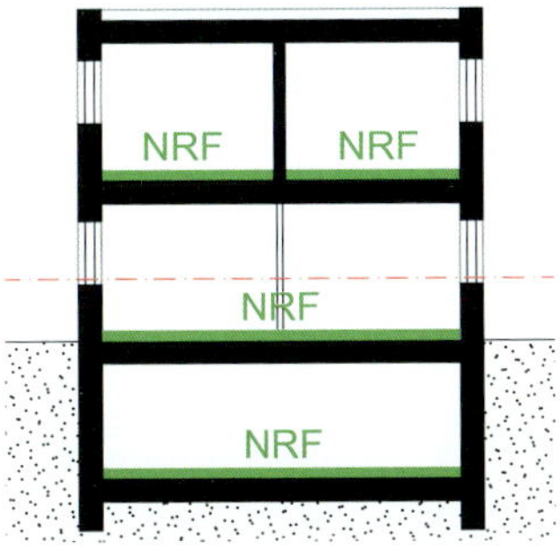

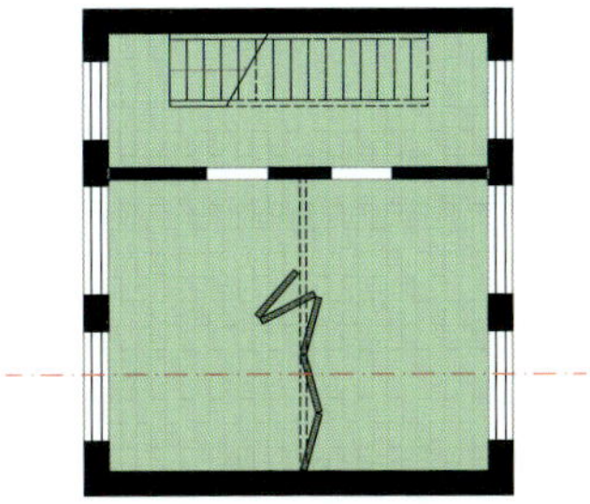

Die Grundflächen von flexiblen, beweglichen Raumteilern wie z. B. Faltwänden und leichten Abtrennungen in Sanitärräumen, Umkleiden, Duschen, Laboren, gehören zur NRF.

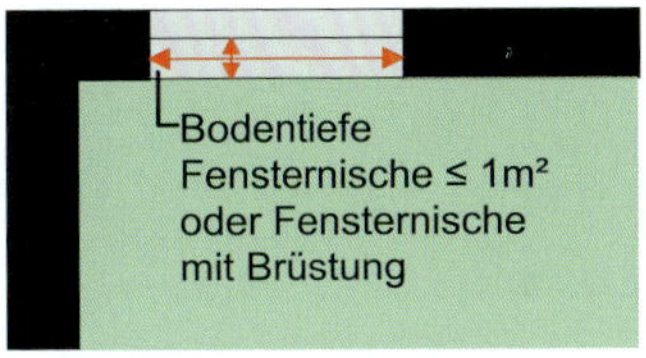

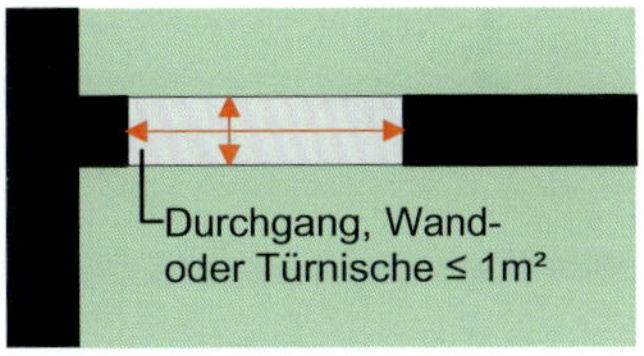

Abb. 3.11: Messregel NRF für Fenster- und Türnischen, lichter Querschnitt ≤ 1 m²

3.6.3 Erschließung und Versorgung

Das Gebäude wird beispielsweise mit Treppen, Fluren und Aufzügen sowohl horizontal als auch vertikal erschlossen. Diese Flächen können eben oder geneigt sein. Grundflächen sind getrennt zu erfassen nach Geschossebenen des Gebäudes, nach unterschiedlichen Geschosshöhen, nach ihrer Raumumschließung und differenziert nach eben bzw. schräg verlaufenden Flächen.

Fall 3.1: Treppenhaus

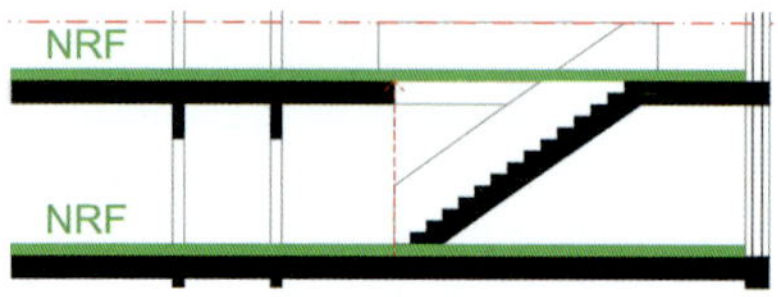

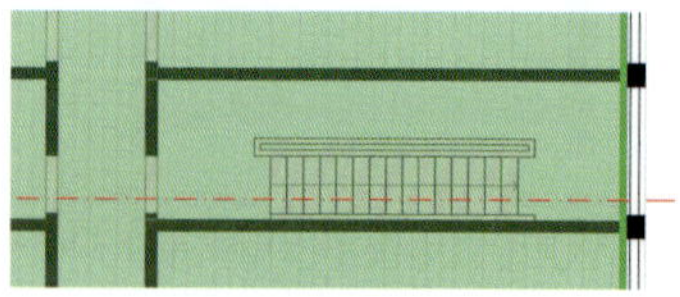

Treppen werden als vertikale Projektion in das darüberliegende Geschoss erfasst. Somit liegt die Grundfläche der Treppe in der Geschossebene, in der die Treppe ankommt.

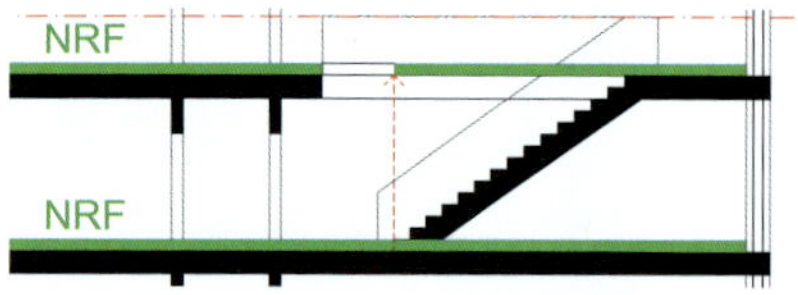

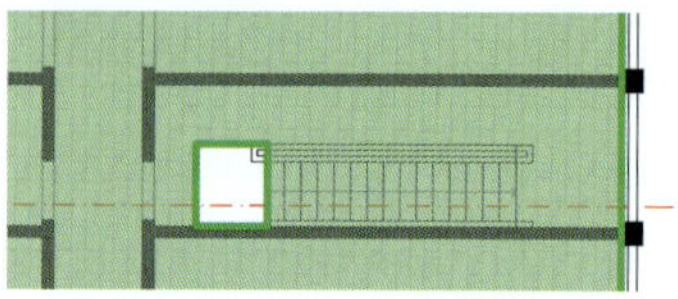

Ist das Treppenloch größer als die nach oben projizierte Treppenfläche, ist diese Differenzfläche nicht als NRF im darüberliegenden Geschoss zu erfassen. Diese Differenz ist ein Luftraum und wird bei einer Größe > 1 m^2 nicht als BGF und nicht als NRF erfasst. Ist die Differenzfläche von nach oben projizierter Treppenfläche und dem Treppenloch im darüberliegenden Geschoss ≤ 1 m^2, wird diese Fläche übermessen und der Treppenfläche als NRF zugeordnet.

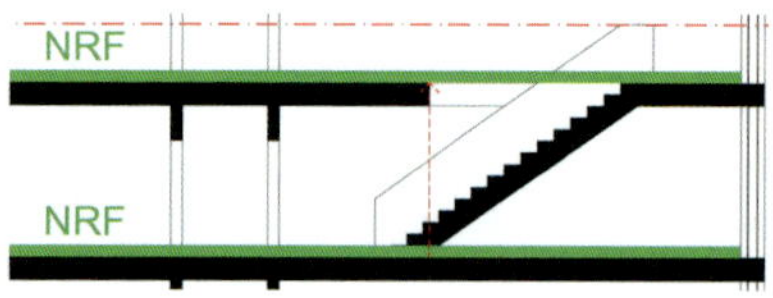

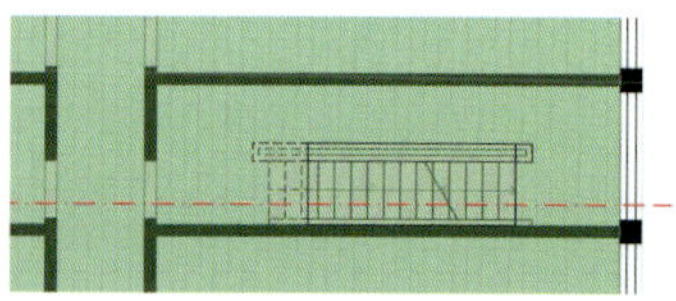

Ist die Fläche der nach oben projizierten Treppe größer als das Treppenloch, wird diese Differenz nicht im darüberliegenden Geschoss als NRF erfasst; diese Differenzfläche wird im Geschoss, in dem die Treppe beginnt, erfasst und separat ausgewiesen.

Die Fläche unter der Treppe wird als NRF „unter schräg verlaufender Fläche", ggf. in Abhängigkeit von ihrer lichten Raumhöhe, separat erfasst. Das Treppenauge (der Luftraum zwischen 2 Treppenläufen) wird bei nennenswerter Größe (lichter Querschnitt > 1 m^2) von der NRF abgezogen. Ist der lichte Querschnitt des Treppenauges ≤ 1 m^2, wird dieser übermessen und als NRF erfasst.

Fall 3.2: Aufzug

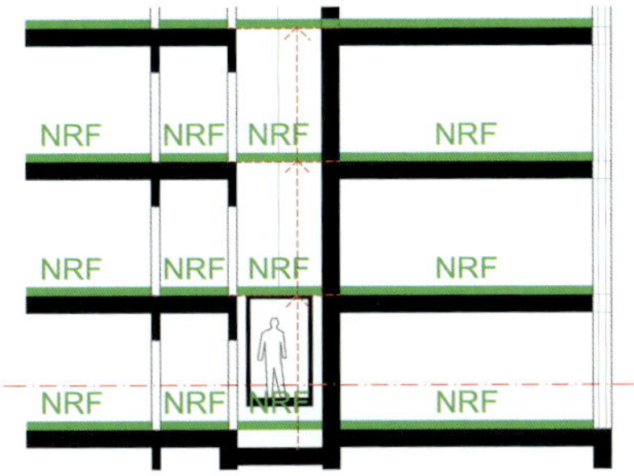

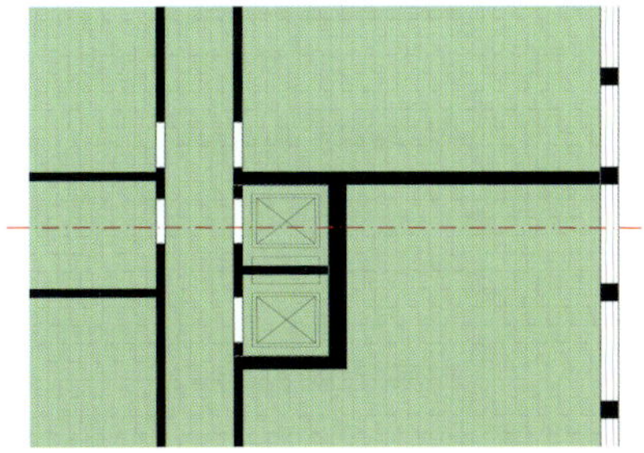

Die Flächen von Aufzugsschächten gehören ebenso wie die Flächen von Installations- und Wartungsschächten in jedem Geschoss, durch das sie führen, zur NRF, wenn sie einen lichten Querschnitt > 1,0 m² aufweisen. In der weiteren Untergliederung werden diese Aufzugsschächte als Verkehrsfläche (VF) erfasst, da sie der Erschließung des Gebäudes dienen. Sind die Grundflächen der Schächte ≤ 1 m², gehören diese Flächen nicht zur NRF und werden als KGF erfasst.

Fall 3.3: Rolltreppe

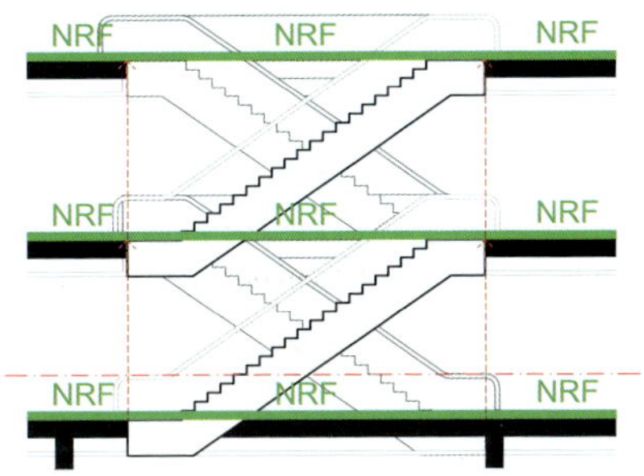

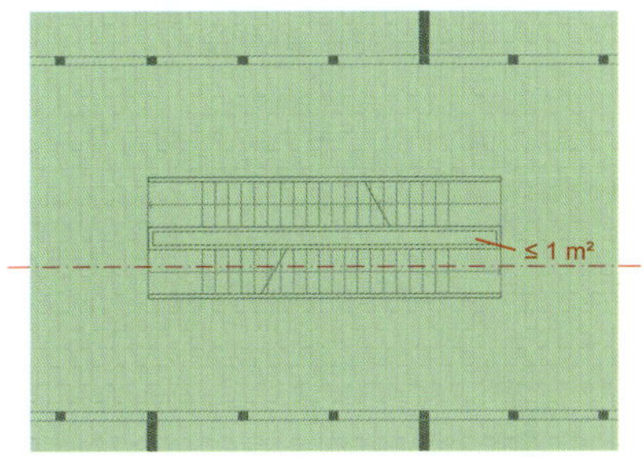

Treppen mit beweglichen Stufen (Rolltreppe) werden analog den festen Treppen (Fall 3.1) ermittelt. Die Fläche der Rolltreppe wird durch vertikale Projektion in das darüberliegende Geschoss gelegt und diesem als Menge zugeordnet.

Lufträume in Galerie- oder Treppengeschossen, die im Lichten eine Fläche > 1 m² aufweisen, sind keine NRF. Lufträume, wie beispielsweise Treppenaugen, mit einem lichten Querschnitt ≤ 1 m² werden als NRF erfasst und der Treppenfläche zugeordnet.

Die Fläche unter der Treppe wird als NRF „unter schräg verlaufender Fläche", ggf. in Abhängigkeit von ihrer lichten Raumhöhe, separat erfasst.

Fall 3.4: Schächte über/unter 1 m²

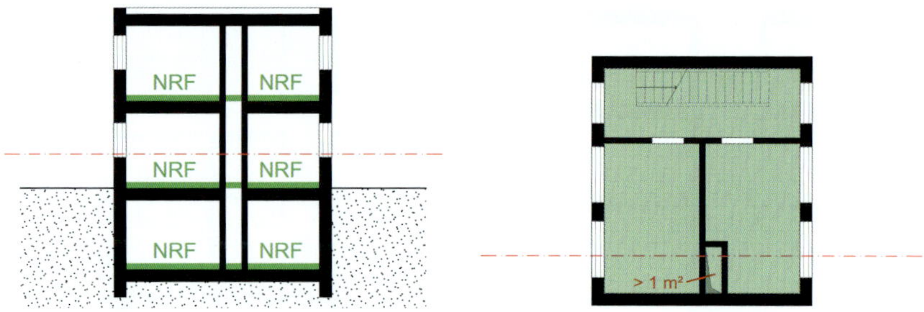

Installations- und Wartungsschächte mit einem lichten Querschnitt $> 1{,}0\ m^2$ werden in jedem Geschoss, durch das sie führen, als NRF erfasst. Sie werden in der weiteren Untergliederung der Technikfläche (TF) zugeordnet. Sind die Grundflächen der Schächte $\leq 1\ m^2$, gehören diese Flächen nicht zur NRF und werden als KGF erfasst.

Fall 3.5: Schornsteine, Pfeiler über/unter 0,1 m²

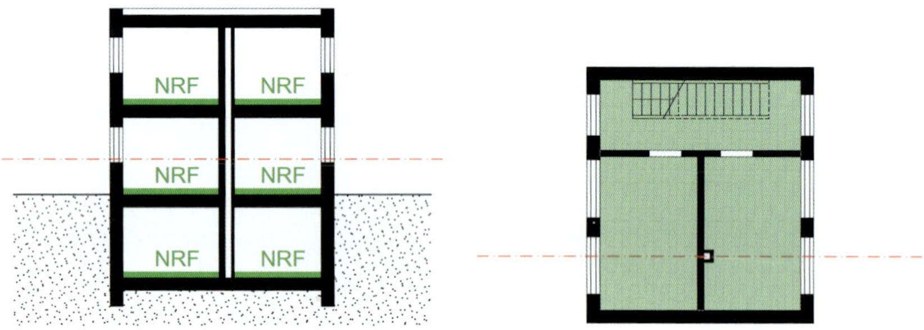

Schornsteine, Pfeiler, Stützen gehören unabhängig von ihrer Größe zur KGF und werden nicht als NRF erfasst und zugeordnet. Ein Übermessen von Schornsteinen und Pfeilern $< 0{,}1\ m^2$ ist ausschließlich bei der Wohnflächenberechnung nach WohnFlV vorgesehen (siehe Kapitel 2.5 und 4.1).

Fall 3.6: frei liegende Installationen

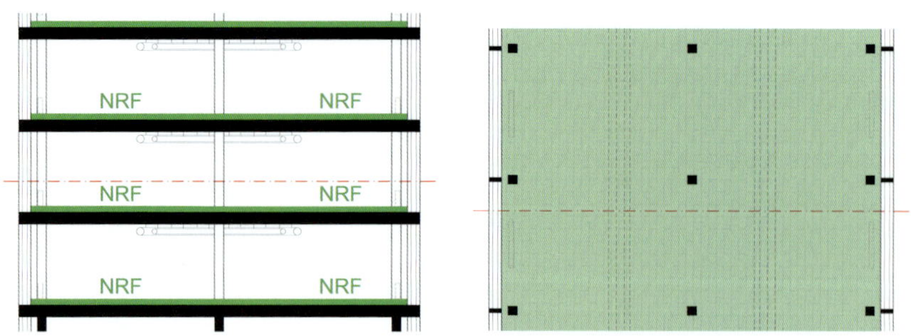

Sowohl frei liegende Installationen als auch fest eingebaute technische Anlagen werden bei der Ermittlung der NRF nicht berücksichtigt und übermessen. Beispielsweise werden Leitungen, Heizungs- und Klimageräte sowie Sanitärobjekte von der NRF eingeschlossen.

In der weiteren Untergliederung der NRF wird auf den Nutzungszweck des Raumes abgestellt: Liegen die Leitungen in einem Aufenthaltsraum, wird die von Leitungen überdeckte Grundfläche der Nutzungsfläche (NUF) zugeordnet. Liegen die Leitungen im Flur, werden die von Leitungen überdeckten Grundflächen der VF zugeordnet. Liegen die Leitungen im Hausanschlussraum, dann werden die von Leitungen überdeckten Grundflächen der TF zugeordnet.

3.6.4 Keller und Gründung

Für die Ermittlung der NRF werden die Grundflächen der Räume jedes Geschosses anhand der lichten Abmessungen zwischen den aufgehenden Bauteilen erfasst, auch die Grundflächen der Räume des Kellergeschosses.

Fall 4.1: voll unterkellert

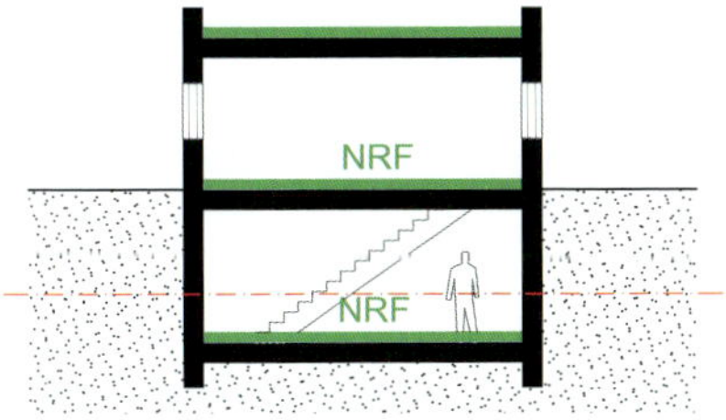

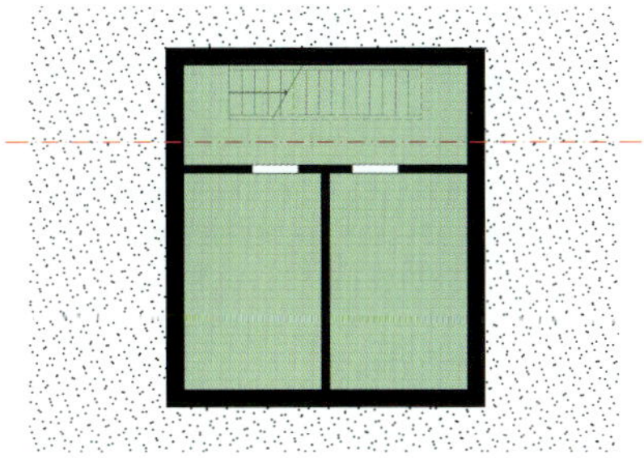

Die NRF der Räume des Kellergeschosses werden wie bei jedem oberirdischen Geschoss in Höhe der Oberkante der Bodenbeläge ermittelt. Grundlage sind die lichten inneren Abmessungen zwischen den Wänden jedes Raumes.

Fall 4.2: teilunterkellert

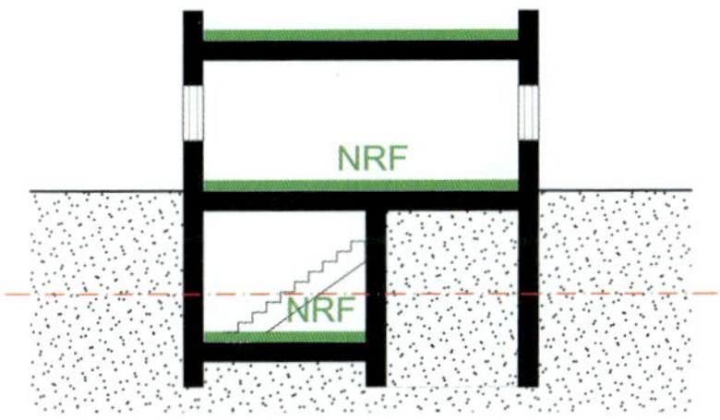

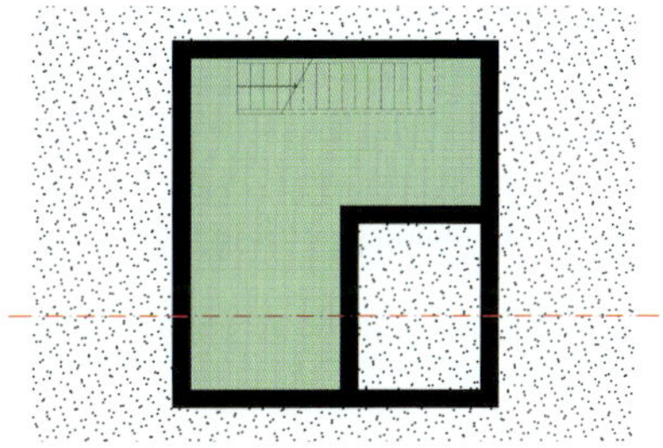

Die NRF werden nur im unterkellerten Bereich ermittelt. Zwischen den Fundamenten gibt es keine Räume und keine Nettoraumfläche.

Fall 4.3: nicht unterkellert

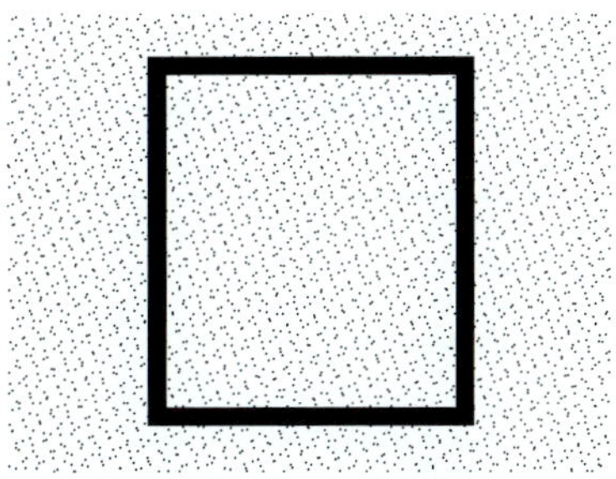

Die NRF von nicht unterkellerten Gebäuden beginnt erst ab dem ersten oberirdischen Geschoss. Zwischen den Fundamenten gibt es keine Räume und keine NRF.

Fall 4.4: Kriechkeller

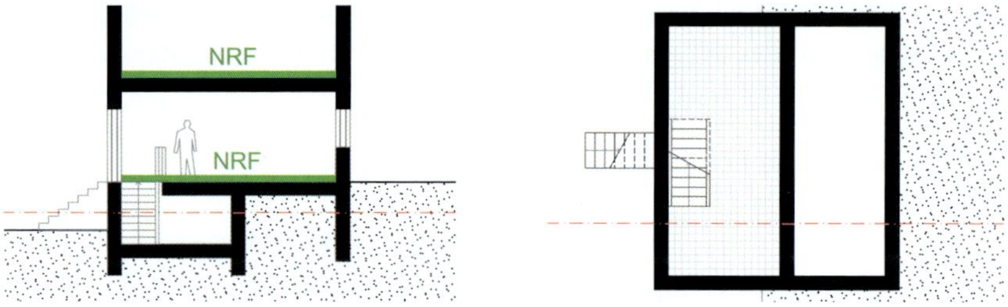

Die Flächen in Kriechkellern und Kriechgängen gehören analog Hohlräumen in abgehängten Decken und Installationsdoppelböden unabhängig von ihrer Größe nicht zur BGF und somit auch nicht zur NRF.

Fall 4.5: Lichtschacht

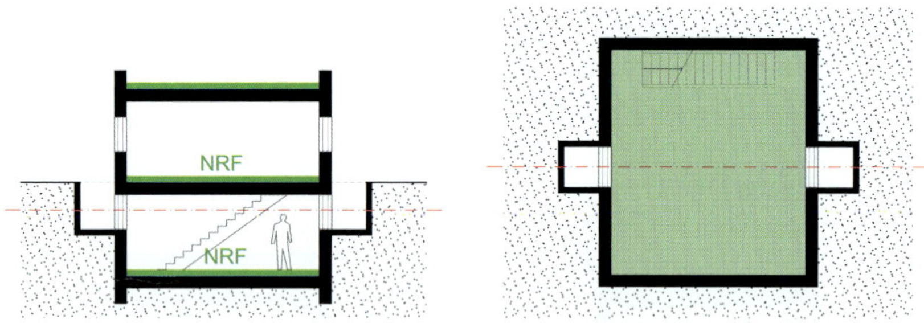

Die Grundflächen von Licht-, Luft- und Montageschächten, die außen am Bauwerk liegen, gehören unabhängig von ihrer Größe nicht zur BGF und somit auch nicht zur NRF.

Fall 4.6: Rampe, Außentreppe nicht mit dem Bauwerk verbunden

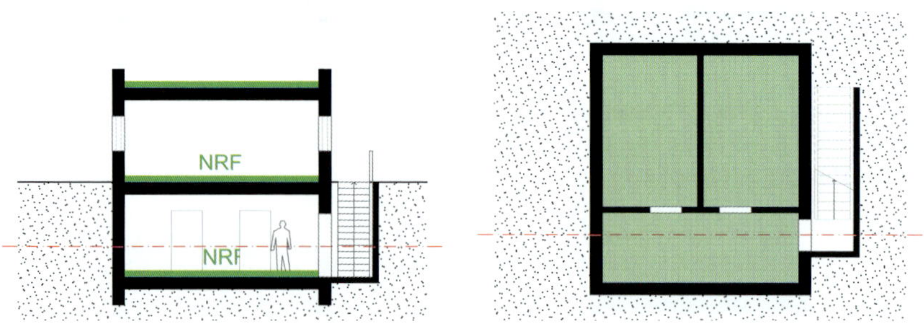

Flächen von Baukonstruktionen, die sich außerhalb des Gebäudes befinden und an dieses anschließen, jedoch nicht mit ihm konstruktiv fest verbunden sind, gehören nicht zur BGF und somit auch nicht zur NRF. Beispiele sind außerhalb des Bauwerkes liegende Treppen, Rampen, Terrassen.

Sind die außen am Bauwerk befindlichen Baukonstruktionen konstruktiv fest mit diesem verbunden, z. B. mit einer durchlaufenden Boden-, Decken-, Dach- oder Wandkonstruktion, oder sind die Baukonstruktionen unterbaut, dann sind ihre Flächen als NRF, Sonderfall (NRF, S) zu berücksichtigen.

Fall 4.7: Tiefgarage, seitliche Begrenzung Rollgitter

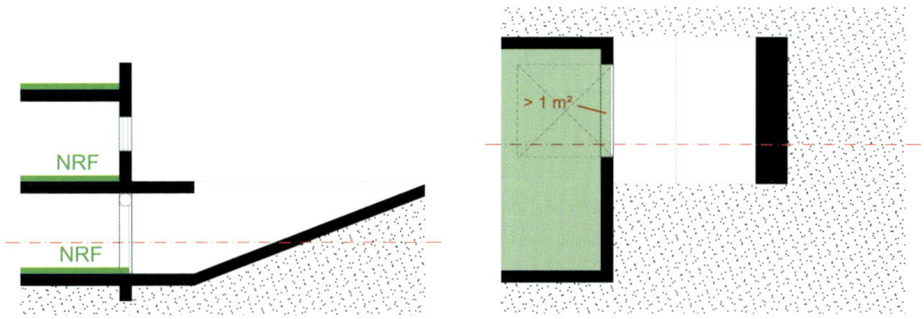

Die NRF werden in Höhe der Oberkante der Boden- und Deckenbeläge ermittelt. Maßgebend für die Berechnung der Flächen für die Raumumschließung Regelfall sind die lichten inneren Abmessungen der allseits umschlossenen Räume. Das sind in der Regel alle Innenräume, die vor Witterung geschützt sind. Zum Regelfall der Raumumschließung gehören jedoch auch solche allseitig umschlossenen Räume, deren Umschließung Außenklima in den Räumen zulässt, beispielsweise durch Rollgitter von Tiefgarageneinfahrten oder Metallgitter in Wandöffnungen ohne Fenster. Bei solchen Räumen, die nur mit Rollgitter oder mit Fenstergittern geschlossene Öffnungen haben, wird die NRF anhand der inneren Abmessung des Raumes bis zur Innenseite der Wandbekleidungen ermittelt und die Öffnungen analog sonstigen Fenster- und Türöffnungen berücksichtigt (siehe Kapitel 3.6.2, Fall 2.7).

Die Nische der Toreinfahrt wird je nach Größe des lichten Querschnittes als NRF gemäß Fall 2.6 (siehe Kapitel 3.6.2) erfasst. Ist die Grundfläche der Tornische ≤ 1 m², ist sie Bestandteil der Wand und gehört zur KGF. Ist der lichte Querschnitt der bodentiefen Nische der Toröffnung > 1 m², gehört die Grundfläche der Nische zur NRF. Maßgebend sind die lichten Abmessungen.

Fall 4.8: Terrasse auf unterbautem Bereich

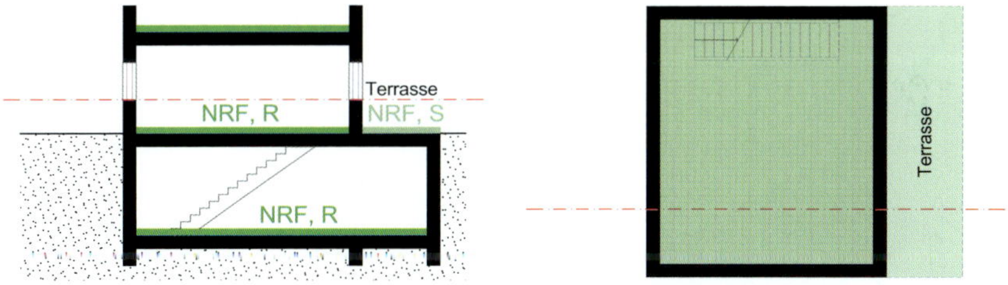

Baukonstruktionen am Bauwerk, denen eine Nutzung der Fläche nach DIN 277, Tabelle 1 zugeordnet wird, wie z. B. Terrassen, Carports, Eingangstreppen, Höfe, und die unterbaut oder konstruktiv fest mit dem Bauwerk verbunden sind, werden als NRF berücksichtigt. Diese NRF gehören zur Raumumschließung Sonderfall, da sie nicht an allen Seiten vollständig begrenzt sind.

3.6.5 Ebenen und Decken

Die NRF werden je Geschoss bzw. je Ebene für alle begehbaren und zugänglichen Bereiche erfasst. Sie sind in Bereiche mit unterschiedlichen lichten Raumhöhen und Neigung der Grundflächen zu differenzieren und auszuweisen.

Nicht begehbare Bereiche (z. B. Deckenöffnungen, Luftraum in Galeriegeschossen) mit einem lichten Querschnitt von > 1 m² gehören nicht zur BGF und somit auch nicht zur NRF. Sind diese nicht begehbaren Bereiche im lichten Querschnitt ≤ 1 m² (z. B. bei einem kleinen Treppenauge), dann werden diese übermessen und als NRF erfasst. Demgegenüber gehören die Grundflächen von Aufzugs- und Installationsschächten generell zur BGF und werden mit einem lichten Querschnitt > 1 m² in jedem Geschoss, durch das sie führen, als NRF erfasst.

Wandnischen und -öffnungen gehören in der Regel nicht zur NRF; sie sind Teil der aufgehenden Baukonstruktion und gehören damit zur KGF. Haben jedoch bodentiefe Wandnischen und Wandöffnungen bzw. -durchgänge eine lichte Grundfläche von mehr als 1 m², dann werden diese Flächen der NRF zugeordnet und als solche erfasst.

Die Grundflächen von schräg verlaufenden Ebenen und Decken (Treppen, Rampen, Tribünen u. Ä.) sind als senkrechte Projektion auf eine horizontale Ebene zu berücksichtigen (siehe Abb. 3.12). Maßgebend sind die lichten Maße der die Räume begrenzenden Baukonstruktionen.

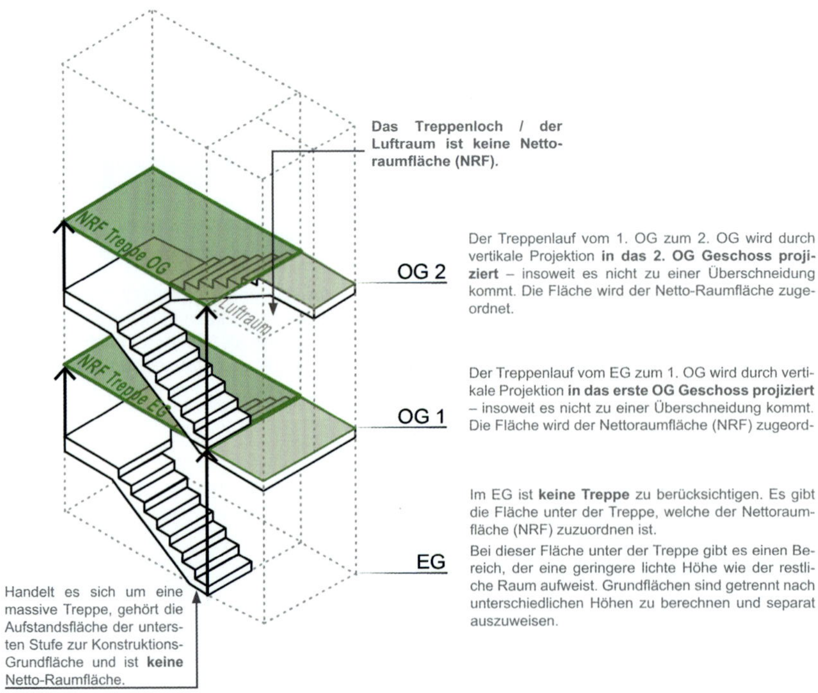

Abb. 3.12: Berechnung der NRF bei Treppen nach DIN 277

Fall 5.1: Luftraum, Galeriegeschoss

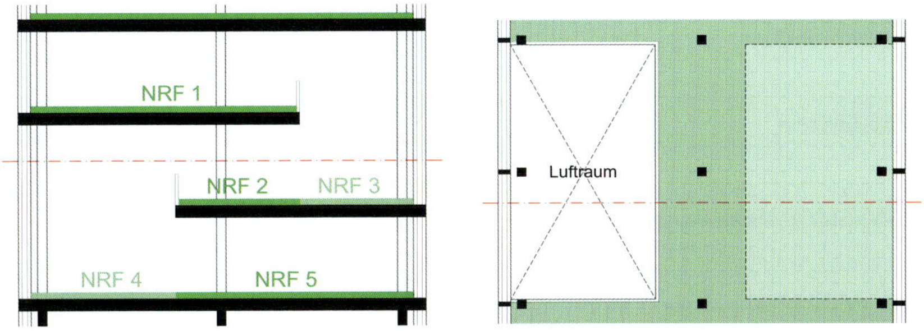

Bereiche eines Geschosses, die nicht begehbar sind und eine Fläche von > 1 m² aufweisen (z. B. Luftraum eines Galeriegeschosses), gehören nicht zur BGF und somit auch nicht zur NRF des Geschosses. Die NRF eines Luftraumes wird in dem Geschoss erfasst, in dem der Luftraum beginnt, und ist aufgrund der abweichenden Höhe separat auszuweisen. Im dargestellten Beispiel wird aufgrund der unterschiedlichen Raumhöhen in die NRF 1 bis NRF 5 differenziert.

Fall 5.2: Splitlevel

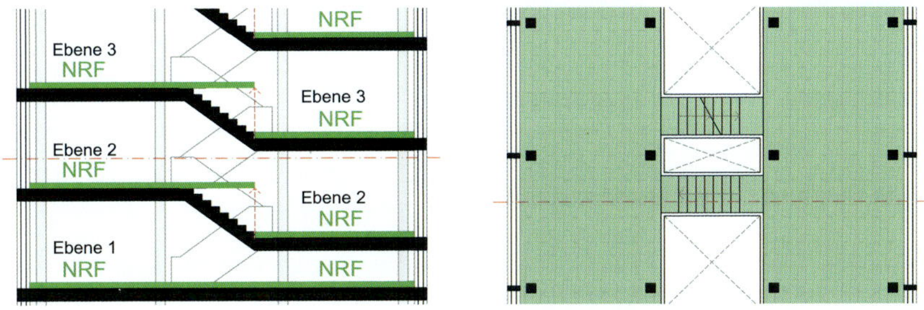

NRF werden getrennt nach Geschossebenen erfasst. Mit Treppen verbundene versetzte Geschosse (Splitlevel) werden entsprechend der Zuordnung zu einer Geschossebene zusammengefasst oder separat als Geschoss ausgewiesen. Ist es nicht sinnvoll, Geschossebenen zusammenzufassen und wurden die Geschosse daher verschiedenen Ebenen zugewiesen, sind diese Geschosse getrennt voneinander zu ermitteln.

Grundsätzlich werden schräg verlaufende Konstruktionen, wie z. B. Treppen, durch vertikale Projektion auf eine ebene Fläche in das nächsthöhere Geschoss projiziert und diesem Geschoss zugeordnet.

Ergibt sich im untersten Geschoss eine niedrigere lichte Raumhöhe als in den übrigen Räumen, dann ist diese Fläche separat zu erfassen und auszuweisen.

Die Grundfläche von Lufträumen zwischen den Treppen (Treppenauge), die im Lichten eine Fläche > 1 m² aufweisen, sind keine NRF und gehören ebenso nicht zur BGF. Sie werden im untersten Geschoss mit einer entsprechend größeren lichten Raumhöhe erfasst (siehe Fall 5.1).

Fall 5.3: Innenhof, Atrium, unterbaut, begrünte Dachfläche

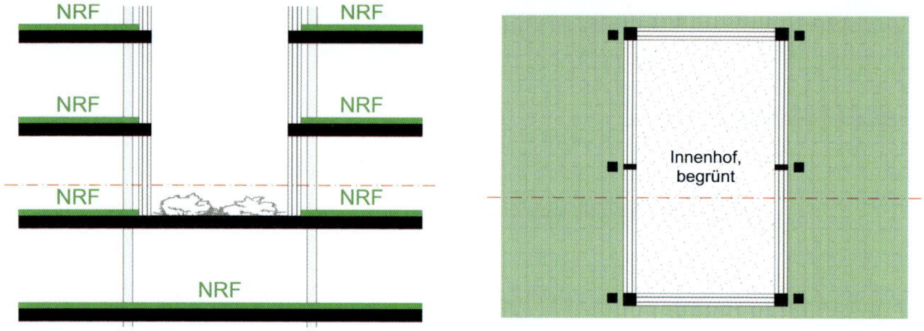

Die Grundfläche einer Baukonstruktion am Bauwerk, z. B. eine unterbaute Fläche, gehört nur dann zur NRF, wenn dieser Fläche ein Nutzungszweck nach DIN 277, Tabelle 1 zugewiesen werden kann. Einer Grünfläche bzw. einer begrünten Dachterrasse kann kein Nutzungszweck nach DIN 277 zugeordnet werden. Daher gehört die Fläche einer begrünten Dachterrasse nicht zur NRF.

Fall 5.4: Innenhof, Atrium, unterbaut, genutzte Dachfläche, mit/ohne Dach

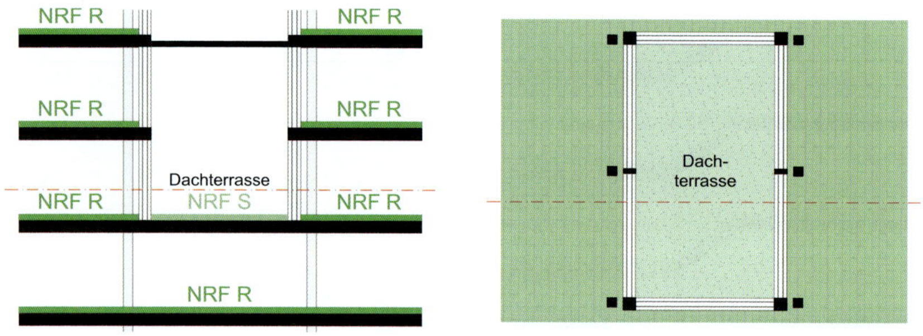

Baukonstruktionen am Bauwerk, beispielsweise Innenhöfe, Atrien, (Dach-)Terrassen, sind bei der Berechnung der Nettoraumflächen zu berücksichtigen, wenn diese Flächen einem Nutzungszweck nach DIN 277, Tabelle 1 zugeordnet werden können und unterbaut oder mit dem Bauwerk konstruktiv fest verbunden sind. Flächen von Baukonstruktionen am Bauwerk sind nicht allseits umschlossene Flächen und gehören daher zur Raumumschließung Sonderfall.

Nutzungszweck nach DIN 277, Tabelle 1 bedeutet, den Flächen entsprechend ihrem Nutzungszweck eine Funktion als NUF, als VF oder als TF zuzuweisen.

Eine unterbaute Dachterrasse wird als NRF, Sonderfall (NRF, S) erfasst.

Fall 5.5: Innenhof, Atrium, nicht unterbaut, genutzte/ungenutzte Freifläche

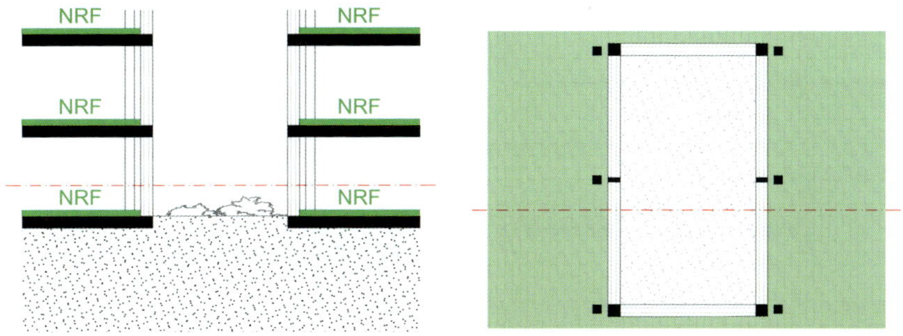

Eine Freifläche im Innenhof, die nicht unterbaut ist und auch sonst nicht konstruktiv fest mit dem Bauwerk verbunden ist, gehört nicht zur BGF und somit auch nicht zur NRF, unabhängig davon, ob diese Freifläche im Innenhof genutzt wird, z. B. als Terrasse, oder keinem Nutzungszweck nach DIN 277, Tabelle 1 zugeordnet werden kann, z. B. als Grünfläche.

Ist die Baukonstruktion am Bauwerk konstruktiv fest mit diesem verbunden, beispielsweise mittels Dach-, Decken- oder Wandkonstruktion, z. B. als unterbaute Terrasse, dann wird die Grundfläche der Baukonstruktion am Bauwerk der NRF zugeordnet.

Fall 5.6: abgehängte Decke, Doppelböden

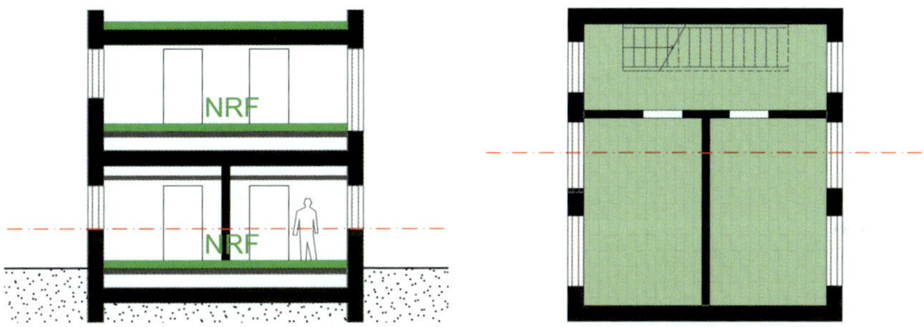

Bereiche bzw. Räume des Gebäudes mit geringer Höhe, deren (Revisions-)Zugang lediglich für die Wartung, Inspektion und Instandsetzung von Bauteilen oder von haustechnischen Anlagen und Leitungen genutzt werden kann, gehören nicht zur BGF und werden somit auch nicht der NRF zugeordnet.

Beispielsweise gehören nicht zur NRF

- die Grundflächen von Installationsdoppelböden,
- die Flächen von abgehängten Decken, auch wenn sie zu Wartungszwecken begehbar sind,
- die Grundflächen von Kriechgängen und
- die durch vertikale Projektion ermittelte Grundfläche von Dachleitern und Dachstegen.

Fall 5.7: schräge Ebenen, Sitzränge

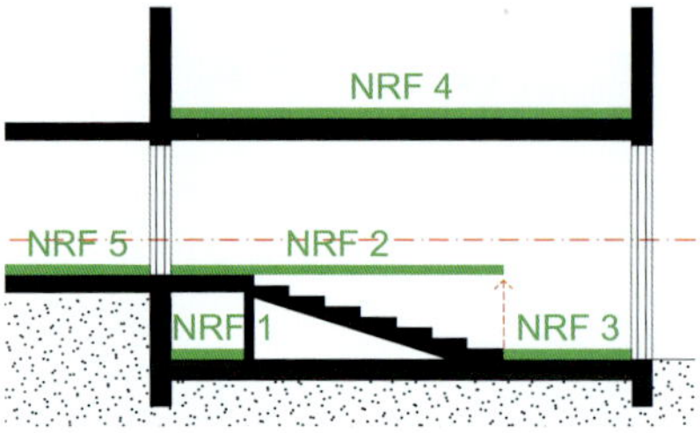

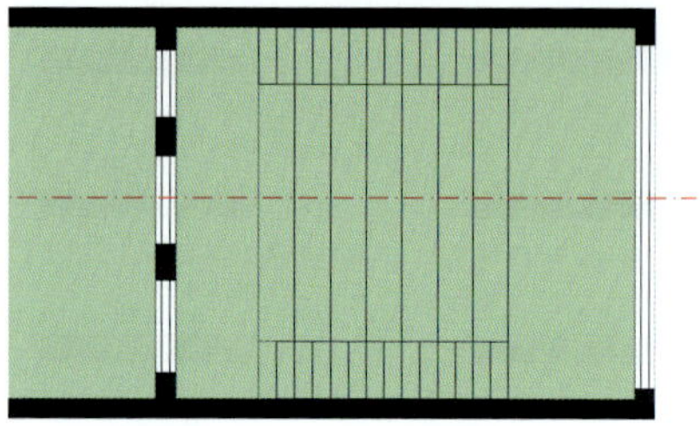

Die Grundflächen von schräg verlaufenden Baukonstruktionen, wie z. B. Treppen, Sitzrängen, Rampen, werden durch vertikale Projektion auf eine horizontale Ebene ermittelt. Flächen unterschiedlicher Höhe sind getrennt zu erfassen und auszuweisen. Im dargestellten Beispiel sind z. B. die NRF 1 bis 4 dargestellt.

Die Zuordnung der Fläche unter der Treppe erfolgt entsprechend dem Nutzungszweck. Wird diese Fläche keiner Nutzung nach DIN 277, Tabelle 1 zugeordnet und dient die Fläche der Wartung, Inspektion und Instandsetzung von Bauteilen oder technischen Anlagen, gehört diese Fläche unter der Treppe analog dem Kriechkeller unabhängig von der Größe des (Hohl-)Raumes nicht zur NRF.

Handelt es sich jedoch beispielsweise um eine offene Treppe im Eingangsbereich und somit um keinen geschlossen, nicht genutzten Raum unter der Treppe, dann gehört die Fläche unter der Treppe zur NRF und ist aufgrund der geringeren Raumhöhe separat zu erfassen und auszuweisen.

3.6.6 Anbauten und Außenflächen

Flächen von Baukonstruktionen außerhalb des Gebäudes, die an das Gebäude anschließen, jedoch nicht mit dem Gebäude konstruktiv fest verbunden sind, sind nicht als BGF und daher auch nicht als NRF zu erfassen. Mit „konstruktiv fest verbunden" sind beispielsweise durchlaufende Bodenplatten, Decken-, Dach- und Wandkonstruktionen gemeint.

Fest mit dem Bauwerk verbundene Baukonstruktionen, wie beispielsweise Balkone, sind als NRF zu erfassen. Die NRF werden nach Raumumschließung getrennt erfasst. Nicht allseits umschlossene Flächen werden der Raumumschließung Sonderfall zugeordnet. Allseits umschlossene Flächen gehören zur Raumumschließung Regelfall. Maßgebend sind die inneren lichten Abmessungen der Räume. Seitlich durch Geländer oder Brüstungen begrenzte Räume werden bis zur Innenkante des am weitesten innen liegenden Bauteils des Geländers oder der Brüstung gemessen (siehe Abb. 3.10).

Fall 6.1: Balkon, Loggia, nicht überdeckt

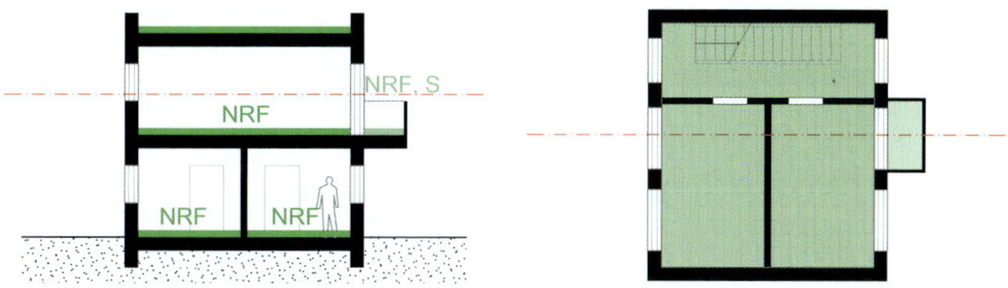

Balkone sind Baukonstruktionen am Bauwerk, die konstruktiv fest mit diesem verbunden sind. Daher werden diese Flächen als NRF erfasst.

Mit seitlich und oben offenen Baukonstruktionen sind nicht überdachte Gebäudebereiche gemeint, die seitlich mit einem Geländer bzw. einer Brüstung begrenzt sind. Die NRF von diesen nicht allseits umschlossenen Räumen werden der Raumumschließung S (Sonderfall) zugeordnet. Die NRF des Bereiches Sonderfall wird bis zu den Innenkanten der sie seitlich begrenzenden Konstruktion gemessen, wobei der am weitesten innen liegende Bestandteil der Brüstung / des Geländers maßgebend ist.

Fall 6.2: Balkon, Loggia, seitliche Begrenzung, oben überdeckt

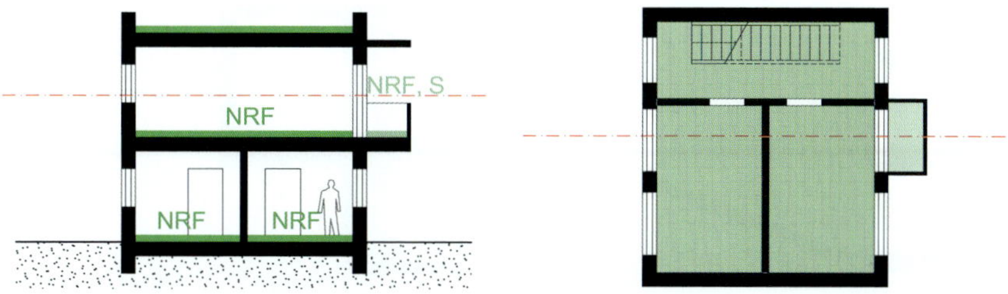

Überdachte Balkone, Dachterrassen und Loggien sind ebenfalls nicht allseits geschlossene Räume. Sie sind konstruktiv fest mit dem Bauwerk verbunden, werden als NRF erfasst und gehören zur Raumumschließung S (Sonderfall). Bei Balkonen ist die Innenseite der seitlichen Begrenzung (Geländer, Brüstung) maßgebend. Die NRF ist nach ihren verschiedenen Nettorauminhaltshöhen zu unterscheiden (z.B. überdeckte Bereiche, nicht überdeckte Bereiche), separat zu erfassen und auszuweisen. Die Größe des überdeckten Bereiches wird durch vertikale Projektion der Dachfläche ermittelt.

Fall 6.3: geneigte obere Begrenzung, vertikale Projektion

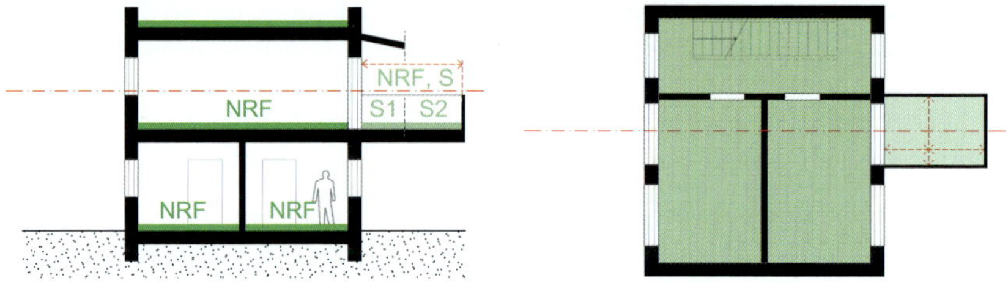

Abweichend zu Fall 6.2 ist hier die obere Begrenzung als schräge Fläche konzipiert. Die Begrenzung bei schräg verlaufender Decken-/Dachkonstruktion ist durch die vertikale Projektion auf eine ebene Fläche zu ermitteln. Flächen mit unterschiedlichen Höhen sind separat zu erfassen und auszuweisen. Im dargestellten Beispiel ist die NRF, S aufgrund der unterschiedlichen zugehörigen Nettorauminhaltshöhen in die S1 (überdeckt) und S2 (nicht überdeckt) differenziert.

Fall 6.4: Laubengang

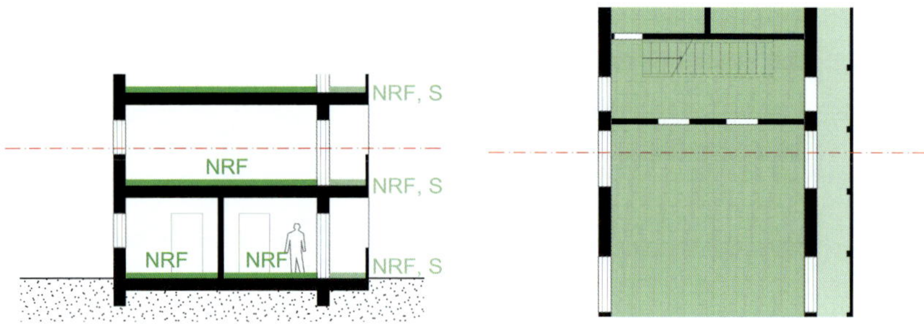

Laubengänge und Loggien sind Baukonstruktionen am Bauwerk, die konstruktiv fest mit diesem verbunden sind. Daher werden diese Flächen als NRF erfasst. Sie sind nicht allseits umschlossene Räume und werden daher der Raumumschließung S (Sonderfall) zugeordnet. Die außerhalb des Bauwerkes liegenden Flächen sind seitlich durch ein Geländer und ggf. oben durch eine Decke bzw. eine Überdachung begrenzt. Die NRF wird bis zu den Innenkanten der seitlich begrenzenden Konstruktion gemessen (siehe Fall 6.1 und 6.2, Abb. 3.10).

Fall 6.5: Tiefgarageneinfahrt

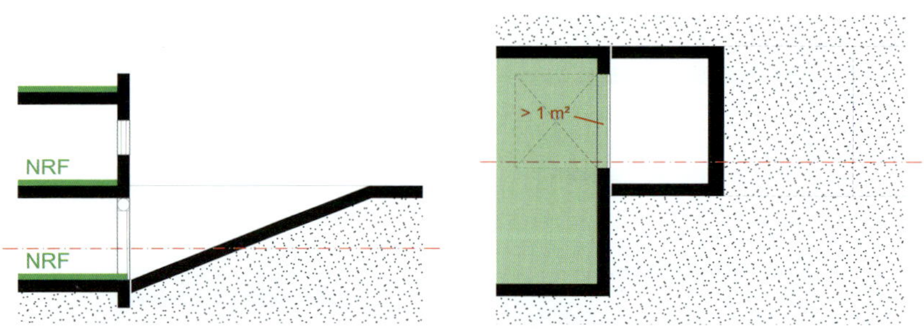

Baukonstruktionen am Bauwerk (z. B. Terrassen, Carports, Eingangstreppen, Höfe) werden bei der Ermittlung der NRF berücksichtigt, wenn deren Flächen eine Nutzung nach DIN 277, Tabelle 1 zugeordnet werden kann und wenn sie unterbaut oder konstruktiv fest mit dem Gebäude verbunden sind (z. B. mit durchlaufenden Bodenplatten, Decken-, Dach-, Wandkonstruktionen). Diese nicht allseits umschlossenen Flächen der Baukonstruktion am Bauwerk werden dem Sonderfall der Raumumschließung zugeordnet. Eine jedoch nicht mit dem Gebäude konstruktiv verbundene Einfahrtsrampe gehört nicht zur NRF.

Fall 6.6: Baukonstruktion außen

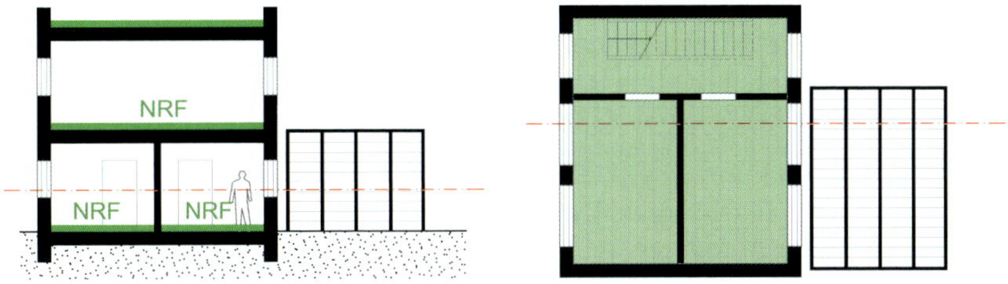

Außerhalb des Gebäudes liegende Baukonstruktionen, wie z. B. Außentreppen, Rampen, Pergolen, die sich an das Gebäude anschließen, jedoch nicht konstruktiv fest mit ihm verbunden sind, sind keine BGF des Gebäudes und haben somit auch keine NRF. Falls diese Baukonstruktionen eigenständige Gebäude sind, wie z. B. eine Garage, ein Abstellraum, dann sind die Grundflächen dieses (zweiten) Bauwerkes separat zu ermitteln.

Fall 6.7: Anbauten, allseits umschlossen

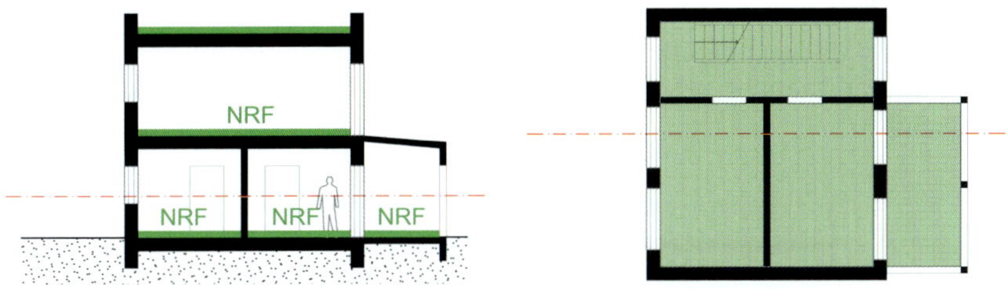

Die Grundfläche eines nicht beheizten Anbaus an das Gebäude (z. B. Wintergarten), der konstruktiv fest mit dem Gebäude verbunden ist, wird als NRF erfasst. Der allseits umschlossene Raum wird der Nettoraumfläche, Regelfall (NRF, R) zugeordnet. Maßgebend sind die inneren lichten Maße des Raumes.

Fall 6.8: auskragende Bauteile, z. B. Vordach Eingangsbereich

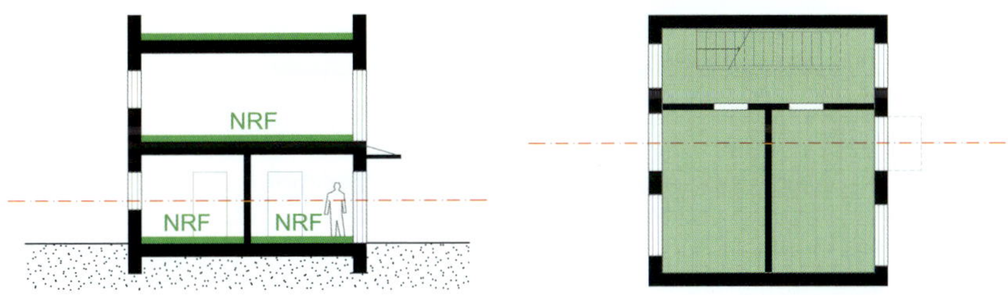

Auskragende Bauteile wie beispielsweise Dachüberstände, Eingangsüberdachungen, Sonnenschutzanlagen sind Baukonstruktionen am Bauwerk, die zwar konstruktiv fest mit dem Gebäude verbunden sind, jedoch kann in der Regel deren Grundflächen keine Nutzung nach DIN 277, Tabelle 1 zugeordnet werden. Daher ergeben sich hierdurch keine zu berücksichtigenden Grundflächen. Sind die Flächen der auskragenden Bauteile unterbaut und kann diesen Grundflächen eine Nutzung nach DIN 277, Tabelle 1 zugeordnet werden, dann gehören diese Flächen zur BGF und sind als NRF, Sonderfall zu erfassen.

3.7 Nettorauminhalt (NRI): Fallbeispiele

Der NRI ist die Summe der Rauminhalte aller Räume des Gebäudes (siehe Abb. 3.13). Für die Ermittlung der NRI sind die inneren lichten Maße der Räume maßgebend. Die lichte Raumhöhe ist der Abstand von Oberkante Boden- oder Deckenbelag bis Unterkante Deckenbekleidung.

In der Baukonstruktion eingeschlossene Rauminhalte, wie beispielsweise der Rauminhalt über abgehängten Decken oder in Doppelböden oder in mehrschaligen Fassadenaufbauten, gehören nicht zum NRI des Gebäudes. Ebenso sind die Rauminhalte von Installationskanälen und -schächten mit einem lichten Querschnitt ≤ 1,0 m² nicht als NRI zu erfassen. Diese in Bauwerkskonstruktionen eingeschlossenen Rauminhalte sowie die Volumina von Kanälen/Schächten gehören zum Konstruktionsrauminhalt (KRI). Die Rauminhalte von Dachaufbauten und von Schächten am Bauwerk mit einem Volumen von ≤ 1,0 m³ werden im BRI nicht erfasst und werden daher ebenfalls nicht dem NRI zugeordnet.

Rauminhalte sind nach der Art der Raumumschließung zu differenzieren. Allseits umschlossene Räume gehören zur Raumumschließung R. Zur Raumumschließung S gehören nicht allseits umschlossene Räume an der Außenluft.

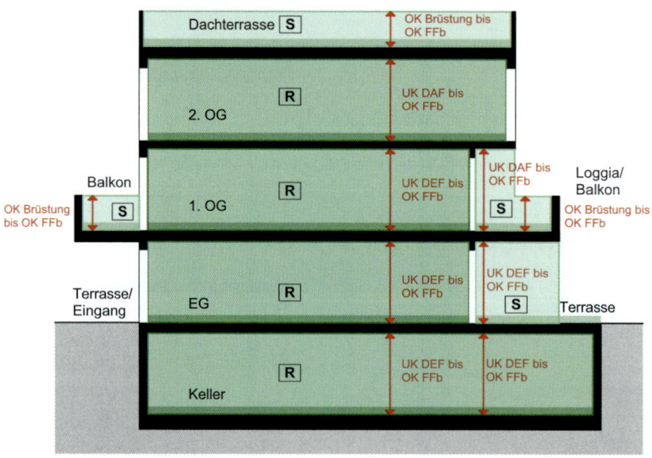

Gebäudeschnitt

Netto-Rauminhalt NRI

R Netto-Rauminhalt, Regelfall (NRI einer allseits umschlossenen Fläche)

R Netto-Raumfläche, Regelfall

S Netto-Rauminhalt, Sonderfall (NRI von seitlich offenen und/oder überdeckten Flächen, die konstruktiv mit dem Bauwerk verbunden sind; z.B. Balkon, Loggia, Terrasse aus unterbauter Fläche)

S Netto-Raumfläche, Sonderfall

⟷ zur NRF zugehörige Höhe, NRI-Höhe

Abb. 3.13: Nettorauminhalt (NRI) und Nettorauminhaltshöhen (NRI-Höhe), grafische Darstellung

3.7.1 Dach- und Gebäudeabschluss

Das Gebäude wird von den äußeren Flächen des Bauwerkes, die eben, geneigt, gekrümmt oder schräg sein können, begrenzt. Das Dach ist die obere Begrenzungsfläche. Hohlräume in der Dachkonstruktionen (ungenutzter Spitzboden, Abseite) sowie Dachüberstände, Schornsteine und Lüftungsrohre gehören nicht zum BRI und werden daher bei der Ermittlung des NRI ebenfalls nicht berücksichtigt. Der NRI eines Raumes ermittelt sich aus der Nettoraumfläche des Raumes und der NRI-Höhe. Die NRI-Höhe ist der lichte Abstand zwischen der Oberkante der Deckenbeläge und der Unterkante der Dachbebekleidung.

Fall 1.1: Satteldach, nicht ausgebaut

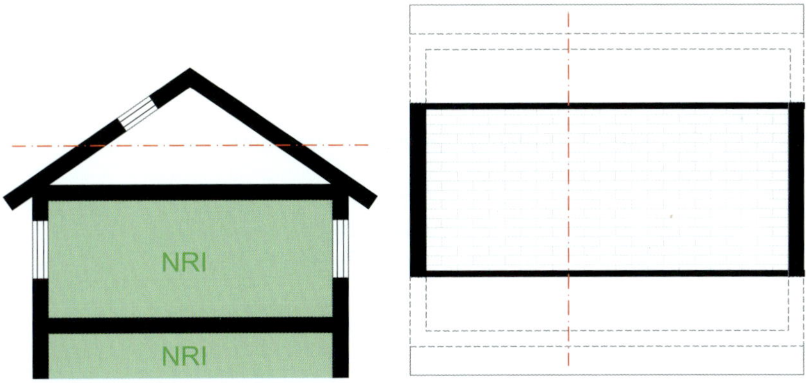

Räume im Dachgeschoss ohne Zugang und weder begehbar noch aus anderen Gründen nicht nutzbar sind, gehören nicht zur BGF, haben keinen BRI und werden somit ebenfalls nicht bei der Ermittlung der NRF und des NRI berücksichtigt.

Ist der Dachraum jedoch aufgrund objektiver Kriterien generell nutzbar (siehe Kapitel 3.3.1), jedoch noch nicht ausgebaut, ist der NRI des Dachgeschosses zu ermitteln und getrennt auszuweisen.

Fall 1.2: Satteldach, ausgebaut

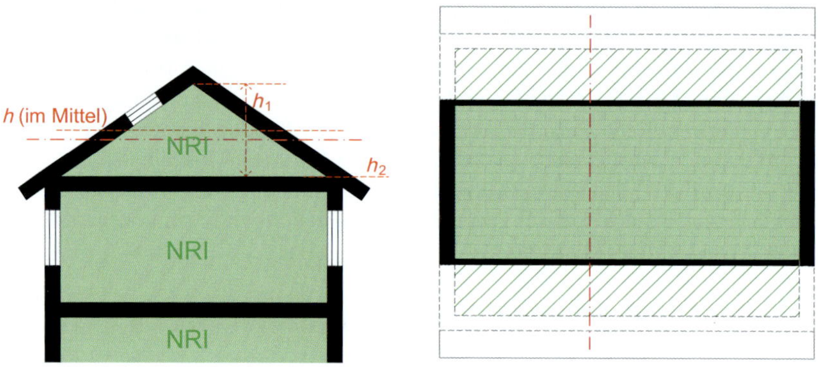

Das nutzbare Dachgeschoss gehört zum NRI, der anhand der lichten Maße des Raumes ermittelt wird. Die NRI-Höhe ist der Abstand zwischen der Oberkante des Deckenbelages des Dachgeschosses und der Unterkante der Dachbekleidung des Dachgeschosses. Beim Steil-/Pultdach ergibt sich die NRI-Höhe aus dem mittleren Abstand zwischen der Unterkante der Dachbekleidung bis zur Oberkante des Deckenbelags (siehe auch Kapitel 3.4.2, Fall 1.1):

mittlere NRI-Höhe $h = (h_1 + h_2) : 2$

mit
h_1 Unterkante Dachbekleidung im Firstbereich
h_2 Unterkante Dachbekleidung im Traufbereich

Fall 1.3: Flachdach, nicht begehbar

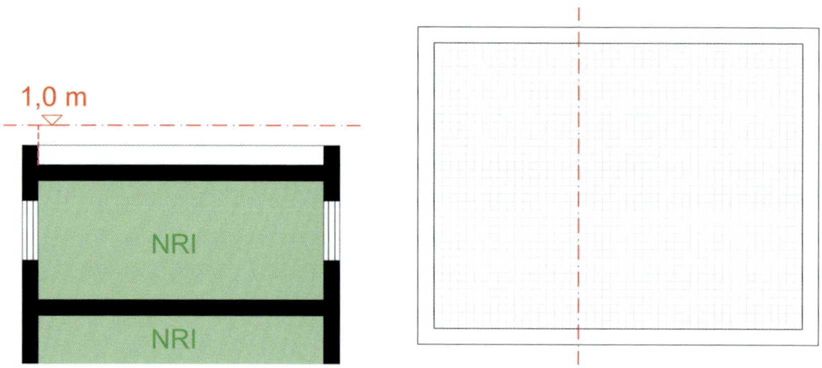

Ungenutzte Dachflächen eines Flachdaches, bei denen auch bauordnungsrechtlich, konstruktiv und statisch keine Nutzung möglich ist, gehören nicht zu den BGF und NRF, haben keinen BRI und gehören somit auch nicht zum NRI.

Dachflächen, die nicht für eine Nutzung (einen Aufenthalt) bestimmt wurden und damit keinen NRI haben, sind beispielsweise ungenutzte Flachdächer mit Begehungsmöglichkeit für Wartungszwecke, ohne Brüstung und ohne ausreichende Lastannahmen für eine Nutzung zu Aufenthaltszwecken.

Fall 1.4: Flachdach, begehbar, genutzte Dachfläche

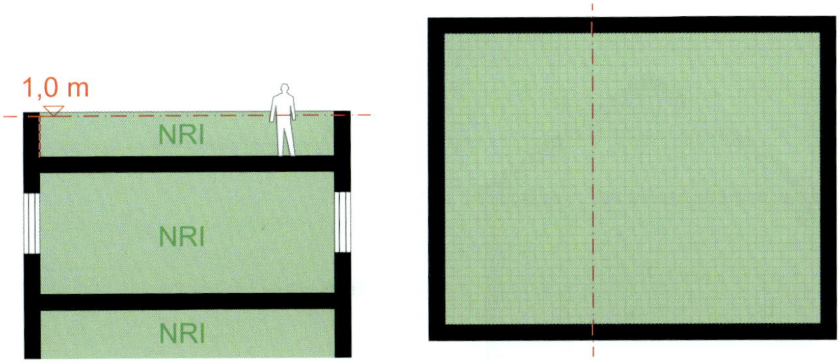

Abweichend zu Fall 1.3 gehört ein für Aufenthaltszwecke begehbares Flachdach zum NRI. Die NRI-Höhe wird von Oberkante Brüstung/Geländer bis Oberkante Dachbelag gemessen.

Fall 1.5: Flachdach, nicht begehbar, mit Dachoberlicht/Lichtkuppel

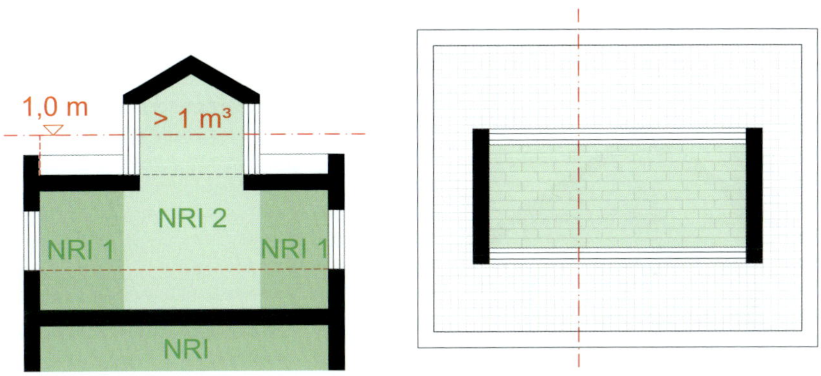

Dachaufbauten, wie beispielsweise Dachoberlichter und Lichtkuppeln, gehören zum NRI, wenn sie ein Volumen $> 1{,}0\ m^3$ haben. Dachaufbauten $\leq 1{,}0\ m^3$ werden nicht als NRI berücksichtigt. Der NRI wird anhand der NRF und der dazugehörigen NRI-Höhen berechnet. Der NRI ist nach den verschiedenen Höhen zu differenzieren (NRI 1 und NRI 2).

Fall 1.6: Satteldach mit Dachgaube

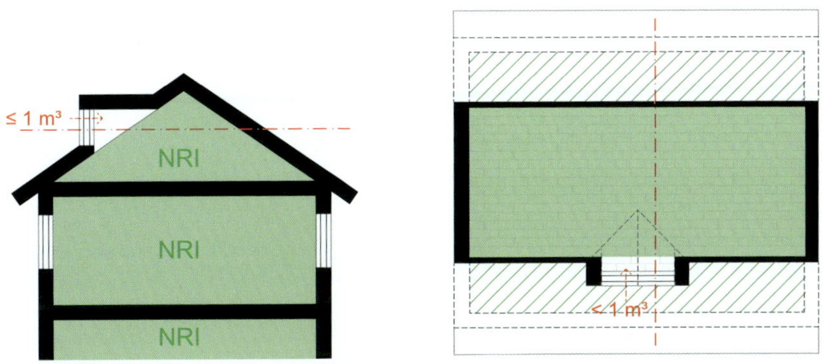

Kleinere Dachaufbauten (Dachgauben, Dachoberlichter) mit einem Volumen $\leq 1{,}0\ m^3$ gehören nicht zum NRI.

Fall 1.7: Schornstein, Lüftungsrohr

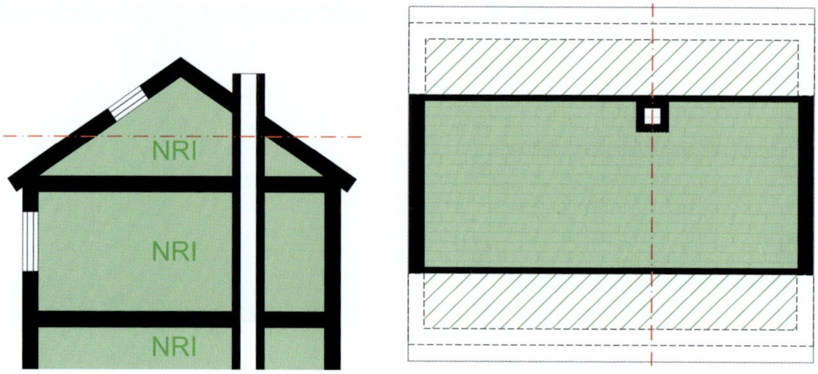

Über den Dachbelag hinausragende Schornsteinköpfe, Lüftungsrohre und Lüftungsschächte gehören unabhängig von ihrer Größe nicht zum NRI.

Fall 1.8: Dachüberstand, Vordach

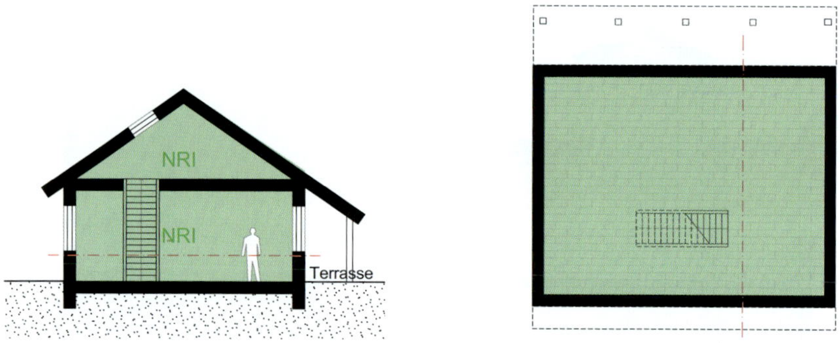

Dachüberstände, Vordächer und Eingangsüberdachungen, die keinen Raum über einer NRF nach oben begrenzen, gehören nicht zum NRI.

Demgegenüber wird eine unterbaute oder mittels Bodenplatte konstruktiv fest verbundene Terrasse der NRF zugeordnet. Ist diese NRF seitlich und/oder nach oben begrenzt, wird für sie ein NRI zugeordnet und ermittelt.

3.7.2 Tragwerk, Fassade und Ausbau

Die Nettorauminhalte der Räume des Bauwerkes werden von den Oberflächen der aufgehenden Bauteile, der Bodenbeläge und der Decken-/Dachbekleidungen begrenzt. Werden die Räume von nicht senkrechten, nicht waagerechten oder gekrümmten Flächen begrenzt, so ist die tatsächliche Geometrie der Räume zugrunde zu legen.

Untergeordnete Bauteile an Begrenzungsflächen, wie beispielsweise konstruktive und gestalterische Vor-/Rücksprünge durch Fensterbänke, vorstehende Türbekleidungen, Sockelleisten, Schrammborde u. Ä., gehören nicht zum Nettorauminhalt.

Fall 2.1: geneigte Wand

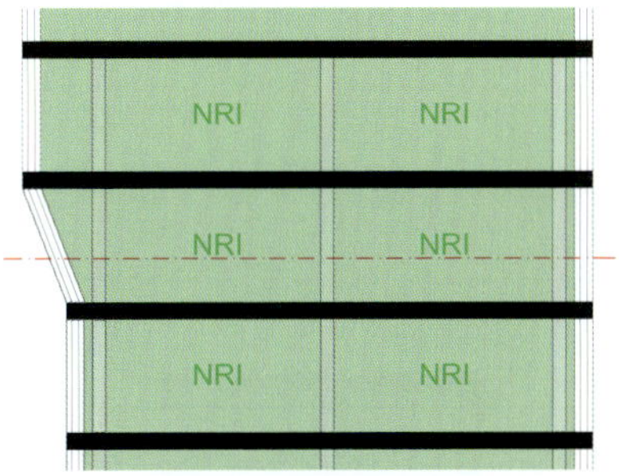

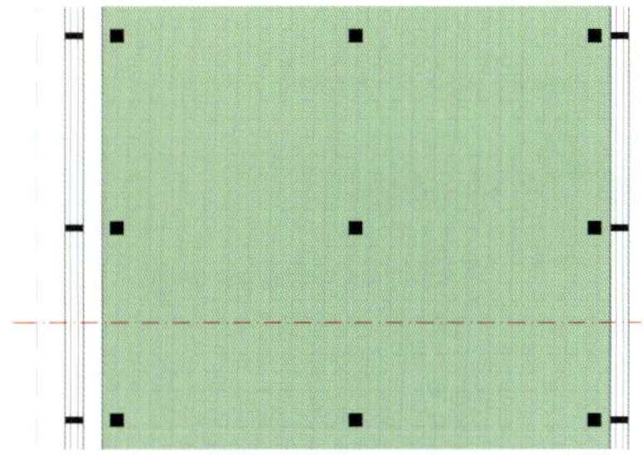

Der NRI wird anhand der NRF in Fußbodenhöhe und der dazugehörigen NRI-Höhe berechnet. Sind die seitlichen Begrenzungsflächen des Bauwerkes nicht senkrecht, wird der NRI anhand der tatsächlichen geometrischen Verhältnisse ermittelt. Im Fall von nicht senkrechten Begrenzungen ist dieses Volumen zusätzlich zu ermitteln und dem angrenzenden Raum zuzuordnen.

Fall 2.2: Doppelfassade

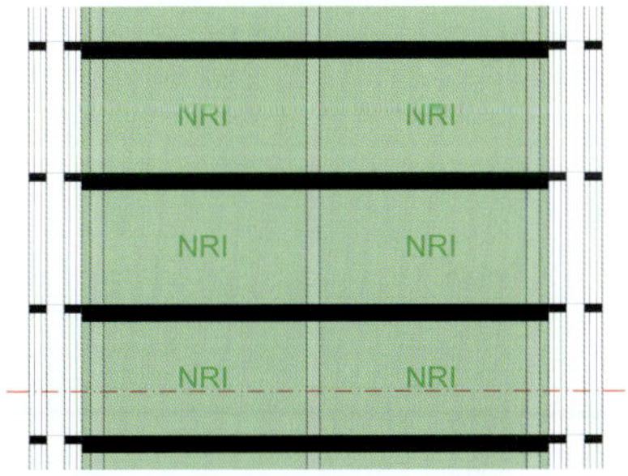

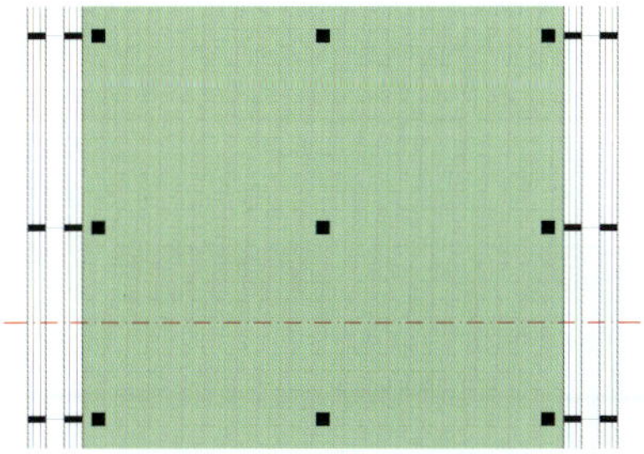

Der NRI ermittelt sich aus den lichten Abmessungen eines Raumes. Bei einem konstruktiven Aufbau der senkrechten Begrenzung als Doppelfassade entsteht zwischen der inneren und der äußeren Ebene ein Zwischenraum. Der zwischen Teilen der Baukonstruktion eingeschlossene Rauminhalt (z. B. bei Doppelfassade, abgehängten Decken, innerhalb von Doppelböden) gehört nicht zum NRI, unabhängig von deren Größe.

Fall 2.3: Stützen, außen/innen

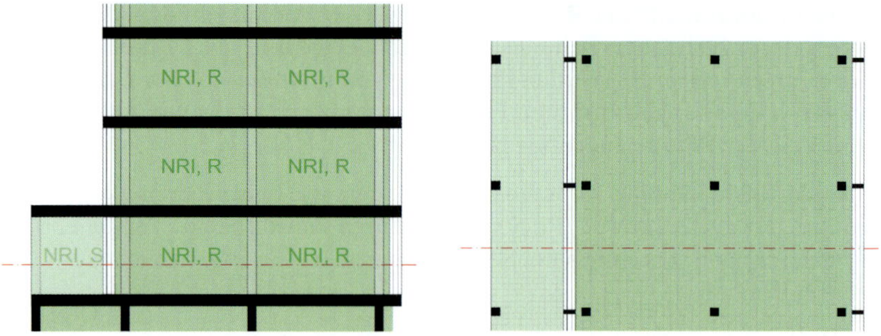

Zur Berechnung des NRI sind die lichten Abmessungen des Raumes maßgebend. Stützen gehören unabhängig von ihrer Größe nicht zum NRI. Sie werden, wenn sie innerhalb des Gebäudes liegen, als Konstruktionsrauminhalt, Regelfall (KRI, R) erfasst. Stützen, die sich im Bereich Sonderfall der Raumumschließung befinden, werden als Konstruktionsrauminhalt, Sonderfall (KRI, S) erfasst.

Fall 2.4: Wandnische

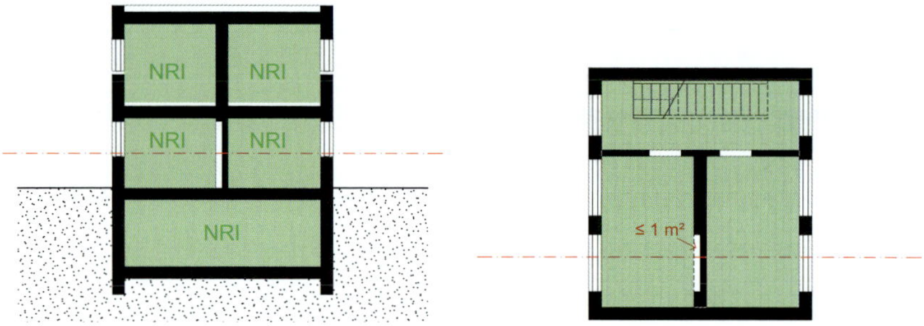

Eine Wandnische ist eine Vertiefung in der Wand. Sie kann sich über die gesamte Wandhöhe erstrecken oder nur einen Teil der Raumhöhe einnehmen. Bei einer sehr geringen Nischenbreite wird die Wandnische auch als Wandschlitz bezeichnet. Wandnischen mit einem lichten Querschnitt von ≤ 1,0 m² gehören zum KRI. Ist der lichte Querschnitt der Wandnische > 1,0 m², gehört die Nische zur NRF und somit auch zum NRI des Raumes, wobei hier die lichte Höhe der Nische maßgebend ist (siehe Abb. 3.14).

Abb. 3.14: Messregel NRF für Fenster- und Türnischen, lichter Querschnitt > 1 m²

Fall 2.5: Vormauerung und Vorwandinstallationen, raumhoch

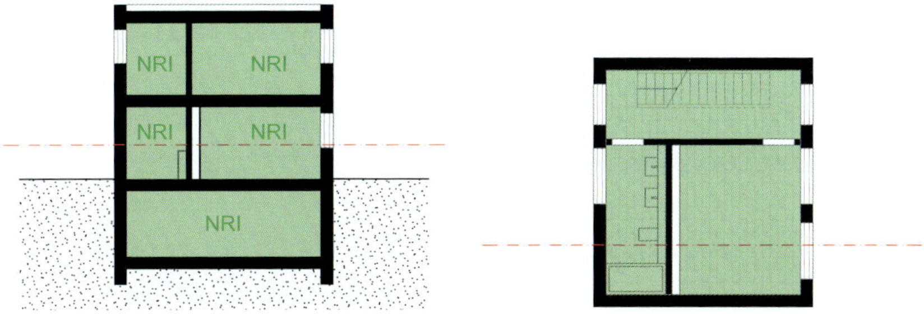

Vorwandinstallationen und Vormauerungen, die raumhoch ausgeführt sind, gehören zum KRI und sind kein NRI.

Fall 2.6: Fenster- und Türnischen

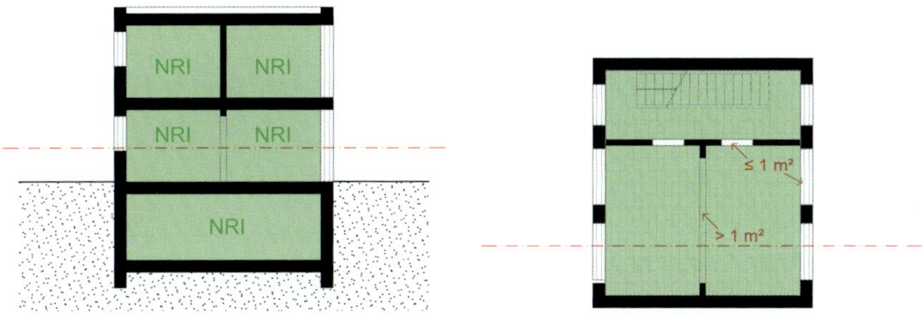

Türnischen und bodentiefe Fensternischen gehören zum KRI, wenn ihre Grundfläche im Lichten ≤ 1,0 m² ist. Ist der lichte Querschnitt der Laibung > 1,0 m², dann gehört die Grundfläche der Nische zur NRF und somit auch der Rauminhalt der Nische zum NRI, wobei die lichte Höhe der Nische maßgebend ist.

Fall 2.7: Durchgang, raumhoch/mit Unterzug

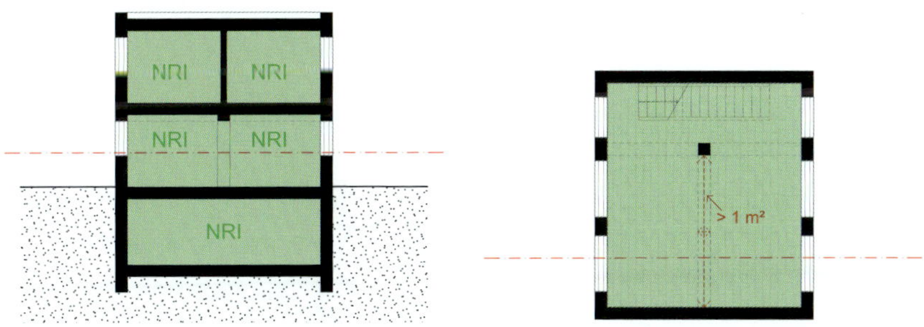

Raumhohe Durchgänge (mit deckengleichen Stürzen) gehören unabhängig von ihrer Größe zum NRI.

Nicht raumhohe Durchgänge werden analog zu Fall 2.6 dem NRI zugeordnet, wenn die Grundfläche der Öffnung/des Durchganges im Lichten > 1,0 m² ist. Der Rauminhalt des Durchganges wird ermittelt aus den lichten Abmessungen der Nische.

Sind die lichten Querschnitte der Durchgangsöffnung ≤ 1,0 m², dann ist die Öffnung Bestandteil der Wand und der Rauminhalt dieser Öffnung / dieses Durchganges wird dem KRI zugeordnet.

Fall 2.8: Schaufenster

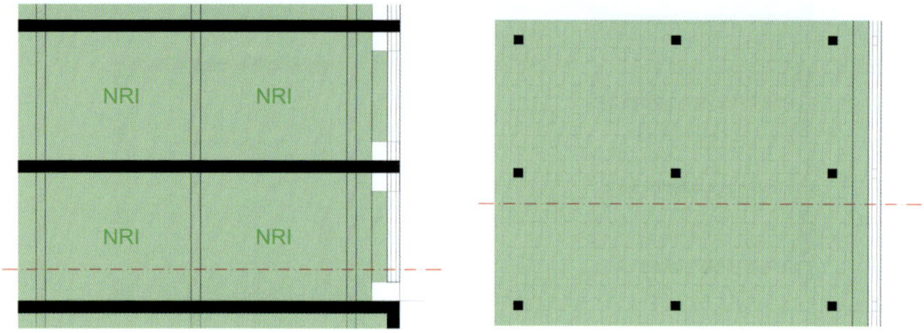

Grundsätzlich gehören zwischen Teilen der Baukonstruktion eingeschlossene Volumina, wie beispielsweise bei abgehängten Decken, bei Doppelböden oder Doppelfassaden, unabhängig von der Größe nicht zum NRI.

Bei einem Schaufenster entsteht jedoch ein Raum zwischen der äußeren Fassadenkonstruktion und einer inneren Trennwand oder einer anderweitigen räumlichen Abtrennung. Dieser Raum kann einer Nutzung nach DIN 277, Tabelle 1 zugeordnet werden. Somit wird der Bereich, den das Schaufenster einnimmt, als NRF erfasst und gehört ebenso zum NRI. Der NRI wird anhand der tatsächlichen Geometrie aus den lichten Abmessungen des Raumes ermittelt.

3.7.3 Erschließung und Versorgung

Erschließungsflächen gehören zum NRI und werden je Geschoss sowie nach Raumumschließung, Neigung der Grundfläche und lichter Raumhöhe differenziert erfasst.

Die Volumina von Installations- und Aufzugsschächten innerhalb des Bauwerkes werden ab einer lichten Grundfläche von 1 m² der NRF und somit ebenso dem NRI zugerechnet.

Außen am Bauwerk befindliche Licht-, Luft- und Montageschächte gehören nicht zur NRF und damit auch nicht zum NRI. Zu beachten ist, dass Licht-, Luft- und Montageschächte am Bauwerk ab einem Volumen von 1 m³ dem BRI zuzuordnen sind und somit ebenso zum NRI gehören.

Fall 3.1: Treppenhaus

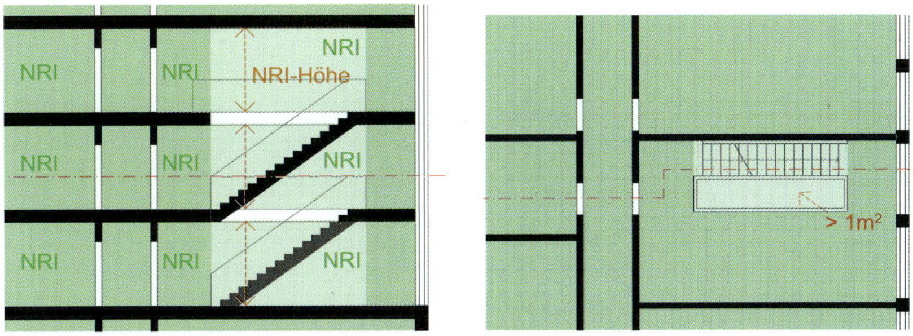

Das im Bauwerk liegende Treppenhaus gehört generell zum NRI. Dieser wird ermittelt aus der NRF und der zugehörigen lichten Raumhöhe.

Die Treppenfläche wird hierbei in die darüberliegende Ebene geklappt und dieser Ebene zugerechnet. Die NRI-Höhe der Treppenfläche entspricht dem Abstand zwischen der Oberkante des Deckenbelages des jeweiligen Geschosses und der Unterkante der Deckenbekleidung des darüberliegenden Geschosses.

Der Raum unter der Treppe, also im untersten Geschoss, in dem die Treppe beginnt, beinhaltet nicht den Rauminhalt einer Treppe, sondern den Rauminhalt über einer Boden-/Deckenfläche. Der Raum unter der untersten Treppe gehört zur NRF und wird mit der lichten Raumhöhe des Geschosses ebenso als NRI erfasst. Die nach oben schräge Begrenzungsfläche aufgrund der Treppen ist bei der Ermittlung der NRI-Höhe nicht relevant; die Treppe wurde in die darüberliegende Ebene geklappt und dort mit ihrem NRI berücksichtigt.

Der Luftraum zwischen den Treppenläufen, also der Luftraum im Treppenauge, wird mit einem lichten Querschnitt ≤ 1 m² der Treppenfläche des Geschosses zugeordnet und nicht separat ausgewiesen.

Hat der Luftraum im Treppenauge einen lichten Querschnitt > 1,0 m², gehört diese Fläche nicht zur NRF dieser Geschossebene, jedoch zum NRI. Flächen mit unterschiedlicher Höhe sind zu differenzieren. Die Grundfläche des Treppenauges wird mit seiner NRF im untersten Geschoss (in dem die Treppe beginnt) erfasst und als NRI mit der entsprechend großen NRI-Höhe über mehrere Geschosse berücksichtigt.

Fall 3.2: Aufzug

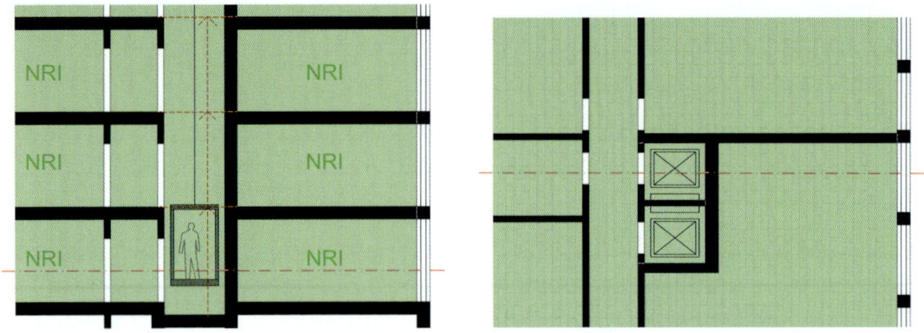

Aufzugs- und Installationsschächte gehören in jedem Geschoss, durch das sie führen, zur NRF und sind somit mit der zugehörigen lichten Höhe des Geschosses dem NRI zuzuordnen und zu erfassen.

Fall 3.3: Rolltreppe

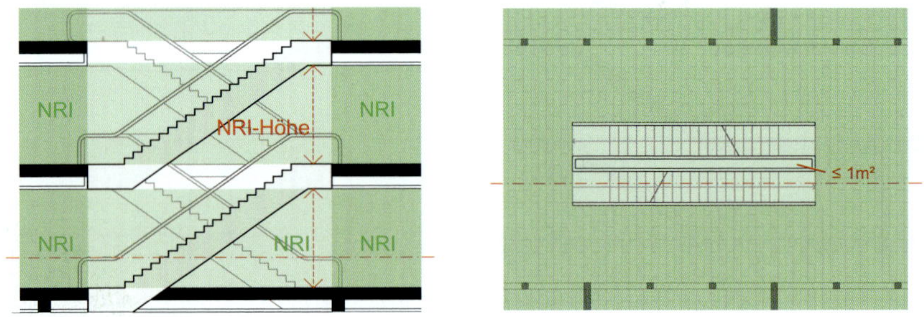

Eine Rolltreppe ist analog dem Aufzug ein Personenbeförderungsmittel mit beweglichen Stufen. Die Ermittlung des NRI erfolgt jedoch analog einer festen, nicht beweglichen Treppe (siehe Fall 3.1).

Die Treppenfläche wird hierbei in die darüberliegende Ebene geklappt und dieser Ebene zugerechnet. Die NRI-Höhe der Treppenfläche entspricht dem Abstand zwischen der Oberkante des Deckenbelages des jeweiligen Geschosses und Unterkante der Deckenbekleidung des darüberliegenden Geschosses.

Der Luftraum zwischen den Treppenläufen (Treppenauge) mit einem lichten Querschnitt > 1 m^2 gehört in diesem Geschoss nicht zur BGF und wird somit auch nicht als NRF und NRI erfasst. Die NRF sowie der dazugehörige NRI des Treppenauges werden in dem untersten Geschoss am Beginn des Luftraumes erfasst und mit der über 2 oder mehr Geschosse reichenden NRI-Höhe berücksichtigt.

Hat der Luftraum im Treppenauge einen lichten Querschnitt ≤ 1 m^2, dann werden die Grundfläche und der dazugehörige NRI des Treppenauges übermessen, der Treppe zugeordnet und nicht separat berücksichtigt.

3.7.4 Keller und Gründung

Die Grundflächen der Räume der untersten Ebene des Gebäudes werden als NRF erfasst und ergeben anhand der lichten Raumhöhe den NRI. Grundflächen, die nicht der NRF zugeordnet werden können, werden auch nicht als NRI erfasst. Untergeordnete Bauteile am Bauwerk, wie z. B. Fundamente, Frostschürzen, Licht-/Montageschächte mit einem lichten Querschnitt $\leq 1\ m^2$, gehören nicht zum NRI.

Fall 4.1: voll unterkellert

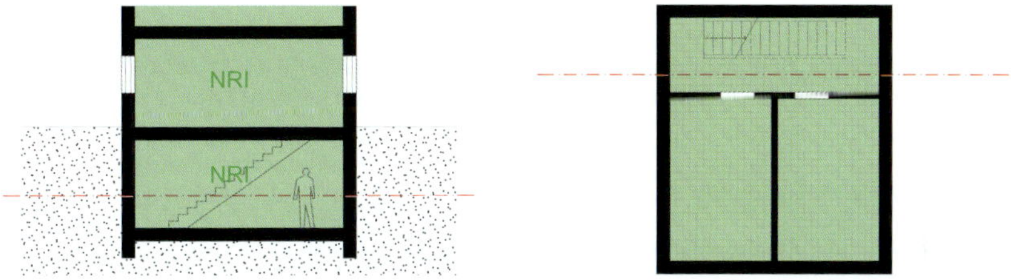

Die lichten Rauminhalte von Räumen im Kellergeschosse gehören zum NRI. Sie werden aus den NRF und der lichten Raumhöhe errechnet.

Fall 4.2: teilunterkellert

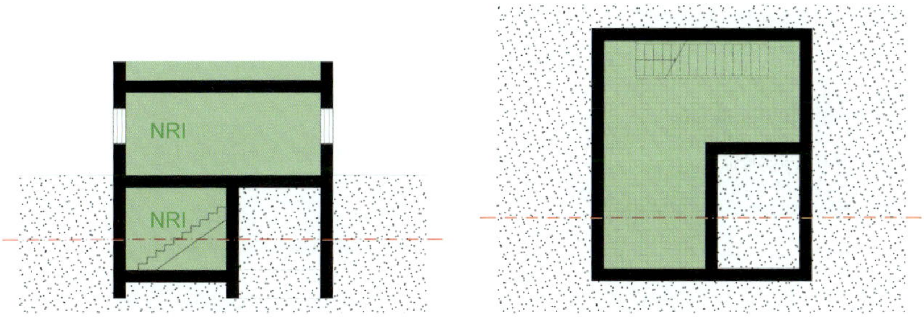

In den nicht unterkellerten Bereichen befinden sich in der Regel Einzel-, Streifenfundamente oder Frostschürzen. Diese Volumina zwischen den Fundamenten gehören nicht zum NRI. Zu diesem gehören ausschließlich die Raumvolumina der Räume im teilunterkellerten Bereich.

Fall 4.3: nicht unterkellert

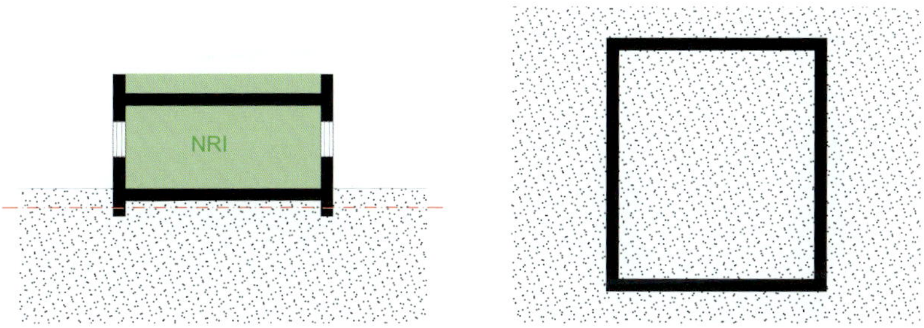

Die untere Begrenzung des nicht unterkellerten Bauwerkes ist die Fundamentplatte einschließlich darunterliegender Dämmschichten und Gründungsbauteile. Das Raumvolumen zwischen den Frostschürzen oder (Streifen-)Fundamenten gehört nicht zum NRI.

Fall 4.4: unterbauter Bereich

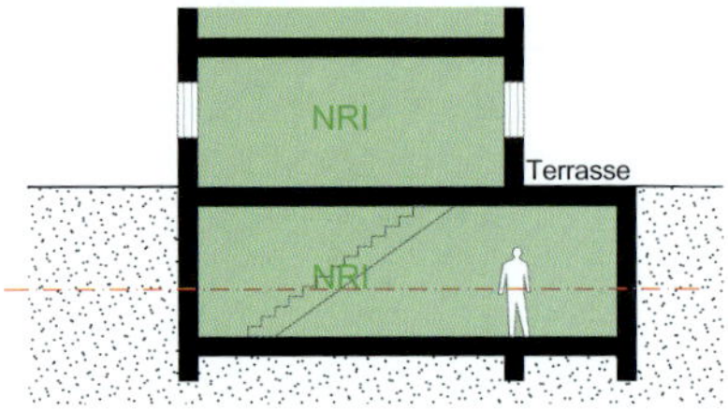

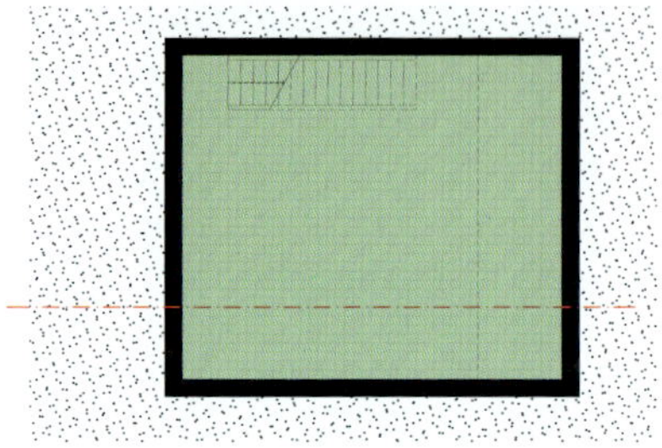

Die Raumvolumen der Räume im Kellergeschoss und im unterbauten Bereich gehören zum NRI. Die Terrasse auf dem unterbauten Bereich gehört zwar zur NRF, wird jedoch nur dann als NRI erfasst, wenn die Terrasse seitlich und/oder nach oben begrenzt ist.

Bei der Ermittlung der NRF werden Flächen von Baukonstruktionen am Bauwerk (z. B. Terrasse, Treppe, Rampe, Höfe) berücksichtigt (NRF, S), wenn sie unterbaut oder konstruktiv fest mit dem Bauwerk verbunden sind. Ein NRI ergibt sich für diese Flächen jedoch nur dann, wenn sie überdeckt sind und/oder eine sie seitlich begrenzende Baukonstruktion (Brüstung, Geländer, Attika) aufweisen. Ist dies der Fall, dann handelt es sich um Rauminhalte des Sonderfalls der Raumumschließung (NRI, S).

Fall 4.5: Tiefgarage

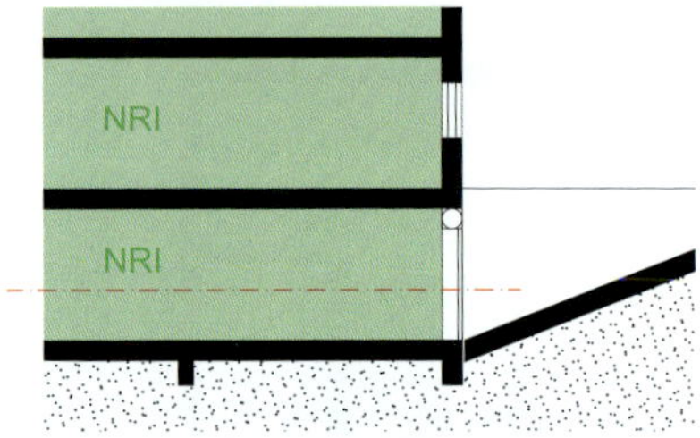

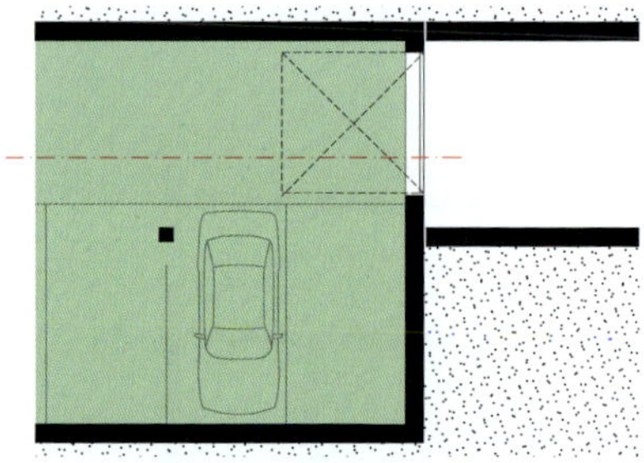

Dem Regelfall der Raumumschließung werden diejenigen Bereiche des Bauwerkes zugeordnet, die allseits vollständig umschlossen sind. Diese Räume sind durch ihre Hüllflächen geschützt vor z. B. Außenluft, Witterung, Wärme, Feuchte und Schallimmissionen.

Zu diesen allseits umschlossenen Räumen gehören jedoch auch Räume, deren Öffnungen mit dem Außenklima verbunden sind, z. B. über Rollgitter in Garagen. Eine Tiefgarage gehört somit zu einem allseits umschlossenen Raum (= Bereich Regelfall), auch wenn die Tiefgarage über Öffnungen, wie beispielsweise über Rollgitter, mit dem Außenklima verbunden ist. Die Tiefgarage wird somit als Nettorauminhalt, Regelfall (NRI, R) erfasst.

Fall 4.6: Kriechkeller

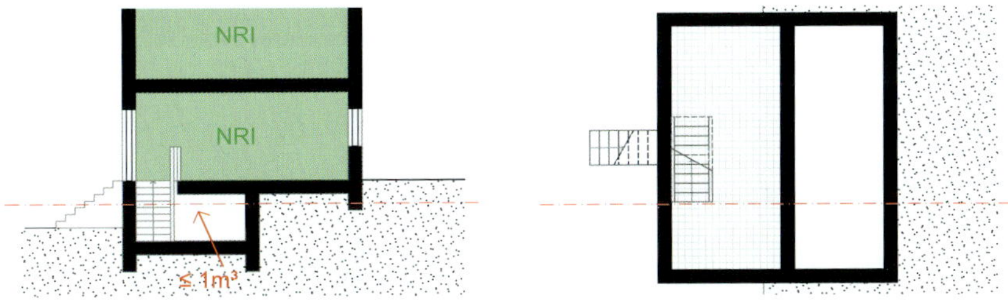

Der NRI wird in der Regel anhand der NRF und der dazugehörigen lichten Raumhöhe ermittelt. Die Grundflächen von Kriechkellern und Kriechgängen sowie von Hohlräumen in abgehängten Decken und in Installationsdoppelböden gehören unabhängig von ihrer Größe nicht zur NRF. Diese Bereiche des Gebäudes, die nicht der NRF zugeordnet sind, gehören dementsprechend auch nicht zum NRI, wenn deren Volumen eine Größe von ≤ 1 m³ aufweist.

Ist das Volumen dieser Hohlräume / des Kriechkellers > 1 m³, dann wird für diese Räume der BRI und somit auch der NRI erfasst und dem angrenzenden Geschoss zugeordnet, auch wenn diese Räume nicht zur Bruttogrundfläche und zur Nettoraumfläche gehören.

Fall 4.7: Gründung(sbauteile), Fundamente

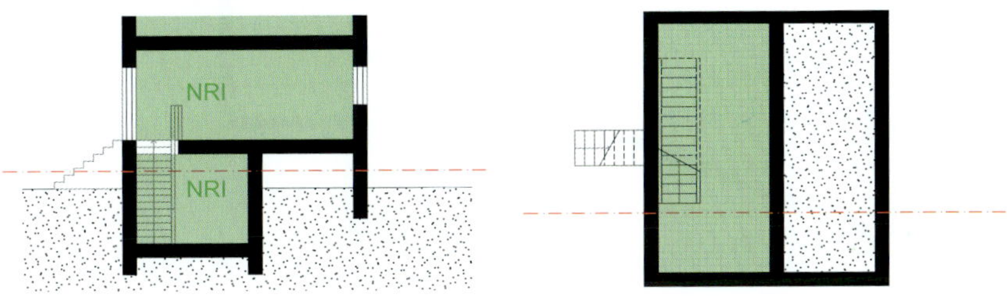

Das Raumvolumen zwischen den Frostschürzen oder (Streifen-)Fundamenten gehört nicht zum NRI.

Fall 4.8: Lichtschacht

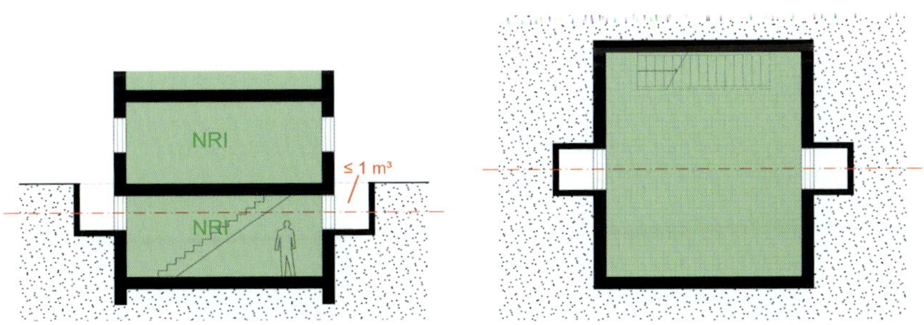

Die Grundflächen von Licht- und Montageschächten am Bauwerk gehören nicht zur NRF. Jedoch wird der Rauminhalt als BRI und somit als NRI erfasst, wenn das Volumen des Lichtschachtes eine Größe von > 1 m³ aufweist.

Fall 4.9: Rampe, Außentreppe, nicht mit dem Bauwerk verbunden

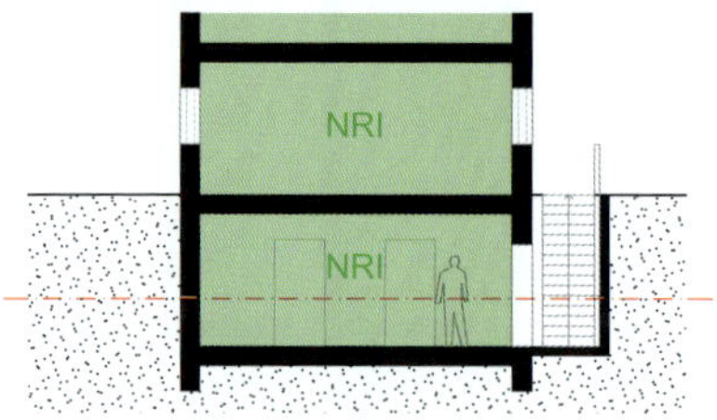

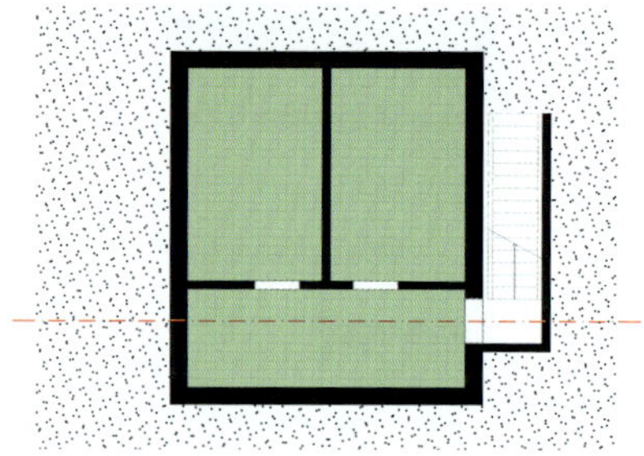

Baukonstruktionen am Bauwerk, die zwar an das Gebäude anschließen, jedoch nicht mit ihm konstruktiv fest verbunden sind, werden bei der Ermittlung der NRF generell nicht erfasst und gehören somit ebenfalls nicht zum NRI. Ist das Bauwerk mit dem Gebäude fest verbunden, beispielsweise mittels durchlaufender Decken-, Wand- oder Dachkonstruktionen, sowie seitlich und/oder nach oben begrenzt (Geländer, Brüstung, Dach), dann wird der NRI aus der zugeordneten NRF und der lichten Höhe der Begrenzung ermittelt.

Fall 4.10: seitliche Begrenzung Rollgitter, Tiefgarage

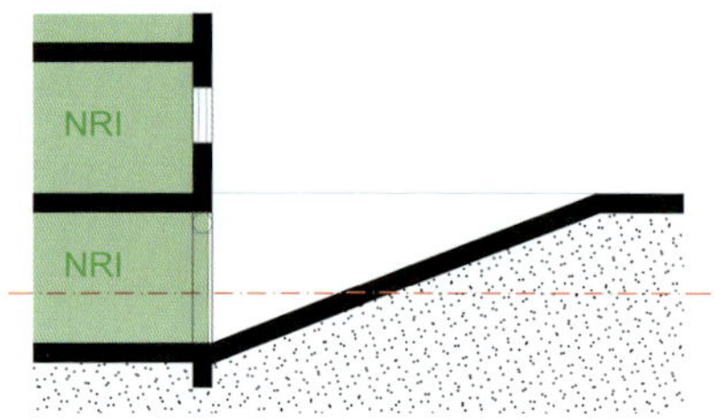

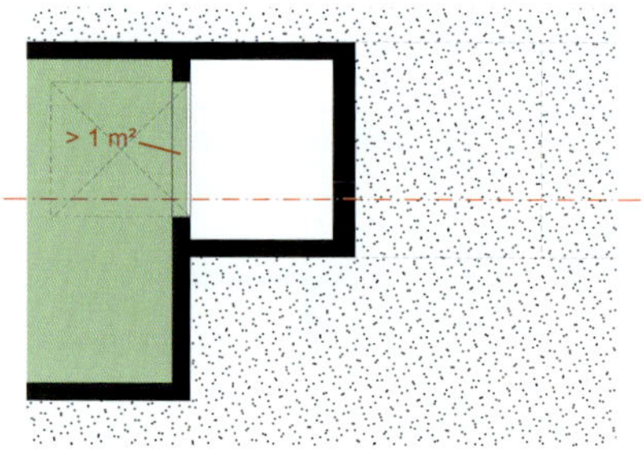

Der NRI eines Raumes wird ermittelt aus den lichten Abmessungen bis zu den sie begrenzenden Bauteilen. Wird ein Raum durch ein nicht geschlossenes Bauteil begrenzt, wie z. B. ein Rollgitter oder Fenstergitter, wird der NRI an dieser nicht witterungsgeschützten Öffnungsbegrenzung trotzdem analog der Begrenzung durch Türen und Fenster berechnet und der Raumumschließung Regelfall zugeordnet.

Ist die Grundfläche der Nische der Toreinfahrt ≤ 1 m^2, dann ist die Grundfläche der Nische nicht der NRF zuzuordnen und wird damit auch nicht als NRI erfasst. Der Rauminhalt der Nische gehört in diesem Fall zum KRI.

Haben die Tornischen, z. B. von Tiefgarageneinfahrten, einen lichten Querschnitt > 1 m^2, dann gehört die Grundfläche der Nische zur NRF und wird somit mit ihren lichten Abmessungen auch als NRI erfasst. Die äußere Begrenzung der Nische stellt hier das Rolltor dar, hieraus ermittelt sich die Tiefe der Nische.

3.7.5 Ebenen und Decken

Die Grundflächen schräg verlaufender Ebenen und Decken (Treppen, Rampen, Tribünen u. Ä.) sind als senkrechte Projektion auf eine horizontale Ebene (Geschossebene) zu berücksichtigen. Maßgebend sind die lichten Maße der die Räume begrenzenden Baukonstruktionen.

Die Rauminhalte werden differenziert erfasst nach

- den Geschossebenen des Gebäudes,
- dem Bereich der Raumumschließung und
- ihren unterschiedlichen lichten Raumhöhen sowie
- der Neigungen der Ebenen.

Der Nettorauminhalt (NRI) wird wie folgt ermittelt (siehe Abb. 3.15):

NRI = NRF · NRI-Höhe

Die NRI-Höhe ist der lichte Abstand zwischen der OK FFb des Geschosses und UK DEF des Geschosses.

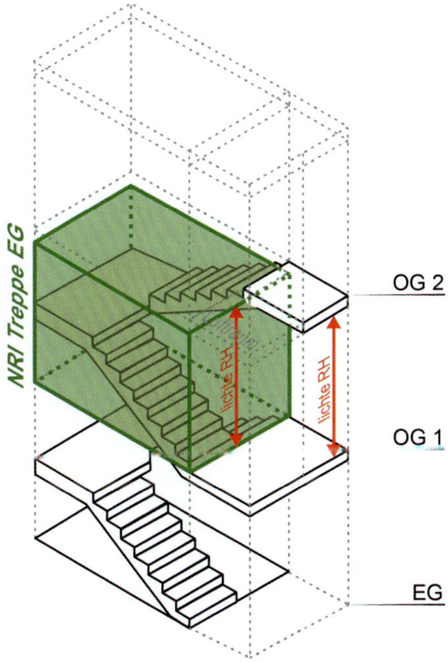

Der Treppenlauf vom EG zum ersten OG wird vertikal **in das erste OG projiziert**, insoweit es zu keiner Überschneidung kommt.
Die Fläche wird der Nettoraumfläche (NRF) zugeordnet. Der Nettorauminhalt (NRI) der Treppe wird ermittelt aus der Nettoraumfläche (NRF) der Treppe und deren lichter Höhe über der Treppe. Die lichte Raumhöhe (RH) entspricht in der Regel der lichten Raumhöhe (RH) des Geschosses.

Abb. 3.15: Berechnung der NRI bei Treppen nach DIN 277

Fall 5.1: Luftraum, Galeriegeschoss

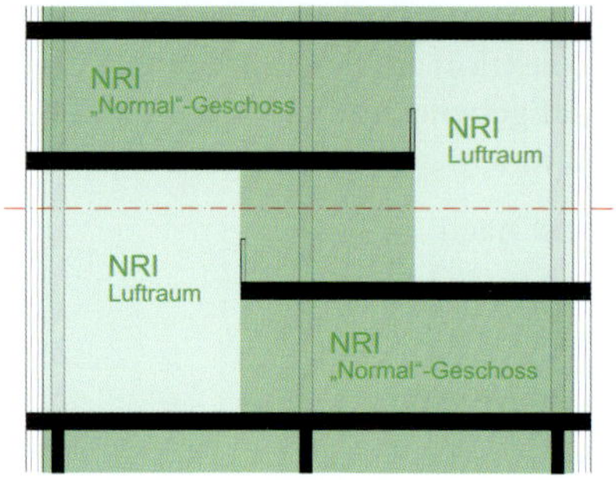

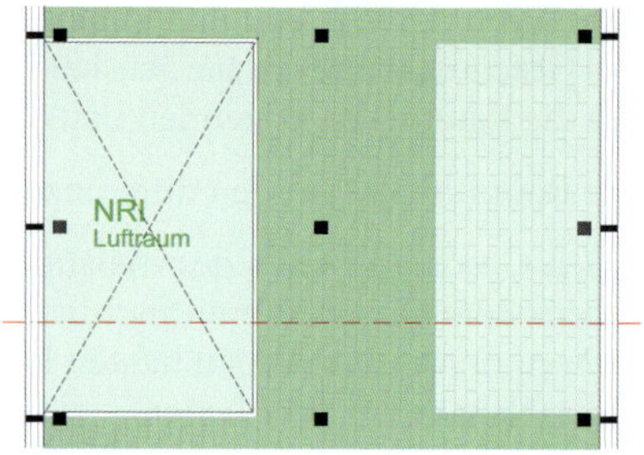

Flächen des Bauwerkes, die nicht begehbar sind und einen lichten Querschnitt von > 1 m^2 aufweisen (z. B. Luftraum in einem Galeriegeschoss), werden zwar nicht als NRF erfasst, gehören jedoch zum NRI. Der NRI dieses Luftraumes wird jedoch in dem Geschoss erfasst, in dem sich der Boden des Luftraumes befindet. Die NRI-Höhe erstreckt sich demzufolge über mehrere Geschosse. NRI mit unterschiedlichen lichten Raumhöhen sind separat zu erfassen. Im dargestellten Beispiel wird in NRI 1 bis NRI 5 differenziert.

Fall 5.2: Innenhof, unterbaut, nicht überdacht und seitlich nicht begrenzt

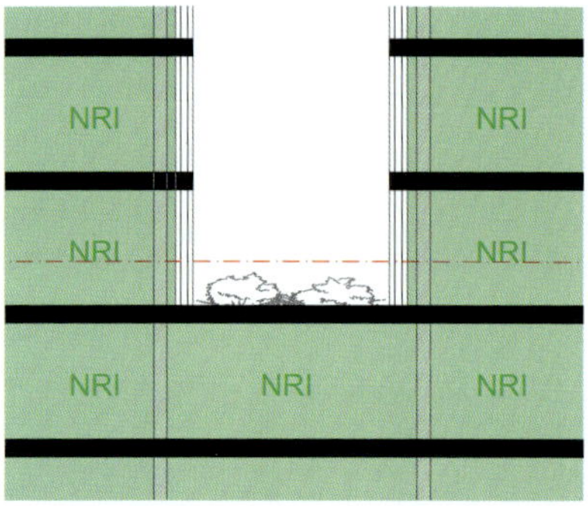

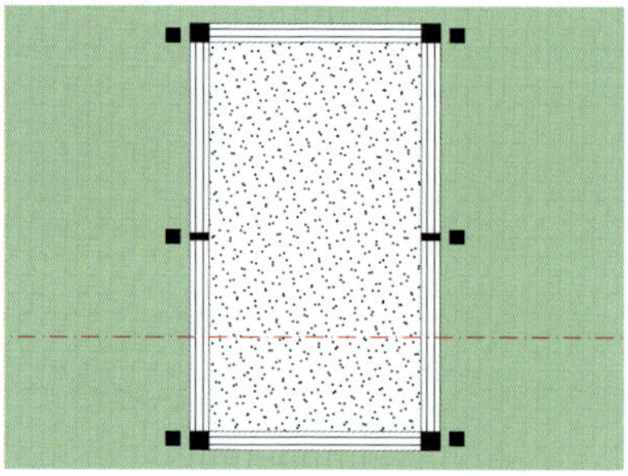

Baukonstruktionen am Bauwerk gehören nur dann zur NRF, wenn ihnen eine Nutzung nach DIN 277, Abschnitt 4.1, Tabelle 1 zugewiesen werden kann, wie beispielsweise im Fall von Terrassen/Innenhöfen auf unterbauten Flächen. Ein unterbauter Innenhof gehört somit zur NRF. Jedoch ergibt sich nicht für alle Flächen, die zur NRF gehören, ein NRI.

Als NRI werden unterbaute Flächen nur dann berücksichtigt, wenn diesen Baukonstruktionen am Bauwerk eine sie nach oben und/oder seitlich begrenzende Baukonstruktion zugeordnet werden kann, wie beispielsweise ein Geländer, eine Brüstung oder eine Dachfläche.

Ein zwar unterbauter, aber nicht überdeckter Innenhof, der auch nicht mit einem Geländer oder einer Brüstung seitlich begrenzt ist, hat keinen NRI.

Fall 5.3: Innenhof, unterbaut, überdacht

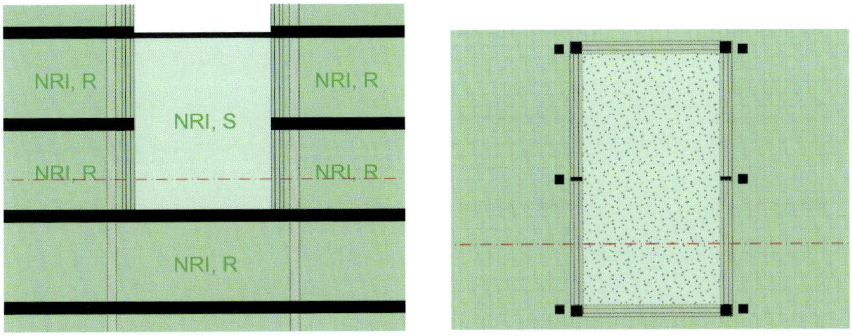

Baukonstruktionen am Bauwerk, denen eine Nutzung nach DIN 277, Abschnitt 4.1, Tabelle 1 zugewiesen wird und die unterbaut oder konstruktiv fest mit dem Bauwerk verbunden sind, sind bei der Ermittlung der NRF zu berücksichtigen, wie z. B. Terrassen, Innenhöfe, Treppen auf unterbauten Flächen.

Für die NRF von unterbauten Baukonstruktionen am Bauwerk ergeben sich jedoch nur dann NRI, wenn sie überdeckt sind und/oder eine ihnen zugeordnete sie umschließende Baukonstruktion haben, wie z. B. Geländer, Brüstung.

Ein unterbauter und überdeckter Innenhof gehört zum NRI. Die NRI-Höhe ist hierbei der Abstand von Oberkante Belag des Innenhofes bis Unterkante der Dachbekleidung des Daches.

Fall 5.4: Innenhof, unterbaut, seitlich begrenzt

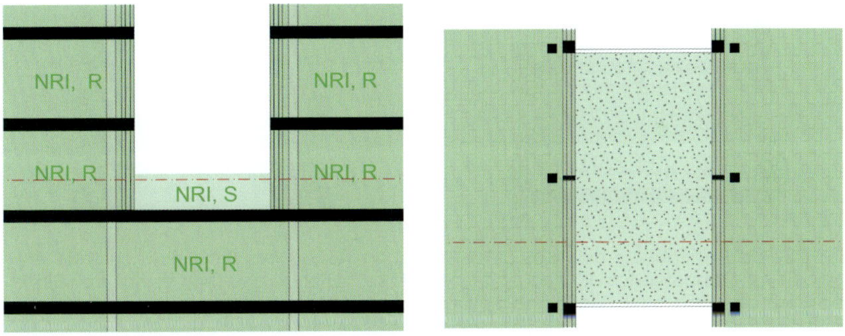

Für die NRF von unterbauten Baukonstruktionen am Bauwerk ergeben sich NRI nur dann, wenn sie überdeckt sind und/oder eine ihnen zugeordnete sie umschließende Baukonstruktion haben (z. B. Geländer, Brüstung).

Ein unterbauter und seitlich durch eine Brüstung/Geländer begrenzter Innenhof gehört zum NRI. Die NRI-Höhe ist hierbei der Abstand von Oberkante Belag des Innenhofes bis Oberkante des Geländers/der Brüstung.

Fall 5.5: Innenhof, nicht unterbaut

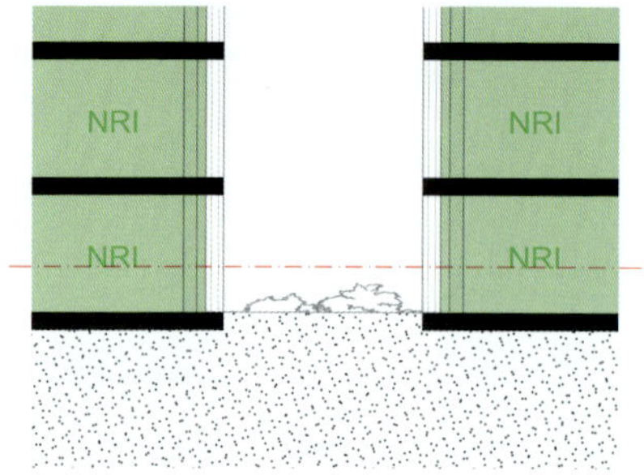

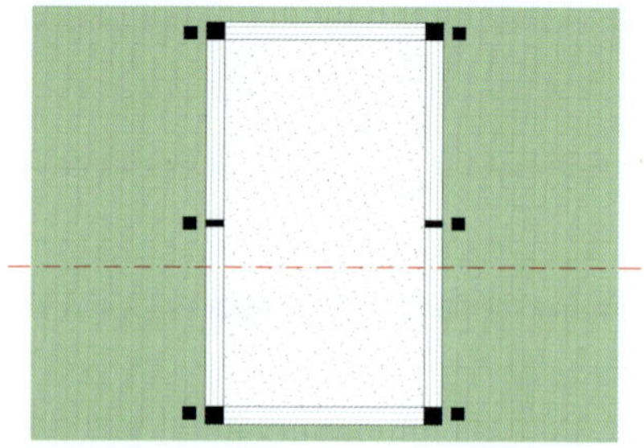

Nicht unterbaute Terrassen, Innenhöfe, Treppen und ähnliche Baukonstruktionen am Bauwerk, die nicht überdeckt und nicht durch ein Geländer / eine Brüstung seitlich begrenzt sind, gehören nicht zum NRI, unabhängig davon, ob diesen Flächen eine Nutzung nach DIN 277, Tabelle 1 zugewiesen werden kann und sie konstruktiv fest mit dem Bauwerk verbunden sind und somit der NRF zugeordnet werden.

Sind die nicht unterbauten Terrassen bzw. Innenhöfe nicht konstruktiv fest mit dem Bauwerk verbunden, gehören diese Flächen nicht zur NRF und ebenfalls nicht zum NRI.

Fall 5.6: abgehängte Decken, Doppelböden

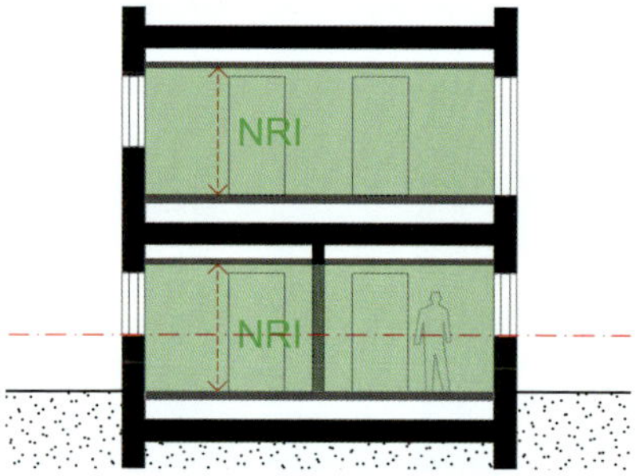

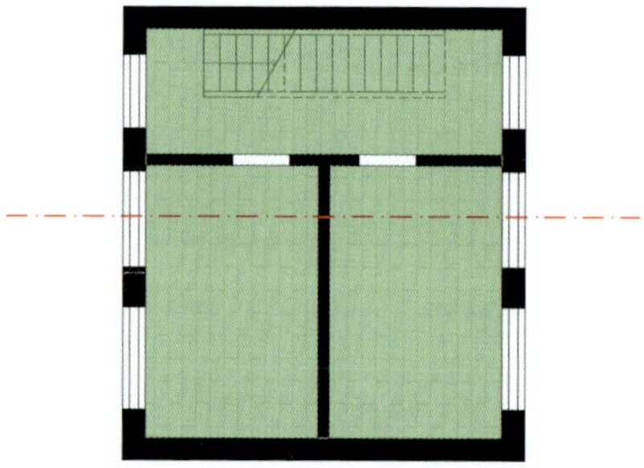

Der NRI wird ermittelt aus den lichten Abmessungen des Raumes. Bei einem konstruktiven Aufbau von Doppelböden oder abgehängten Decken entsteht zwischen der inneren Bekleidung bzw. den inneren Belägen und der Decke ein Zwischenraum. Der zwischen Teilen der Baukonstruktion eingeschlossene Rauminhalt in Doppelböden oder abgehängten Decken gehört nicht zum NRI, unabhängig von deren Größe.

Demgegenüber ist bei Installationskanälen und -schächten der NRI zu erfassen, wenn der lichte Querschnitt des Kanals bzw. Schachten > 1 m² ist.

Fall 5.7: schräge Ebenen, Sitzränge

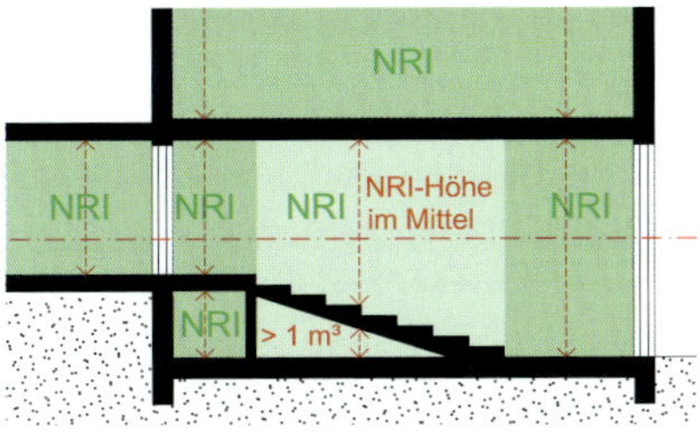

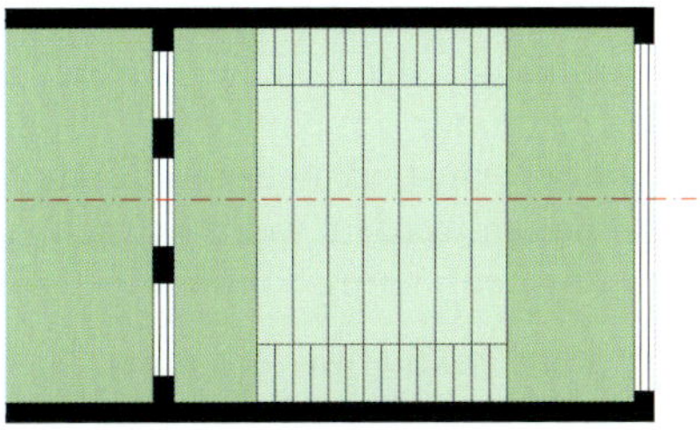

Schräg verlaufende Baukonstruktionen, wie beispielsweise Treppen, Rampen, Sitzränge, werden zur Ermittlung der NRF durch vertikale Projektion dem darüberliegenden Geschoss zugeordnet, insoweit sie nicht ein eigenes Geschoss darstellen.

Der NRI von schräg verlaufenden Ebenen wird jedoch entsprechend den tatsächlichen Abmessungen berechnet und somit wird die reale Geometrie berücksichtigt. Bereiche mit Flächen unterschiedlicher Höhen sind getrennt zu ermitteln und separat auszuweisen.

Der Bereich unter den schräg verlaufenden Sitzrängen gehört nur dann zum NRI, wenn dem Raum eine NRF zugeordnet wurde. Räume, denen kein Nutzungszweck nach DIN 277, Tabelle 1 zugeordnet werden kann, und Räume, die nicht zugänglich und nicht nutzbar sind (z. B. Kriechkeller, Hohlräume im Dachgeschoss), gehören unabhängig von ihrer Größe nicht zur NRF und werden bei einem Volumen von ≤ 1 m³ auch nicht dem NRI zugeordnet. Hat der (Hohl-)Raum unter den Sitzrängen jedoch ein Volumen > 1 m³, gehört der Rauminhalt (analog dem Fall 4.6) zum BRI und somit auch zum NRI. Der Rauminhalt ist in diesem Fall getrennt zu ermitteln und wird dem angrenzenden Raum zugeordnet.

3.7.6 Anbauten und Außenflächen

NRI gibt es in der Regel nur für Rauminhalte von Baukonstruktionen, deren Grundflächen der NRF zugeordnet wurden. Das gilt für Anbauten, also Baukonstruktionen am Bauwerk, nur dann, wenn die Baukonstruktionen unterbaut oder konstruktiv fest mit dem Bauwerk verbunden sind. Diese Baukonstruktionen werden, wenn sie nicht allseits umschlossen sind, der Raumumschließung Sonderfall zugeordnet und sind separat auszuweisen.

Mit „konstruktiv fest verbunden" sind beispielsweise durchlaufende Bodenplatten, Decken-, Dach- und Wandkonstruktionen gemeint.

Fall 6.1: Balkon, Loggia, nach oben und seitlich offene Begrenzung

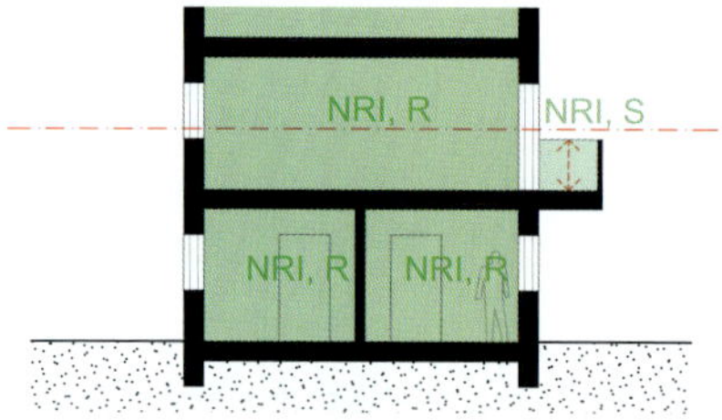

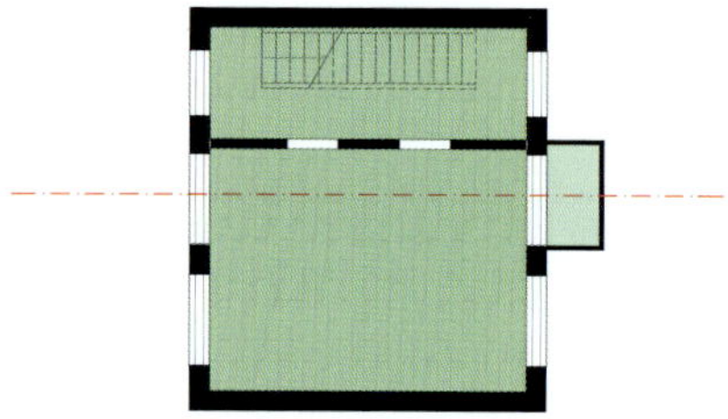

Balkone und Dachterrassen sind Baukonstruktionen am Bauwerk, die konstruktiv fest mit dem Bauwerk verbunden sind. Diese seitlich mit Geländer/Brüstung begrenzten und oben offenen Baukonstruktionen gehören zur Nettoraumfläche Sonderfall (NRF, S).

Die NRI dieser Baukonstruktionen werden aus der NRF und der dazugehörigen lichten Höhe der sie umgrenzenden Baukonstruktion ermittelt. Die NRI-Höhe der seitlich begrenzten und oben offenen Flächen wird in der Regel aus dem Abstand von Oberkante Deckenbelag des Balkons bis Oberkante Brüstung des Balkons ermittelt.

Fall 6.2: Balkon, Loggia, seitliche Begrenzung, oben überdeckt

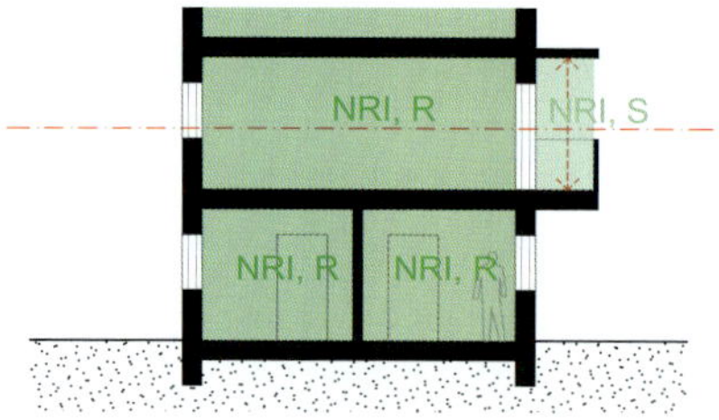

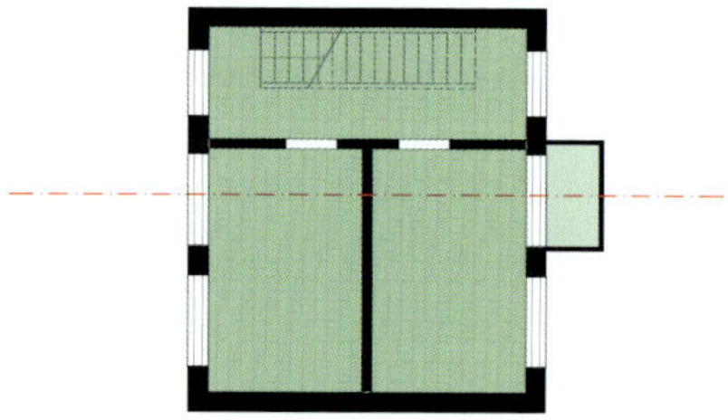

Loggien, überdachte Balkone und Dachterrassen sind konstruktiv fest mit dem Bauwerk verbundene Baukonstruktionen und gehören zur NRF. Da sie nicht allseits umschlossen sind, werden sie dem Sonderfall der Raumumschließung zugeordnet.

Die NRI dieser Baukonstruktionen werden aus den NRF und der dazugehörigen lichten Höhe ermittelt. Die zur NRF gehörende lichte Höhe wird durch die Dach-/Deckenkonstruktion nach oben begrenzt und wird berechnet aus dem Abstand zwischen der OK FFb und der UK DEF des Geschosses. Die NRI-Höhe wird in der Regel aus dem Abstand Oberkante Deckenbelag Balkon bis Unterkante Dachbekleidung ermittelt.

Fall 6.3: Laubengang

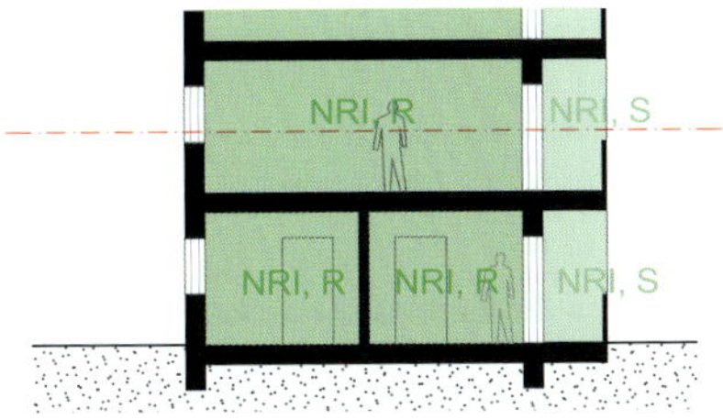

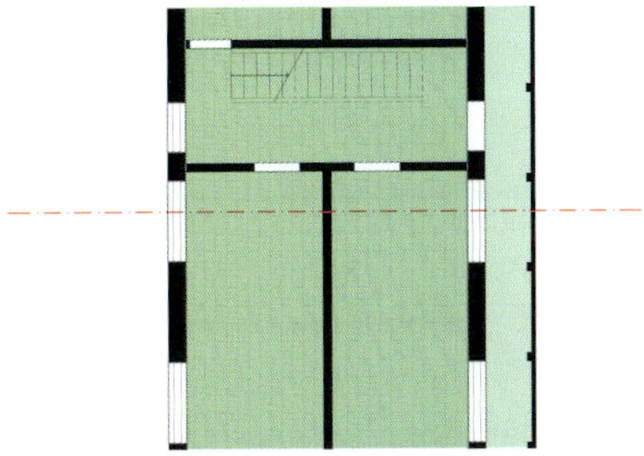

Laubengänge sind zur Außenluft offene Erschließungsflächen an Gebäuden. Sie sind bei der Ermittlung von NRF und NRI analog Balkonen zu betrachten (siehe Fall 6.1 und 6.2).

Fall 6.4: Tiefgarageneinfahrt

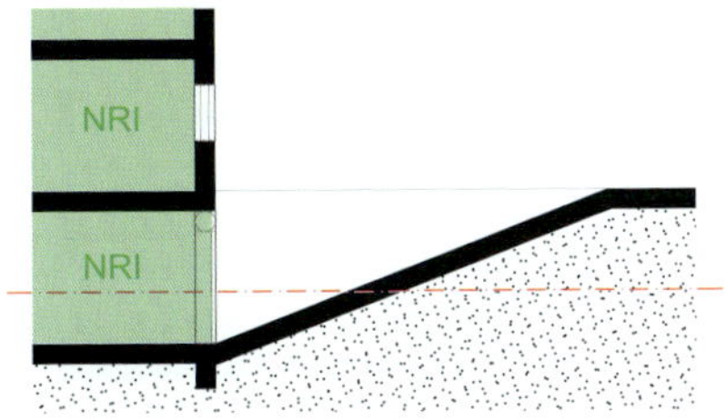

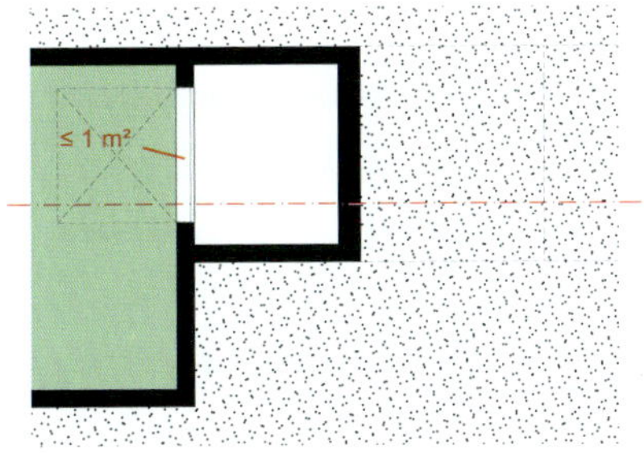

Die Tiefgarageneinfahrt ist eine Baukonstruktion am Bauwerk. Bei der Ermittlung werden Grundflächen und Rauminhalte von Baukonstruktionen am Bauwerk (z. B. Terrasse, Treppe, Rampe, Höfe) nur dann berücksichtigt, wenn sie unterbaut oder konstruktiv fest mit dem Bauwerk verbunden sind. Ein NRI ergibt sich für diese Flächen nur dann, wenn sie überdeckt sind und/oder eine seitlich begrenzende Baukonstruktion (Brüstung, Geländer, Attika) aufweisen. Bei diesem NRI handelt es sich um einen Rauminhalt des Sonderfalls der Raumumschließung (NRI, S).

Eine nicht fest mit dem Bauwerk verbundene Tiefgarageneinfahrt gehört nicht zum BRI und somit ebenso nicht zum NRI.

Fall 6.5: Baukonstruktion außen, z. B. Außentreppe, Rampe, Pergola

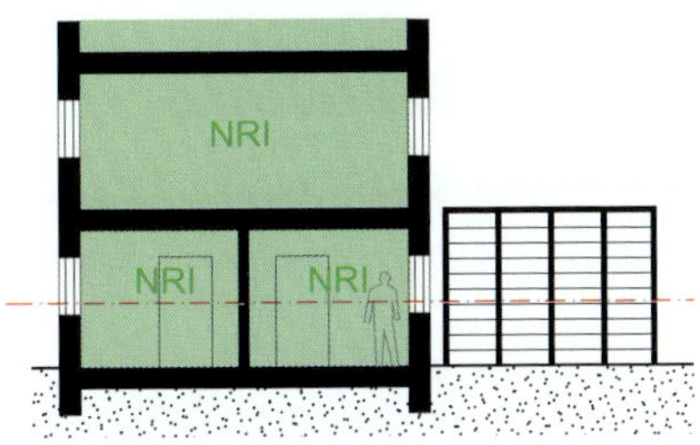

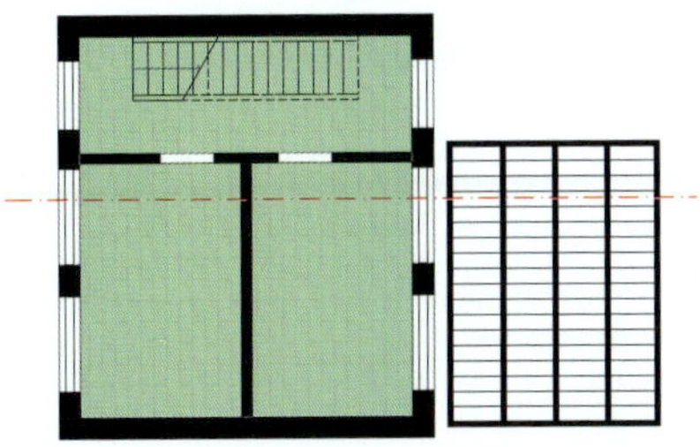

Außerhalb des Bauwerkes befindliche Baukonstruktionen, die nicht konstruktiv fest mit dem Bauwerk verbunden sind, gehören nicht zur NRF und nicht zum NRI dieses Bauwerkes. Sind diese Baukonstruktionen ein eigenständiges (zweites) Bauwerk, sind die NRF und die NRI separat für dieses (zweite) Bauwerk zu ermitteln.

Fall 6.6: Anbauten

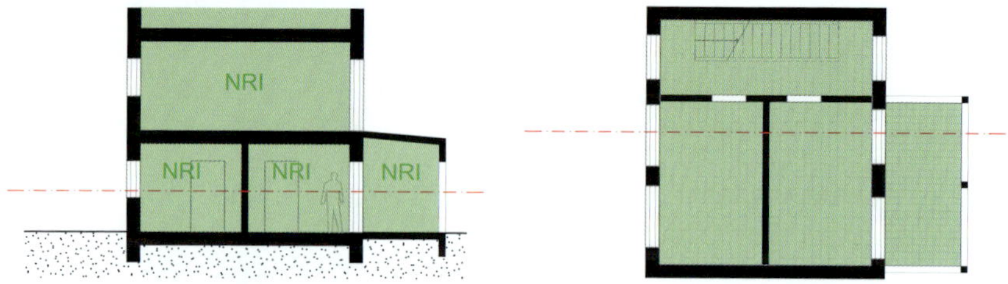

Allseits umschlossene Anbauten am Bauwerk (z. B. beheizte/unbeheizte Wintergärten), die konstruktiv fest mit dem Bauwerk verbunden sind, gehören zur NRF und somit ebenso zum NRI. Der NRI wird ermittelt aus den NRF und den lichten Raumhöhen. Bei geneigten Dachflächen ist der Rauminhalt entsprechend den tatsächlichen geometrischen Verhältnissen zu berechnen.

Fall 6.7: auskragende Geschosse

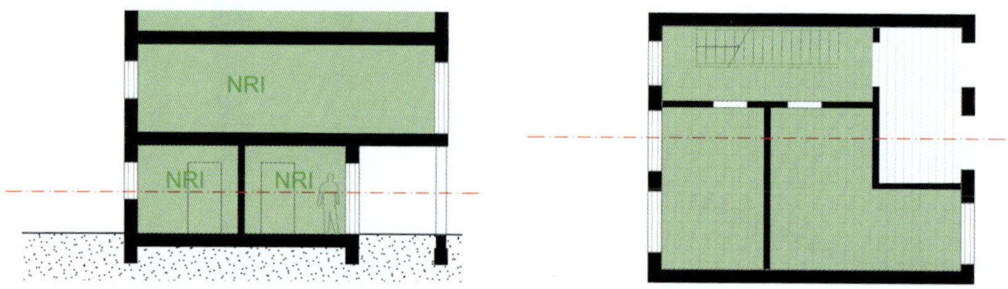

Der Raum unter einem auskragenden Geschoss wird nur dann als NRI erfasst, wenn diesem Raum eine Nutzung nach DIN 277, Abschnitt 4.1, Tabelle 1 zugeordnet ist und er als Baukonstruktion am Bauwerk unterbaut oder konstruktiv fest mit dem Bauwerk verbunden ist.

Fall 6.8: auskragende Bauteile

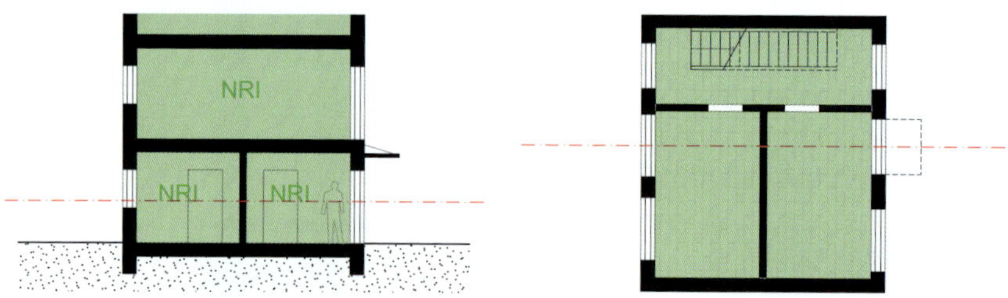

Auskragende Bauteile (z. B. Dachüberstand, Eingangsüberdachung, Sonnenschutz) wie auch untergeordnete Bauteile (konstruktive und gestalterische Vorsprünge an Außenwänden wie Lisene, Pilaster, Gesimse u. Ä.) werden nicht berücksichtigt. Sie bilden keinen Raum im Sinne der DIN 277 und gehören nicht zum NRI.

3.8 Nutzungs-, Verkehrs- und Technikfläche (NUF, VF, TF): Fallbeispiele

Die Summe der Grundflächen aller Räume des Gebäudes ergibt die NRF (siehe Kapitel 3.6). Diese NRF wird entsprechend ihrem Nutzungszweck differenziert in die Nutzungsfläche (NUF), in die Verkehrsfläche (VF) und in die Technikfläche (TF) (siehe Abb. 3.16 und 3.17). Flächen, die nicht zur NRF gehören, sind ebenso keine NUF, VF oder TF.

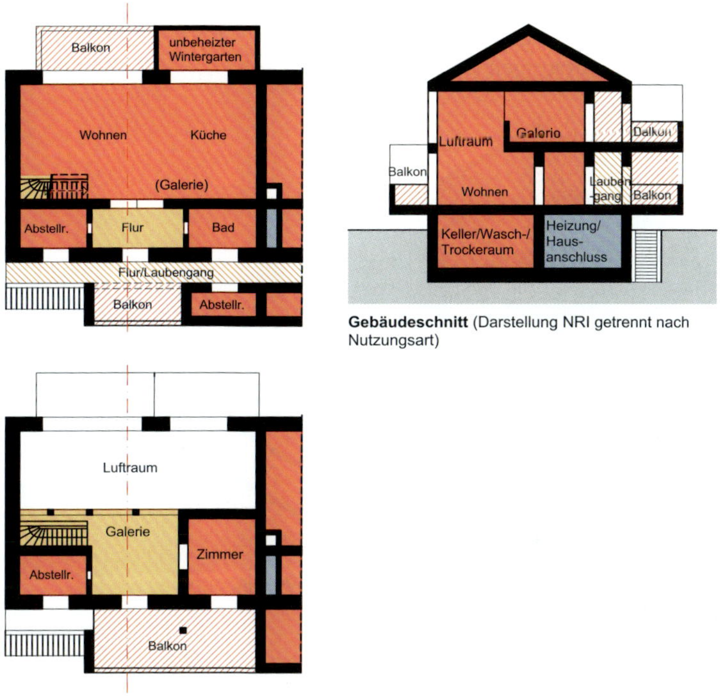

Grundriss EG

Gebäudeschnitt (Darstellung NRI getrennt nach Nutzungsart)

Grundriss OG

Netto-Raumfläche NRF = Nutzungsfläche NUF - Verkehrsfläche VF + Technikfläche TF

- Nutzungsfläche, Regelfall (allseits umschlossene Fläche)
- Verkehrsfläche, Regelfall (allseits umschlossene Fläche)
- Technikfläche, Regelfall (allseits umschlossene Fläche)
- keine Netto-Raumfläche (z.B. Luftraum, Öffnungen, Hohlräume, Wand/Fensternischen)
- Konstruktions-Grundfläche (z.B. horizontale Wandflächen, horizontale Fläche der Stützen)
- Nutzungsfläche, Sonderfall (seitlich offen und/oder überdeckte Fläche oder oben offene und seitlich begrenzte Flächen; z.B. Balkon, Loggia, Terrasse)
- Verkehrsfläche, Sonderfall (seitlich offen und/oder überdeckte Fläche oder oben offene und seitlich begrenzte Flächen; z.B. Laubengang)

Abb. 3.16: Nutzungsfläche (NUF), Verkehrsflächen (VF) und Technikflächen (TF), grafische Darstellung am Beispiel

Die **NUF** sind ein Teil der NRF und beinhalten diejenigen Flächen, die dem eigentlichen Nutzungszweck dienen. Diese NUF können des Weiteren nach DIN 277, Tabelle 2 in folgende Nutzungsarten untergliedert werden:

- Wohnen und Aufenthalt (NUF 1),
- Büroarbeit (NUF 2),
- Produktion, Hand- und Maschinenarbeit, Forschung und Entwicklung (NUF 3),
- Lagern, Verteilen und Verkaufen (NUF 4),
- Bildung, Unterricht und Kultur (NUF 5),
- Heilen und Pflegen (NUF 6),
- sonstige Nutzungen (NUF 7).

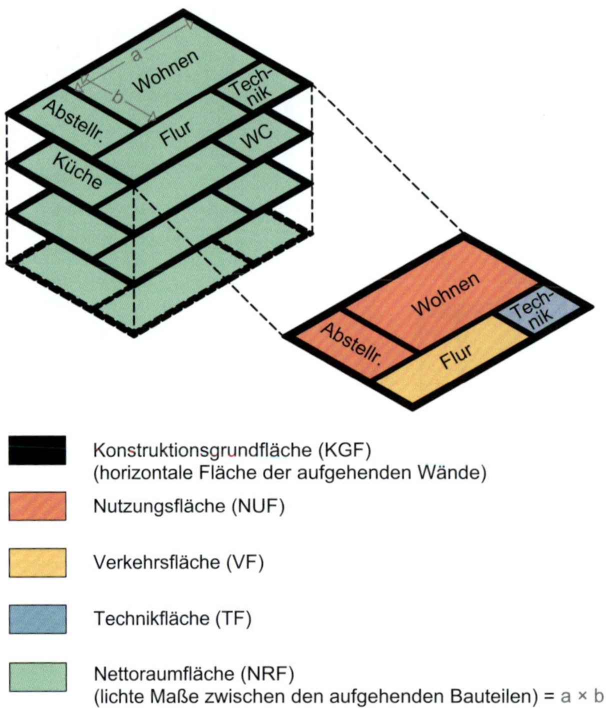

Abb. 3.17: Differenzierung der Nettoraumfläche (NRF), grafische Darstellung

Die **VF** sind ein Teil der NRF und beinhalten die Flächen, die der Erschließung der Räume des Gebäudes dienen. Das sind beispielsweise die Flächen von Fluren, Rampen, Treppenhäusern, Aufzügen und Foyer- oder Eingangsbereichen. Die Flächen innerhalb von Räumen, die zur Erschließung genutzt werden, sind keine VF im Sinne der DIN 277. Beispielsweise gehören die Treppen innerhalb von Hörsälen oder von Theater-/Konzertsälen zur Erschließung der Sitzplätze nicht zur VF. Ebenso sind die Gänge zwischen Einkaufsregalen im Einkaufsmarkt oder Gänge zwischen Ausstellungstafeln keine VF. Hingegen werden in Parkhäusern die Fahrstraßen zwischen den Kraftfahrzeugabstellplätzen zur VF gezählt; die Kraftfahrzeugabstellplätze sind NUF.

TF sind ein Teil der NRF und beinhalten die Flächen für die technischen Anlagen, die der Ver- und Entsorgung des Gebäudes dienen, einschließlich ihrer Lagerflächen. Die Flächen von Räumen für nutzungsspezifische technische Anlagen, die aufgrund des Nutzungszweckes erforderlich sind, gehören nicht zu den TF im Sinne der DIN 277. Die Grundflächen von Räumen mit nutzungsspezifischen technischen Anlagen beispielsweise für Datenspeicherung/-erfassung oder für medizinische Geräte werden der NUF zugeordnet.

3.8.1 Dach- und Gebäudeabschluss

Der Dachabschluss ist die obere Begrenzung des Bauwerkes. Er kann waagerecht, zweiseitig geneigt, einseitig geneigt oder gekrümmt sein. Entscheidend für die Anrechnung einer Grundfläche sind die Nutzung und Nutzbarkeit des obersten Geschosses bzw. der Dachfläche. Die Nutzbarkeit wird definiert auf Basis der objektiven Kriterien, ob

- die Dachfläche begehbar zum dauernden Aufenthalt von Personen ist,
- die Zugänglichkeit über eine notwendige Treppe gegeben oder nachrüstbar ist,
- eine ausreichende lichte Raumhöhe entsprechend dem Nutzungszweck vorhanden ist,
- eine ausreichende Belichtung entsprechend dem Nutzungszweck existiert.

Die Anforderungen, die aufgrund des Nutzungszwecks an den Raum gestellt werden, basieren auf dem landesrechtlichen Bauordnungsrecht, d. h. den jeweiligen Landesbauordnungen.

Nicht begehbare Flächen von Räumen im Dachgeschoss (z. B. Spitzboden) oder nicht zugängliche Flächen (z. B. Abseite, Drempel) sowie die Flächen von ungenutzten Flachdächern gehören nicht zur BGF und sind aufgrund des fehlenden Nutzungszwecks auch keine NRF und keine NUF, VF oder TF.

Sollten Räume bisher nur nicht ausgebaut sein, jedoch nach einem späteren Ausbau genutzt werden können, dann sind diese Flächen als BGF und als NRF zu erfassen und in der weiteren Differenzierung je nach Nutzungszweck der NUF, VF oder TF zuzuordnen und separat auszuweisen.

Zugänge zu Räumen und zu Flächen für Zwecke der Wartung, Inspektion und Instandsetzung begründen keinen Nutzungszweck nach DIN 277, Tabelle 1 und gehören somit nicht zur BGF, ebenso nicht zur NRF und somit auch nicht zur NUF, VF und TF.

Fall 1.1: Satteldach, nicht ausgebaut

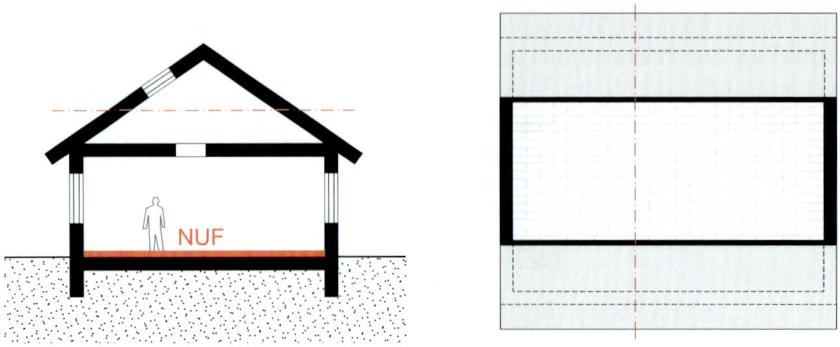

Nicht begehbare Flächen in Dachräumen ohne Zugang, die nicht nutzbar sind, gehören nicht zur BGF und haben demzufolge keine NUF, VF oder TF.

Ist der Dachraum aufgrund objektiver Kriterien generell nutzbar (siehe Kapitel 3.3.1), jedoch noch nicht ausgebaut, sind die NRF des Dachgeschosses sowie deren Differenzierung in die NUF, VF und TF zu ermitteln und getrennt auszuweisen.

Fall 1.2: Satteldach, ausgebaut

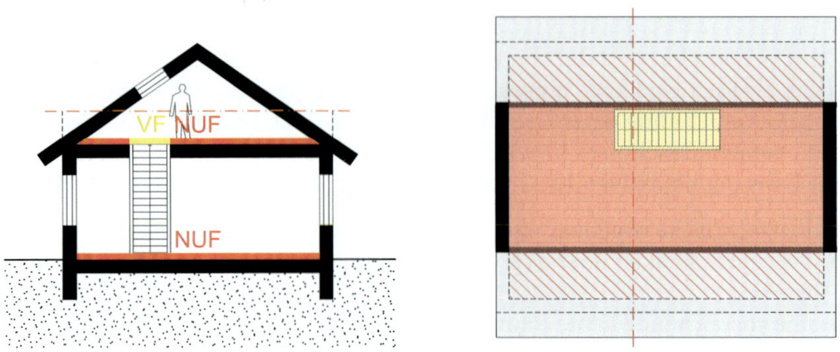

Begehbare und nutzbare Flächen im Dachraum werden der NRF zugeordnet und im Weiteren je nach Nutzungszweck in die NUF, VF und TF differenziert. Der Berechnung der Grundfläche des Raumes sind die lichten Maße in Höhe der Deckenbeläge zugrunde zu legen.

Fall 1.3: Flachdach, nicht begehbar

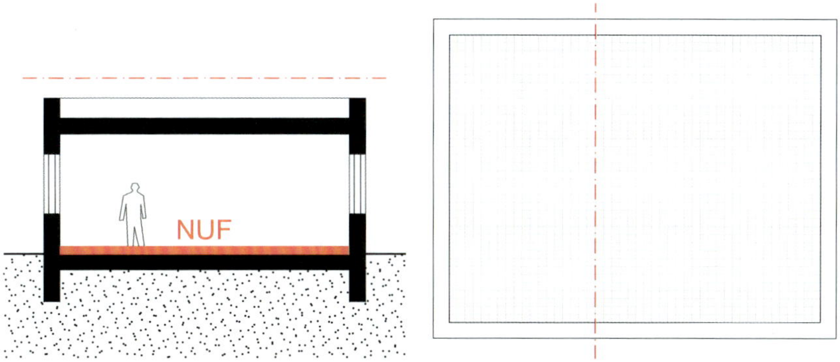

Ein nicht begehbares Flachdach ist nicht für den dauerhaften Aufenthalt von Personen bestimmt und nur zu Wartungs-, Inspektions- oder Instandsetzungszwecken begehbar. Diese nicht begehbaren Flachdächer gehören nicht zur BGF, nicht zur NRF und somit auch nicht zur NUF.

Fall 1.4: Flachdach, begehbar, genutzte Dachfläche

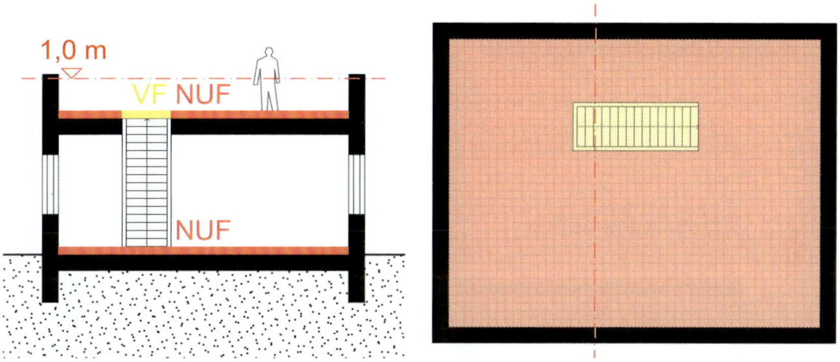

Die Grundfläche eines genutzten Flachdaches ist für den dauerhaften Aufenthalt von Personen bestimmt und gehört zur NUF. Die Dachfläche ist seitlich begrenzt (z. B. Brüstung, Geländer) und/oder überdeckt. Maßgebend ist der lichte Abstand in Höhe des Dachbelages zwischen den am weitesten innen liegenden Innenkanten der seitlichen Begrenzungen (Brüstung Geländer). Aufgrund des nicht allseits umschlossenen Raumes wird diese Fläche der Raumumschließung Sonderfall (NUF, S) zugeordnet.

3.8.2 Tragwerk, Fassade und Ausbau

Die horizontalen Flächen des Tragwerkes der aufgehenden Baukonstruktion (Außen- und Innenwände) und der Fassadenkonstruktionen werden in der Regel der Konstruktionsgrundfläche (KGF) zugeordnet. Unabhängig davon, ob diese Baukonstruktionen des Tragwerkes und der Fassade senkrecht, geneigt oder gekrümmt ausgeführt sind, sind zur Ermittlung der Nettoraumflächen (NRF), der Nutzungsflächen, der Verkehrsflächen (VF) und der Technikflächen (TF) die lichten Maße der Räume in Höhe der Oberkanten der Boden- und Deckenbeläge maßgebend.

Fall 2.1: Doppelfassade

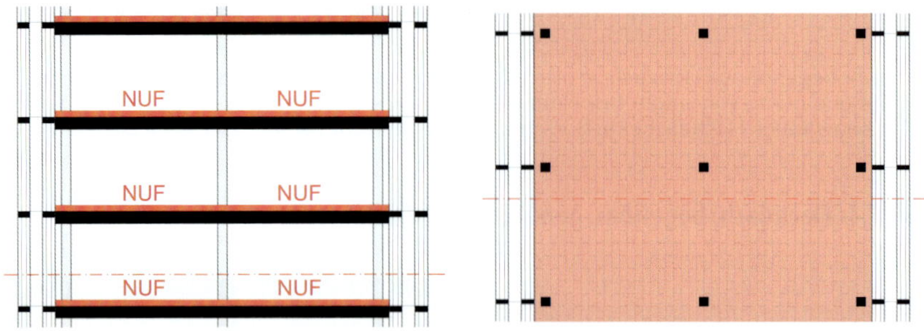

Grundlage der Ermittlung der NUF des Gebäudes sind die lichten Maße derjenigen Räume, die der Zweckbestimmung des Gebäudes dienen. Hohlräume in der Doppelfassade bilden in der Regel keinen nutzbaren Raum und gehören nicht zur NRF und damit auch nicht zur NUF.

Fall 2.2: Stützen, innen/außen

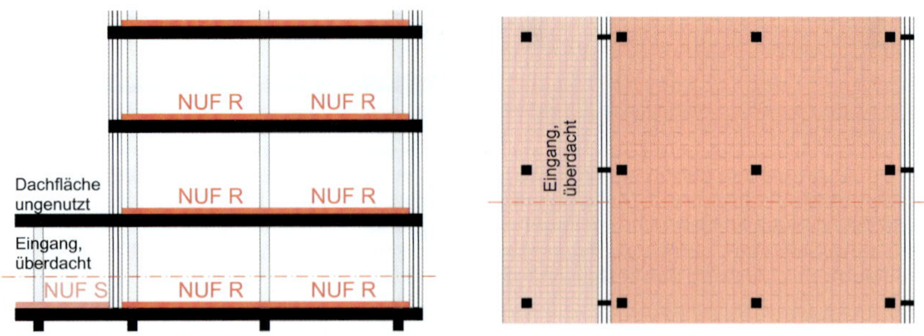

Stützen sind strukturelle Elemente, die die Lasten des Gebäudes tragen und keine nutzbare Fläche des Gebäudes darstellen. Sie gehören unabhängig von ihrer Größe nicht zur NRF und damit auch nicht zur NUF. Die Grundfläche von Stützen wird der KGF zugeordnet.

Fall 2.3: bewegliche Raumteiler

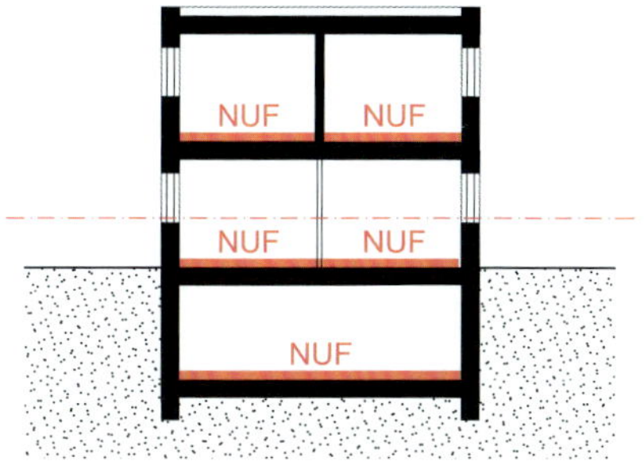

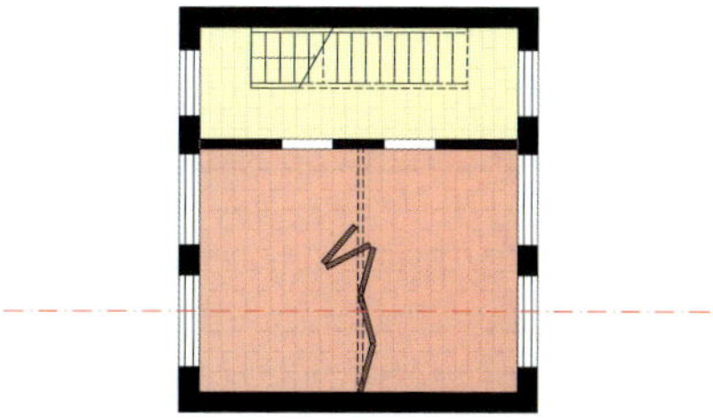

Leichte Abtrennungen in Sanitärräumen, Umkleiden, Duschen u.Ä. sowie flexible, bewegliche Raumteiler (z.B. Faltwände) gehören zur NRF und werden je nach Nutzungszweck des Raumes der NUF, der VF oder der TF zugeordnet.

3.8.3 Erschließung und Versorgung

Die Flächen und Räume für die Erschließung des Gebäudes sind beispielsweise Treppenhäuser, Flure, Aufzüge, Eingänge oder Foyers. Diese Flächen werden aufgrund ihrer Zweckbestimmung der Verkehrsfläche (VF) zugeordnet.

Die Grundflächen von Räumen für haustechnische Anlagen, die der Ver-/Entsorgung des Gebäudes dienen, gehören entsprechend ihrer Zweckbestimmung zur Technikfläche (TF). Diese Technikflächen sind z. B. die Grundflächen von Installationsschächten mit einem lichten Querschnitt von > 1,0 m², Haustechnikräume, Heizräume oder Räume für die Lagerung von Brennstoffen oder Löschwasser.

Die Grundflächen sind getrennt zu erfassen nach Geschossebenen des Gebäudes, nach dem Bereich der Raumumschließung sowie nach unterschiedlichen lichten Raumhöhen; sie werden differenziert nach eben bzw. schräg verlaufenden Flächen. Die Grundfläche von schräg verlaufenden Flächen wird als vertikale Projektion auf eine horizontale Ebene (= Geschossebene) erfasst. Treppen werden jeweils in das darüberliegende Geschoss projiziert (siehe Abb. 3.18).

Handelt es sich um eine massive Treppe; wird die Grundfläche der untersten Stufe der Konstruktionsgrundfläche (KGF) zugeordnet.

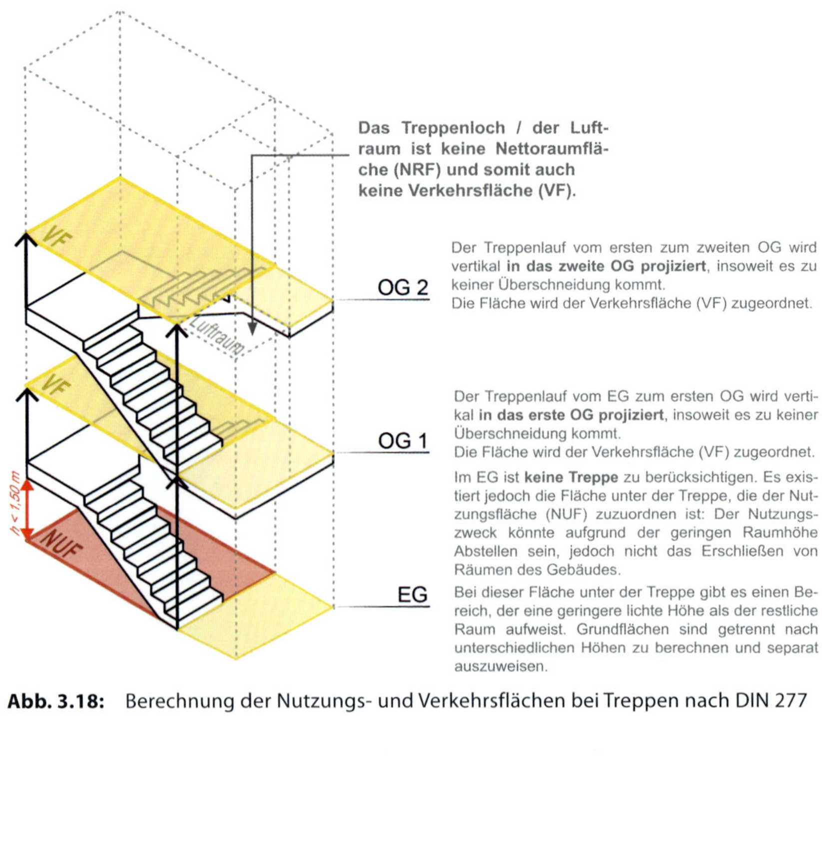

Abb. 3.18: Berechnung der Nutzungs- und Verkehrsflächen bei Treppen nach DIN 277

Fall 3.1: Treppenhaus

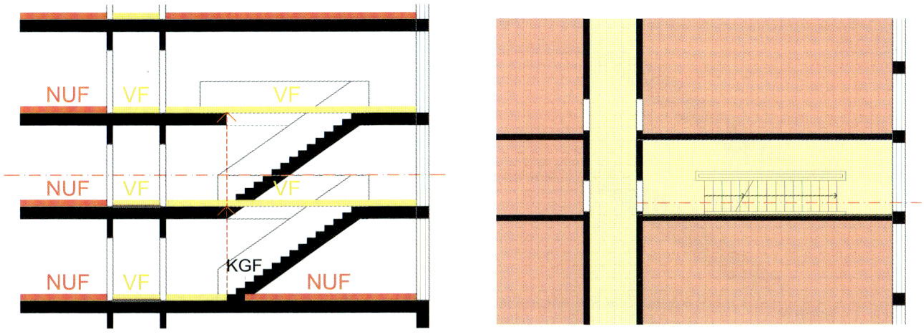

Treppen werden als vertikale Projektion in das darüberliegende Geschoss erfasst. Somit liegt die Grundfläche der Treppe in der Geschossebene, in der die Treppe ankommt. In der weiteren Untergliederung der NRF werden der VF die Treppenflächen, die Flächen der Podeste und die Flächen der Flure zugeordnet, da diese Flächen der Erschließung von Räumen dienen.

Ist die Fläche der nach oben projizierten Treppe größer als das Treppenloch (Deckenöffnung) und kommt es zu Überschneidungen, wird diese Differenz nicht im darüberliegenden Geschoss als VF erfasst, sondern im Geschoss, in dem die Treppe beginnt, erfasst und separat ausgewiesen.

Ist das Treppenloch (Deckenöffnung) größer als die nach oben projizierte Treppenfläche, entsteht ein Luftraum. Diese Differenzfläche, d. h. der Luftraum, ist ab einer Größe von 1 m² in diesem Geschoss nicht als Grundfläche zu erfassen. Ein Luftraum mit einem lichten Querschnitt > 1 m² ist keine BGF, gehört nicht zur NRF und somit auch nicht zur VF. Die Grundfläche des Luftraumes ist im unteren Geschoss (am Beginn der Treppe) als NRF zu erfassen und je nach Nutzungszweck der VF, der NUF oder der TF zuzuordnen. Aufgrund der abweichenden lichten Höhe des Luftraumes ist die Fläche separat auszuweisen.

Das Treppenauge (Raum zwischen den Treppenläufen) ist ebenfalls ein Luftraum. Es ist ebenso bei einem lichten Querschnitt > 1 m² keine BGF und keine NRF und gehört daher auch nicht zur VF. Ist der lichte Querschnitt des Treppenauges jedoch ≤ 1 m², wird dieser übermessen und als VF erfasst.

Die Fläche unter der Treppe wird als NUF, gegebenenfalls in Abhängigkeit von ihrer lichten Raumhöhe, separat erfasst (siehe Fall 3.7). Diese Fläche ist für Nebennutzungen (z. B. das Abstellen) geeignet ist, jedoch nicht zum Erschließen von Räumen.

Fall 3.2: Aufzug

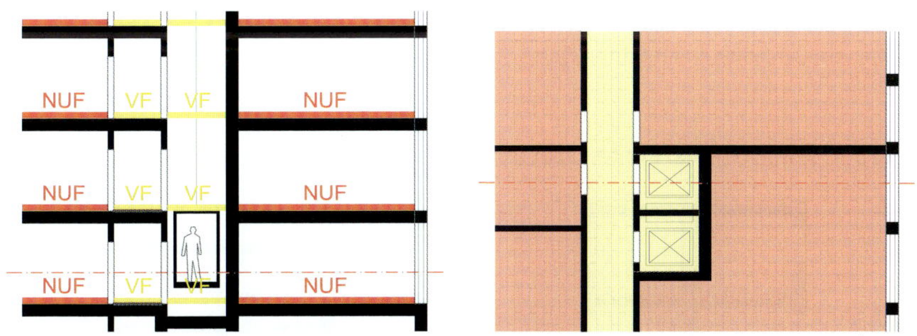

Die Flächen von Aufzugsschächten sowie die Flächen von Installations- und Wartungsschächten gehören in jedem Geschoss, durch das sie führen, zur NRF, wenn sie einen lichten Querschnitt > 1,0 m² aufweisen.

In der weiteren Untergliederung werden die Aufzugsschächte als VF erfasst, da sie der Erschließung des Gebäudes dienen. Die Installations- und Wartungsschächte mit einem lichten Querschnitt > 1,0 m² werden in der weiteren Untergliederung der TF zugeordnet.

Fall 3.3: Rolltreppe

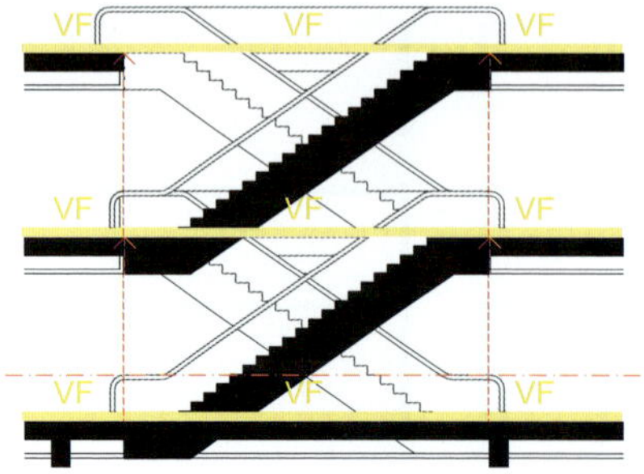

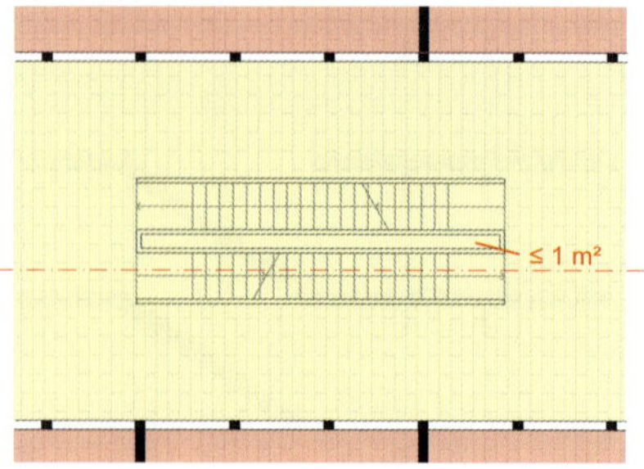

Treppen mit beweglichen Stufen (Rolltreppe) werden analog den festen Treppen ermittelt. Die Fläche der Rolltreppe wird durch vertikale Projektion in das darüberliegende Geschoss gelegt und diesem Geschoss als Menge zugeordnet.

Lufträume in Galerie- oder Treppengeschossen, die im Lichten eine Fläche > 1 m² aufweisen, sind keine BGF und keine NRF und gehören daher auch nicht zur VF.

Lufträume, wie beispielsweise Treppenaugen mit einem lichten Querschnitt ≤ 1 m², werden übermessen; sie gehören zur BGF, werden als NRF erfasst und der VF zugeordnet.

Die Fläche unter der Treppe wird als NUF „unter schräg verlaufender Fläche", ggf. in Abhängigkeit von ihrer lichten Raumhöhe, separat erfasst (siehe Fall 3.1 und 3.7).

Fall 3.4: Schächte unter/über 1 m²

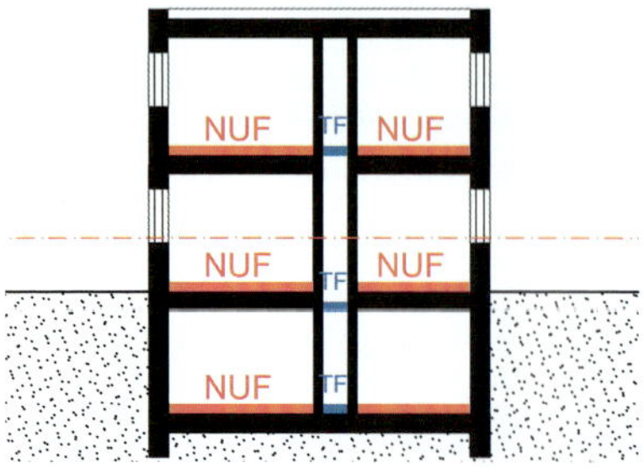

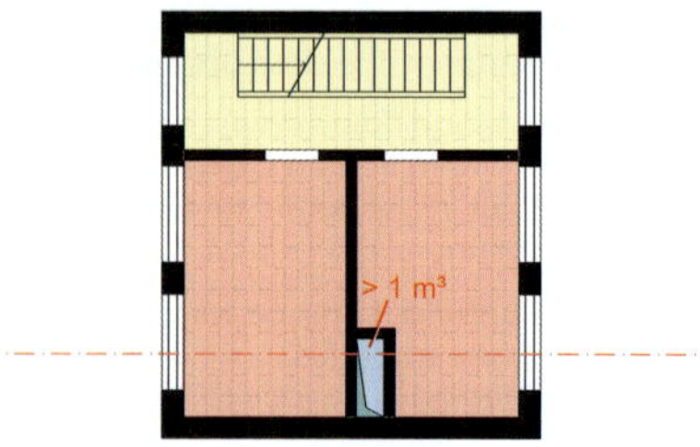

Installationsschächte mit einem lichten Querschnitt > 1,0 m² werden in jedem Geschoss, durch das sie führen, als NRF erfasst. Sie werden in der weiteren Untergliederung der TF zugeordnet.

Haben die Schächte einen lichten Querschnitt von ≤ 1 m², gehören deren Grundflächen zur KGF.

Fall 3.5: Schornsteine/Pfeiler/Stützen

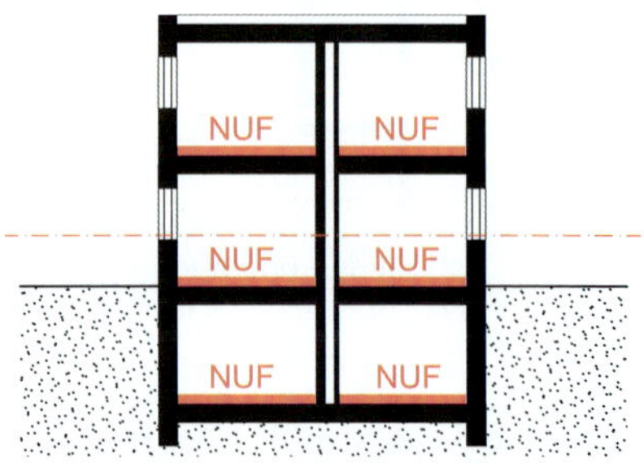

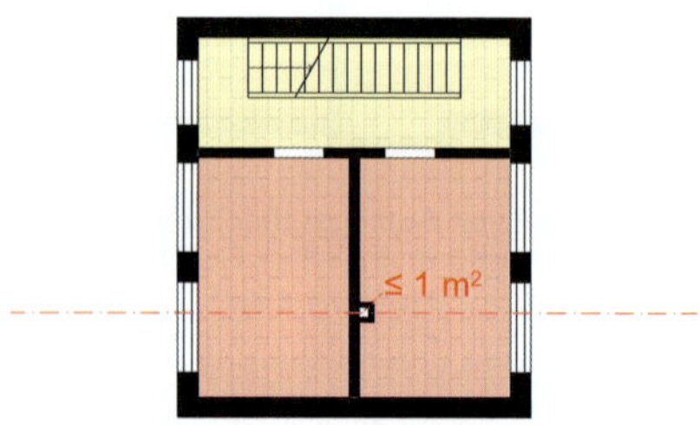

Schornsteine, Pfeiler, Stützen gehören unabhängig von ihrer Größe zur KGF und werden nicht als NRF, NUF, VF oder TF erfasst und zugeordnet.

Fall 3.6: frei liegende Installationen

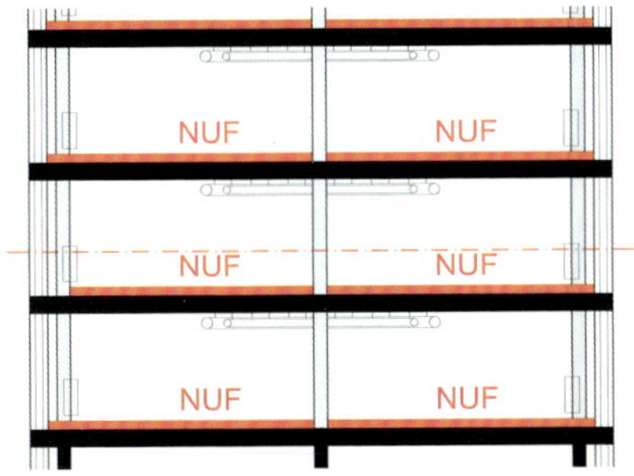

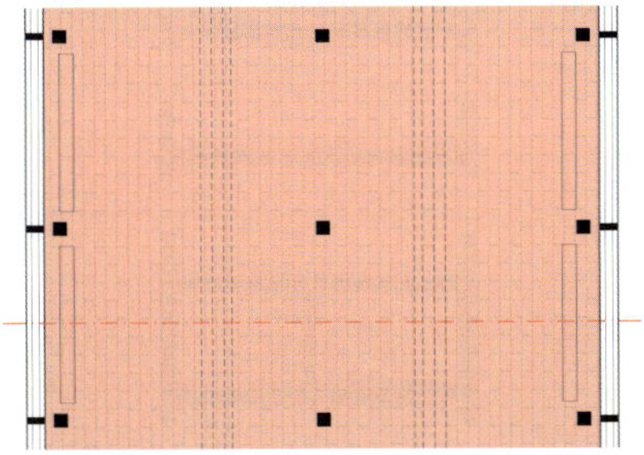

Sowohl frei liegende Installationen als auch fest eingebaute technische Anlagen werden bei der Ermittlung der NRF nicht berücksichtigt und übermessen. Sie werden nicht separat erfasst und nicht der TF zugeordnet. Leitungen, Heizungs- und Klimageräte sowie Sanitärobjekte werden von der NRF eingeschlossen.

In der weiteren Untergliederung der NRF wird auf den Nutzungszweck des Raumes abgestellt: Liegen die Installationen/Einbauten in einem Aufenthaltsraum (= NUF), wird die von den Installationen/Einbauten überdeckte Grundfläche der NUF zugeordnet. Liegen die Installationen/Einbauten im Flur (= VF), werden die von ihnen überdeckten Grundflächen der VF zugeordnet. Liegen die Installationen/Einbauten im Hausanschlussraum (= TF), dann werden die von ihnen überdeckten Grundflächen der TF zugeordnet.

Fall 3.7: Fläche $h < 2$ m, z. B. unter der Treppe

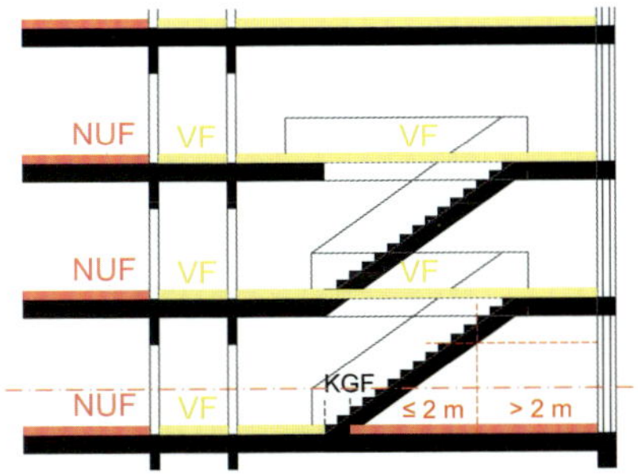

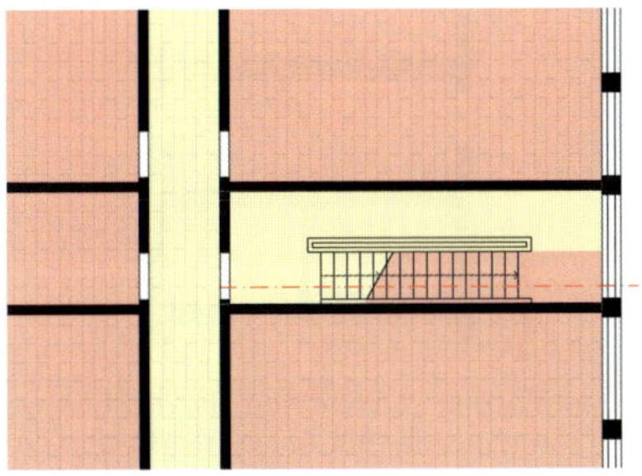

Flächen mit unterschiedlichen Raumhöhen sind separat zu erfassen. Dementsprechend ist die Fläche unter der Treppe separat auszuweisen.

Die Grundflächen von Treppen werden einschließlich ihrer Podeste der Flächenart VF zugeordnet. Sie dienen der Erschließung des Gebäudes. Die Fläche unter der untersten Treppe dient in der Regel nicht der Erschließung von Räumen des Gebäudes. Sie wird der NUF zugeordnet und kann aufgrund der geringen Raumhöhe als Abstellraum genutzt werden. Die Fläche unter der Treppe hat eine vom Raum abweichende lichte Raumhöhe und ist daher separat zu ermitteln und auszuweisen.

Handelt es sich um eine massive Treppe, wird die Grundfläche der untersten Stufe der KGF zugeordnet.

Fall 3.8: Ergänzungsflächen für den Betrieb technischer Anlagen

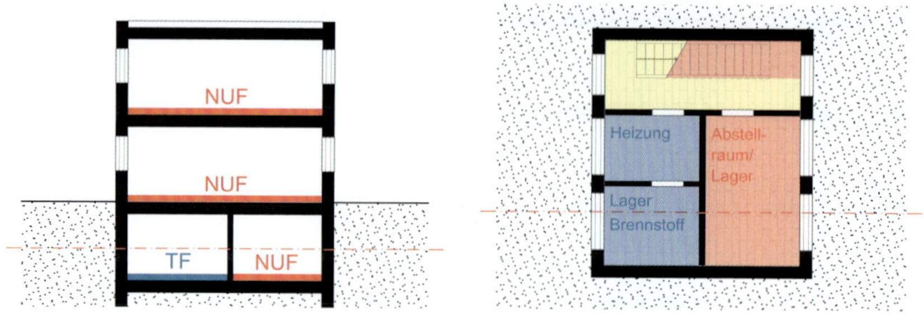

Die Grundflächen von Räumen, die für den Betrieb technischer Anlagen zur Ver- und Entsorgung des Bauwerkes genutzt werden, gehören zur TF. Ebenso gehören die Grundflächen von weiteren zusätzlichen Räumen, die für den Betrieb dieser technischen Anlagen erforderlich sind, zur TF, wie z. B. Lager für Brennstoffe oder für Löschmittel.

Demgegenüber gehören die Grundflächen von Räumen für nutzungsspezifische technische Anlagen, die für den Nutzungszweck des Nutzers erforderlich sind, zur NUF, wie beispielsweise Räume für Server und Kompressoren oder Schalträume für medizinische Geräte (siehe Fall 3.9).

Fall 3.9: Flächen für den Betrieb nutzungsspezifischer Anlagen

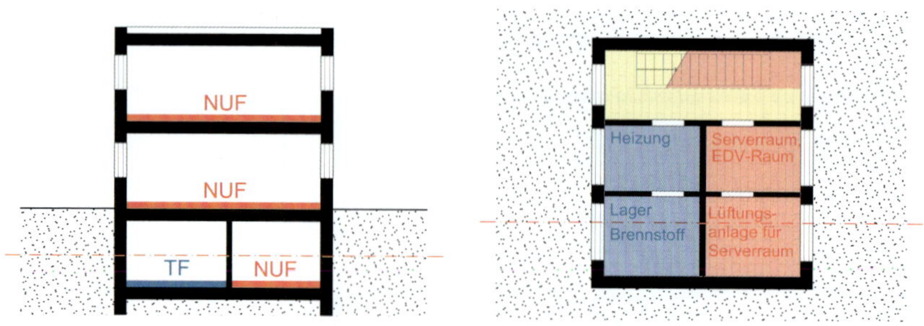

Grundflächen von Räumen, die nicht für den Betrieb des Gebäudes, sondern für den Betrieb nutzungsspezifischer Anlagen erforderlich sind, gehören nicht zur TF. Diese Flächen werden der NUF zugeordnet. Ebenso gehören die Grundflächen von weiteren zusätzlichen Räumen, die für den Betrieb dieser technischen Anlagen des Nutzers erforderlich sind, wie z. B. Lüftungsanlage für die nutzungsspezifischen Anforderungen, nicht zur TF.

3.8.4 Keller und Gründung

Zur Ermittlung der NUF, der VF und der TF werden die Grundflächen der Räume in jedem Geschoss anhand der lichten Abmessungen zwischen den aufgehenden Bauteilen erfasst, auch im Kellergeschoss. Flächen, die nicht begehbar sind und keinem Nutzungszweck nach DIN 277, Tabelle 1 zugeordnet werden können oder ausschließlich der Wartung, Inspektion oder Instandsetzung dienen, gehören nicht zur BGF und auch nicht zur NRF. Flächen, die nicht als NUF, VF oder TF erfasst werden, sind beispielsweise die Grundflächen von Kriechkellern, Spitzböden oder Flächen/Volumina zwischen der Gründung bzw. den Fundamenten.

Fall 4.1: voll unterkellert

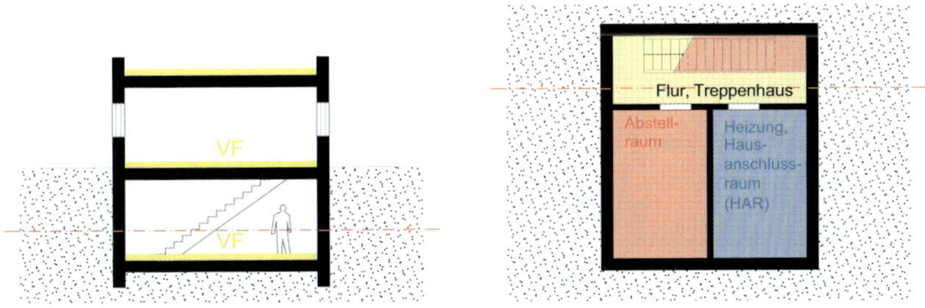

Die Grundfläche der Räume des Kellergeschosses werden wie bei jedem oberirdischen Geschoss in Höhe der Oberkante der Bodenbeläge als NRF erfasst. Im Weiteren wird diese Grundfläche entsprechend dem Nutzungszweck der NUF, der VF oder der TF zugeordnet. Grundlage sind die lichten inneren Abmessungen zwischen den Wänden jedes Raumes in Höhe der Bodenbeläge.

Fall 4.2: teilunterkellert

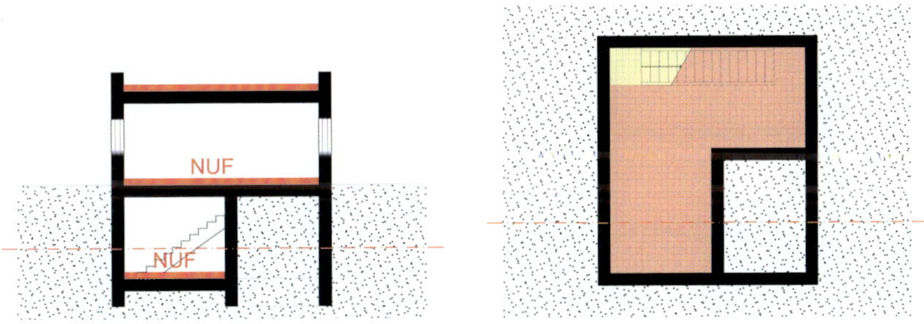

Die Grundflächen der Räume werden nur im unterkellerten Bereich ermittelt. Zwischen den Fundamenten gibt es keine Räume und keine NUF, keine VF und keine TF.

Fall 4.3: nicht unterkellert

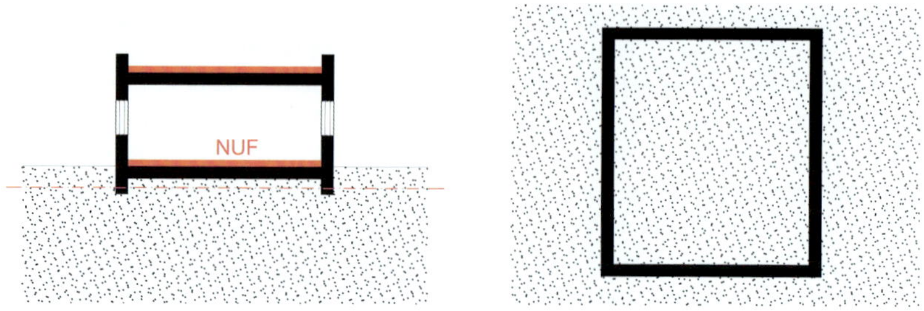

Nicht unterkellerte Gebäude haben nutzbare Räume erst ab dem ersten oberirdischen Geschoss. Zwischen den Fundamenten gibt es keine Räume und keine NRF.

Fall 4.4: Tiefgarage

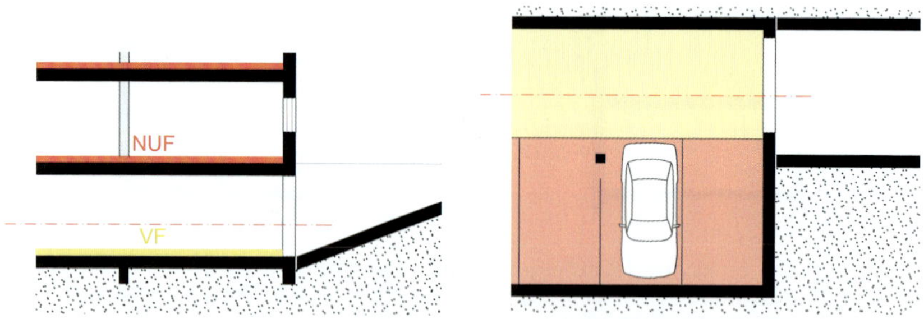

Die Grundflächen der Räume des Kellergeschosses werden anhand der lichten Abmessungen in Höhe der Bodenbeläge ermittelt und je nach Nutzungszweck der NUF, der VF oder der TF zugeordnet. In der Tiefgarage gehören die Kraftfahrzeugstellflächen zur NUF und die Fahrgassen, Rampen und Rangierflächen zur VF.

Fall 4.5: Kriechkeller

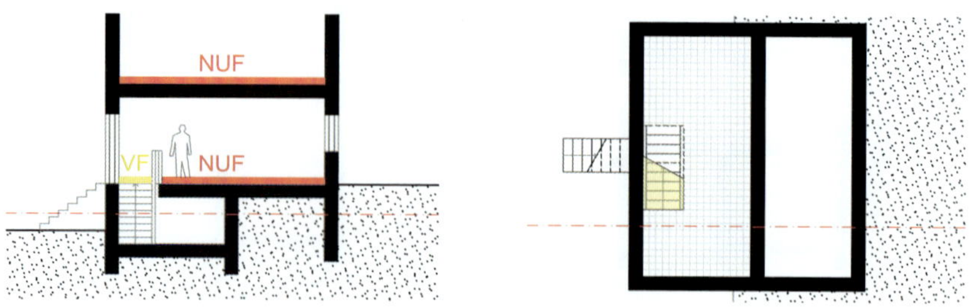

Die Flächen von nicht begehbaren Räumen oder von Räumen, die der Wartung, Inspektion und Instandsetzung dienen, sind keine BGF und gehören nicht zur NRF. Daher werden diesen Flächen auch nicht der NUF, VF oder TF zugeordnet.

Fall 4.6: Tiefgaragenausfahrt, Rampe

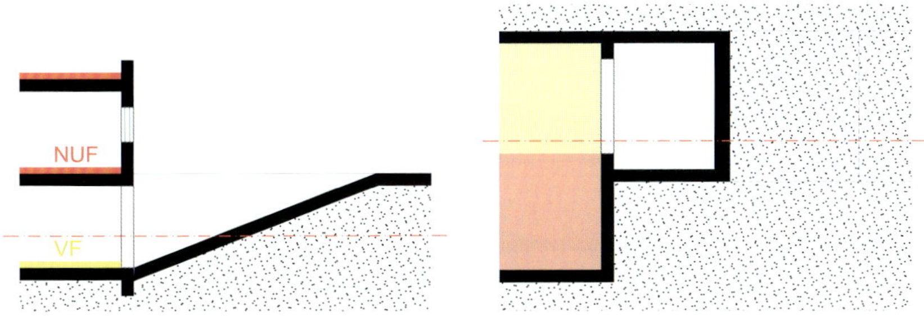

Baukonstruktionen am Bauwerk, wie beispielsweise Rampen, Treppen, Terrassen oder Höfe, die nicht unterbaut oder konstruktiv fest mit dem Gebäude verbunden sind und keinen Nutzungszweck nach DIN 277, Tabelle 1 aufweisen, sind keine BGF und gehören auch nicht zur NRF. Daher werden diese Flächen auch nicht der NUF, VF oder TF zugeordnet.

Fall 4.7: Flächen, die nicht zu einer Nutzungseinheit gehören

Die Ermittlung der NRF und deren Differenzierung in NUF, VF und TF erfolgt unabhängig von der Aufteilung in Nutzeinheiten.

Die Grundflächen von Räumen, die zur NRF gehören, werden entsprechend ihrem Nutzungszweck der NUF, VF oder TF zugeordnet. Zum Beispiel werden Abstellräume im Keller oder außerhalb der Wohnung nicht separat zu den Abstellräumen innerhalb der Wohnung erfasst. Ebenso ist nach DIN 277 eine getrennte Erfassung von Fluren innerhalb der Wohnung bzw. der Nutzeinheit und der Flure, die gemeinsam von allen Mietern genutzt werden, nicht vorgesehen.

3.8.5 Ebenen und Decken

Getrennt nach Geschossebenen und deren lichten Raumhöhen werden die NRF jedes Raumes anhand der lichten Maße in Höhe der Boden- oder Deckenbeläge erfasst. Diese NRF werden entsprechend ihrem Nutzungszweck in die NUF, VF oder TF differenziert.

Fall 5.1: Eingangshalle

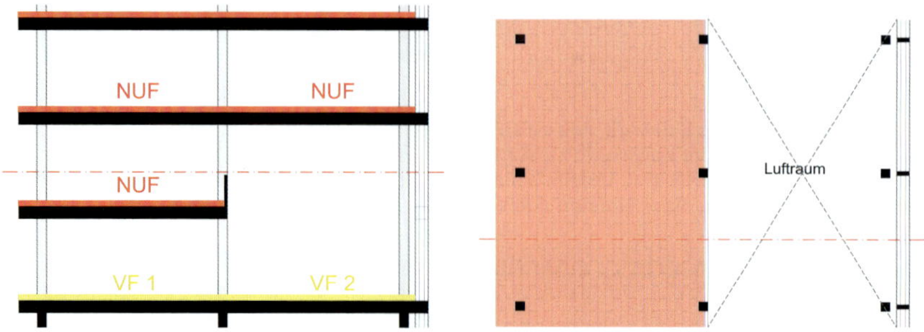

Die NRF werden nach unterschiedlichen Raumhöhen getrennt erfasst und entsprechend dem Nutzungszweck differenziert. Die Empfangshalle dient der Erschließung des Gebäudes und wird daher der VF zugeordnet. Diese VF ist für die Bereiche unterschiedlicher lichter Raumhöhe getrennt zu erfassen und auszuweisen (VF 1, VF 2).

Fall 5.2: Splitlevel innerhalb einer Nutzungseinheit

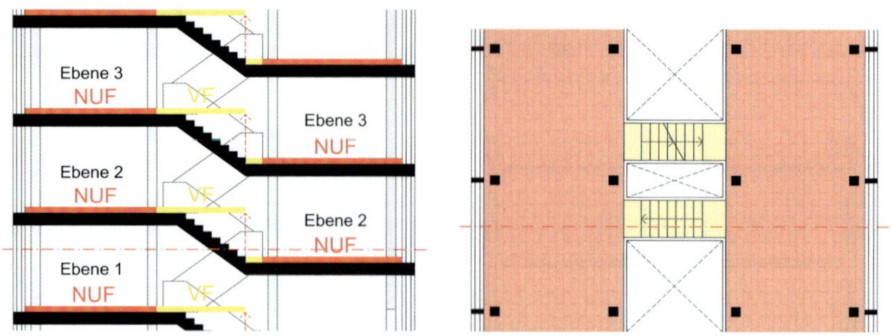

Die NRF der Räume des Gebäudes wird je nach Nutzungszweck differenziert und als NUF, VF oder TF ausgewiesen. Innerhalb einer Nutzungseinheit mit Splitlevel-Geschossen werden die raumverbindenden Treppen der VF zugeordnet. Die durch Treppen verbundenen Räume gehören zur NUF.

Mit Treppen verbundene versetzte Geschosse (Splitlevel) werden entsprechend der Zuordnung zu einer Geschossebene zusammengefasst oder separat als Geschoss ausgewiesen. Ist es nicht sinnvoll, Geschossebenen zusammenzufassen und wurden die Geschosse daher verschiedenen Ebenen zugewiesen, sind diese Geschosse getrennt voneinander zu ermitteln. Schräg verlaufende Konstruktionen (z. B. Treppen) werden grundsätzlich durch vertikale Projektion in das nächsthöhere Geschoss projiziert und diesem Geschoss zugeordnet.

Die Grundfläche von Lufträumen zwischen den Treppen (Treppenauge), die im Lichten einen Querschnitt mit einer Fläche > 1 m² aufweisen, sind keine NRF und somit nicht der VF zugeordnet. Sie werden im untersten Geschoss mit einer entsprechend größeren lichten Raumhöhe erfasst. Flächen von Lufträumen, die einen lichten Querschnitt von ≤ 1 m² besitzen, werden nicht separat erfasst; sie werden bei der Flächenermittlung der Treppe übermessen und als VF erfasst.

Fall 5.3: Maisonettewohnung

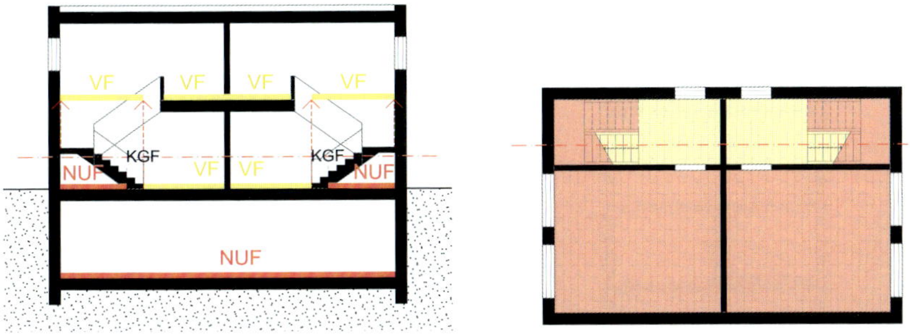

Unabhängig von der Zugehörigkeit zu einer Nutzeinheit werden die NRF der Räume des Gebäudes nach ihrem Nutzungszweck differenziert und als NUF, VF oder TF ermittelt. Treppenflächen einschließlich ihrer Podeste sowie die Grundflächen von Fluren innerhalb einer Nutzungseinheit dienen der Erschließung von Räumen und werden daher als VF erfasst. Treppenflächen werden durch vertikale Projektion in dem darüberliegenden Geschoss berücksichtigt.

Flächen unter der Treppe sind aufgrund des Nutzungszwecks nicht der Erschließung zuzuordnen und sind keine VF. Sie werden als NUF erfasst.

Handelt es sich um eine massive Treppe, dann wird die auf der Bodenplatte aufliegende Aufstandsfläche der untersten Stufe der KGF zugeordnet.

Fall 5.4: Sitzränge

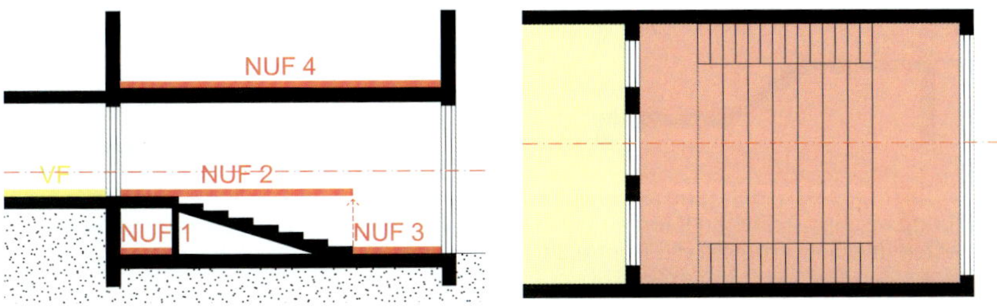

Die Grundflächen von schräg verlaufenden Baukonstruktionen (z. B. Treppen, Sitzrängen, Rampen) werden durch vertikale Projektion auf eine horizontale Ebene ermittelt. Flächen unterschiedlicher Höhe sind getrennt zu erfassen und auszuweisen (z. B. NUF 1 bis 4).

Treppen und Bewegungsflächen innerhalb des Raumes (z. B. Treppen neben den Sitzreihen in Theatern, Hörsälen oder Konzertsälen) sind keine Verkehrsflächen. Diese Bewegungsflächen gehören zu der Flächenart, die dem Raum entsprechend dem Nutzungszweck zugeordnet wurde. Im dargestellten Beispiel ist das die NUF.

Die Zuordnung der Fläche unter der Treppe erfolgt entsprechend dem Nutzungszweck. Wird diese Fläche keiner Nutzung nach DIN 277, Tabelle 1 und/oder Tabelle 2 zugeordnet und dient sie der Wartung, Inspektion und Instandsetzung von Bauteilen oder technische Anlagen, gehört diese Fläche unter der Treppe unabhängig von ihrer Größe analog dem Kriechkeller nicht zur NRF und somit auch nicht zur NUF, VF oder TF.

Handelt es sich jedoch beispielsweise um eine offene Treppe im Eingangsbereich und somit um keinen geschlossen, nicht genutzten Raum unter der Treppe, dann gehört die Fläche unter der Treppe zur VF und ist aufgrund der geringeren Raumhöhe separat auszuweisen.

Fall 5.5: Treppen und Gänge innerhalb von Räumen

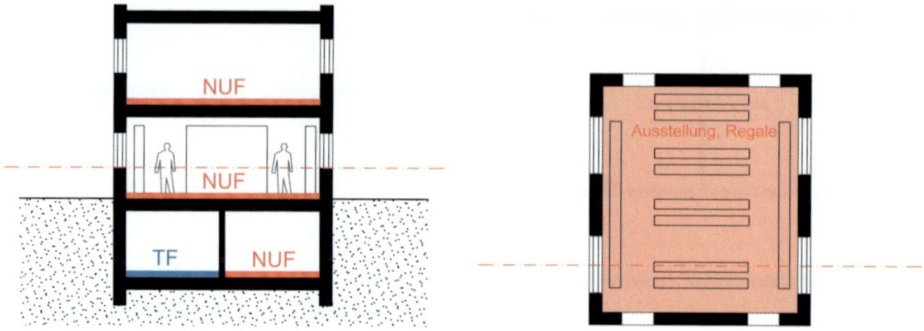

Flächen innerhalb von Räumen, die als Bewegungsflächen zwischen Einrichtungsgegenständen oder zwischen Regalen, Maschinen sowie Ausstellungstafeln vorgehalten werden, sind keine VF. Sie werden der Flächenart des Raumes zugeordnet, die aufgrund des Nutzungszweckes des Raumes festgelegt wurde, im dargestellten Beispiel der NUF.

Ebenso wie die Besuchergänge zwischen Einrichtung und Möblierung gehören auch Treppenanlagen innerhalb von Konzert- oder Hörsälen nicht zu den VF, sondern zu den NUF.

Fall 5.6: Treppen und Gänge innerhalb von Räumen

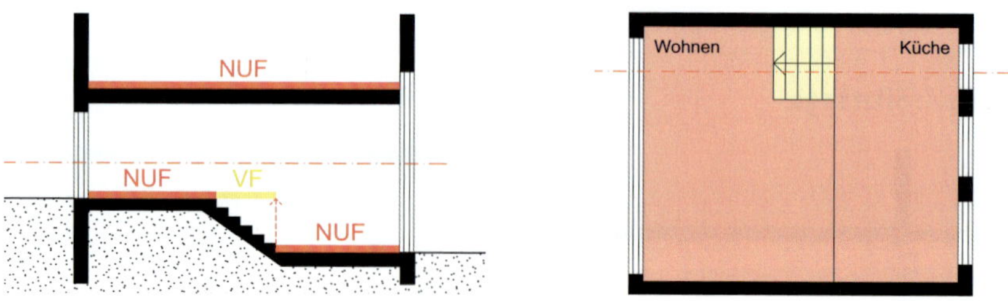

Dient die Treppe bzw. der Gang der Erschließung von Räumen und stellt die Treppe die Verbindung zwischen 2 offenen Räumen her, dann ist die Treppe der VF zuzuordnen. Im dargestellten Beispiel verbindet die Treppe die Räume einer Wohnnutzung bei versetzten Geschossen.

Fall 5.7: wechselnde Nutzung von Flächen innerhalb von Räumen

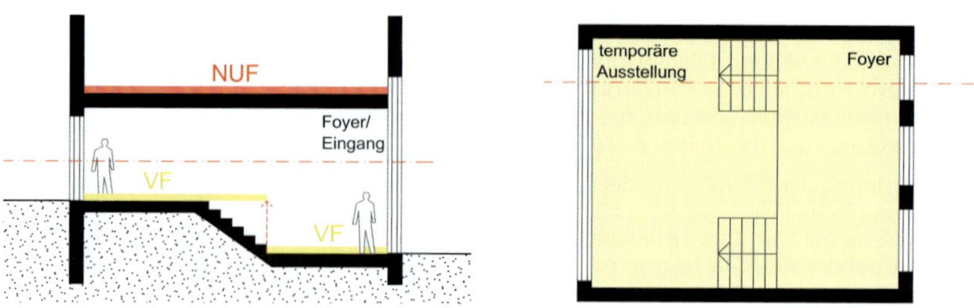

Flächen innerhalb von Räumen, die abwechselnd anders genutzt werden, z. B. durch die temporäre Aufstellung von Informationstafeln oder Ausstellungen in Eingangshallen, werden der Nutzung zugeordnet, die überwiegend in diesem Raum stattfindet, im dargestellten Beispiel der VF.

Fall 5.8: abweichende Nutzung von Flächen innerhalb von Räumen

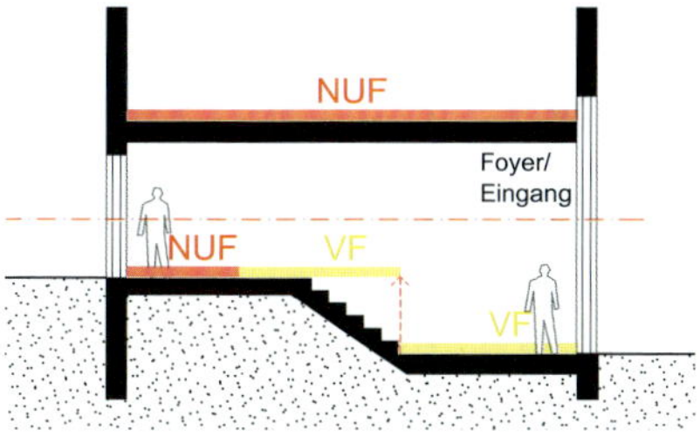

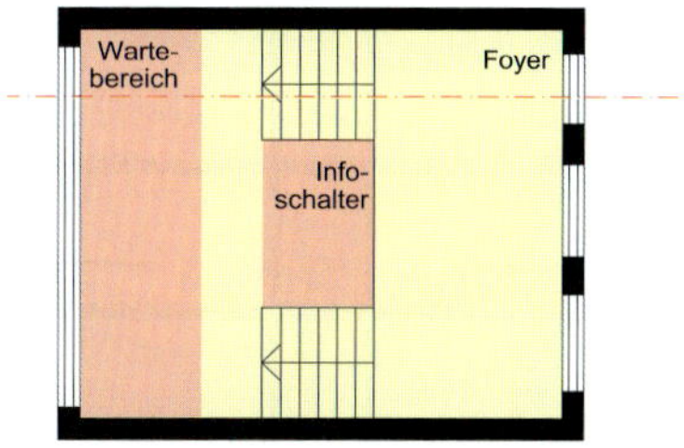

Flächen innerhalb von Räumen, die dauerhaft anders genutzt werden, werden der Nutzung nach DIN 277, Tabelle 1 und/oder Tabelle 2 zugeordnet. Beispielsweise werden die Flächen für Informationsschalter oder Wartebereiche im Eingangsbereich/Foyer, wie in Fall 5.8 dargestellt, der NUF zugeordnet. Diese dauerhaft anders genutzten Teilflächen des Raumes werden dementsprechend der von der Raumnutzung abweichenden dauerhaften Nutzung zugeordnet.

Fall 5.9: abweichende Nutzung von Flächen innerhalb von Fluren

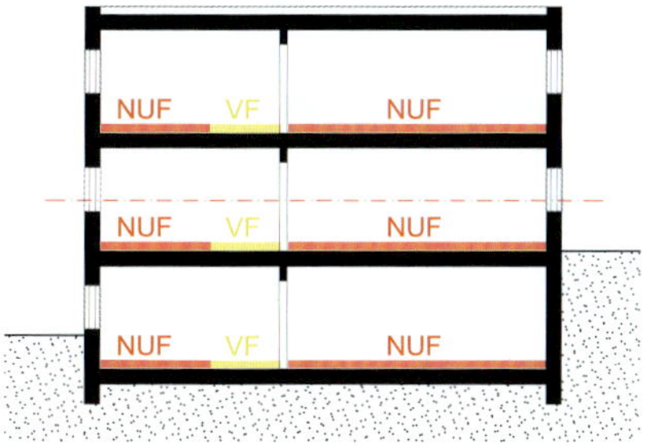

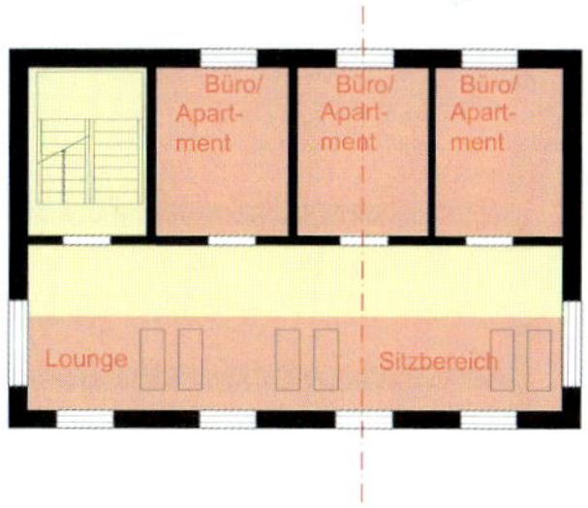

Teilflächen innerhalb großer Erschließungsräume (z. B. Flure), die ständig anders genutzt werden, beispielsweise Bereiche für Aufenthalt, Ausstellungen oder Sitz-/Arbeitsbereiche, werden der Nutzung nach DIN 277, Tabelle 1 und/oder Tabelle 2 zugeordnet, im Beispiel der NUF. Diese dauerhaft anders genutzten Teilflächen des Flures werden dementsprechend der von der Raumnutzung abweichenden dauerhaften Nutzung zugeordnet.

Fall 5.10: geschlossener Grundriss, Einzelräume

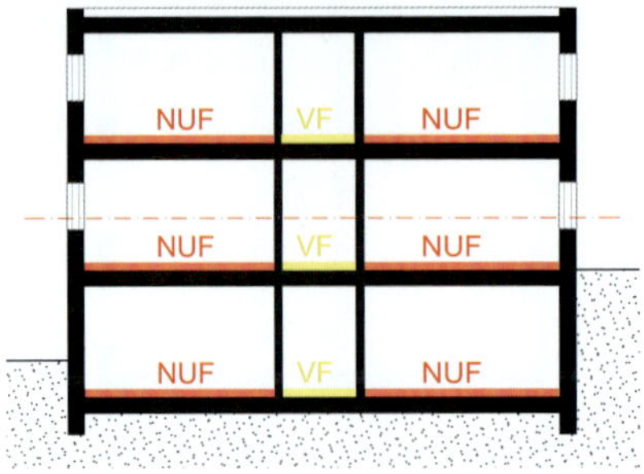

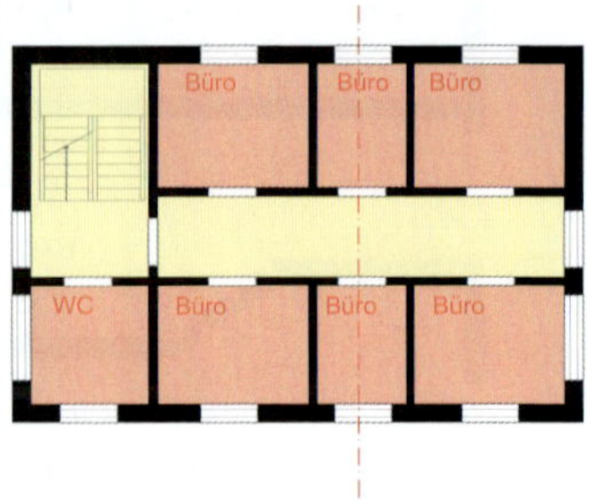

Die Grundflächen der Räume einer Ebene werden entsprechend dem Nutzungszweck nach DIN 277, Tabelle 1 und/oder Tabelle 2 der NUF, der VF oder der TF zugeordnet. Bei Grundrissen mit Einzelräumen werden die Räume durch einen Flur erschlossen. Dieser Flur wird daher der VF zugeordnet. Die vom Flur zu begehenden Räume dienen dem Nutzungszweck und sind beispielsweise NUF.

Fall 5.11: offener Grundriss, fließende Räume

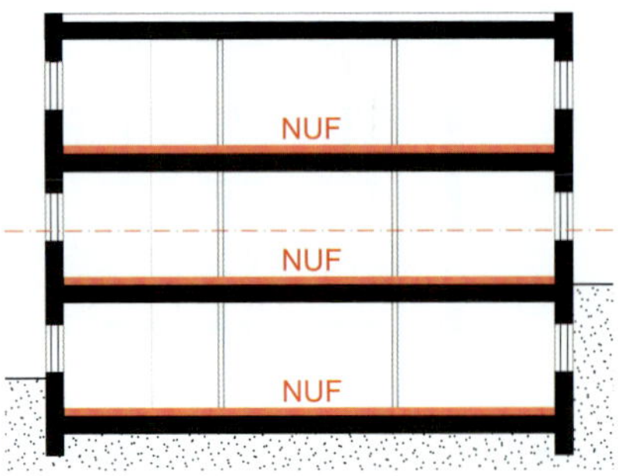

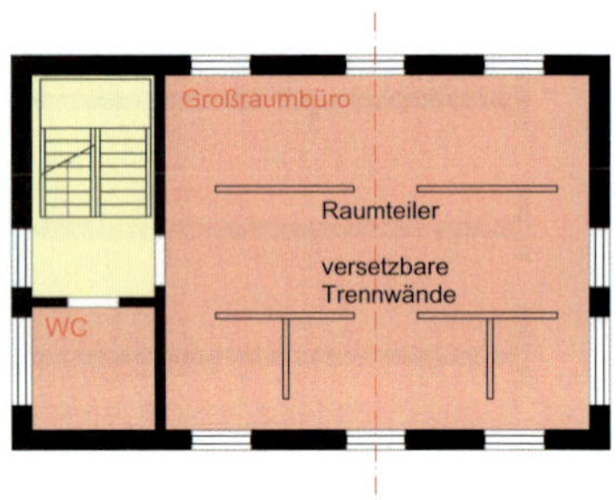

Die Grundflächen der Räume einer Ebene werden entsprechend dem Nutzungszweck nach DIN 277, Tabelle 1 und/oder Tabelle 2 der NUF, der VF oder der TF zugeordnet. Bei Grundrissen mit fließenden Räumen gehören Bewegungsflächen innerhalb des Raumes nicht zur VF. Die VF dient der Erschließung von Räumen.

Werden weitere Räume von einem (fließenden) Raum aus erschlossen, dann kann ggf. aufgrund eines dauerhaft anderen Nutzungszwecks ein Teilbereich des Raumes der VF zugeordnet werden (siehe Fall 5.8 und 5.9).

3.9 Flächen des Baugrundstückes

3.9.1 Abgrenzung und Vergleich der DIN 277, der DIN EN 15221-6 und der BauNVO

Sowohl in der DIN 277 wie auch in der DIN EN 15221-6 und in der BauNVO werden die Flächen des Baugrundstückes und deren Berechnung definiert. Die Definitionen und Mengenberechnungen nach DIN 277 wie auch nach DIN EN 15221-6 haben das Ziel, Mengen als Grundlage von flächen- und kostenwirtschaftlichen Betrachtungen von Immobilien zur Verfügung zu stellen. Im Gegensatz dazu dienen die Definitionen der Begriffe und die Mengenberechnungen nach der BauNVO dazu, die bauordnungsrechtliche Zulässigkeit von Immobilien im städtebaulichen Kontext zu prüfen und nachzuweisen.

Tabelle 3.1 gibt eine Übersicht über die Begriffe nach DIN 277, DIN EN 15221-6 und BauNVO.

Tabelle 3.1: Begriffe zu Flächen des Baugrundstücks nach DIN 277, DIN EN 15221-6 und BauNVO

Begriffe	DIN 277	DIN EN 15221-6	BauNVO
Grundstücksfläche	×	×	
überbaubare Grundstücksfläche			×
durch das Gebäude beanspruchte Grundstücksfläche		×	
bebaute Fläche	×	×	
unbebaute Fläche	×	×	
überbaute Grundstücksfläche[1)]	×	×	
unterbaute Grundstücksfläche[1)]	×	×	
bebauungsbezogene Fläche = bebaute Fläche		×	
Außenanlagenfläche	×	×	
Grundfläche			×
Geschossfläche			×
1) abweichende Definition in DIN 277 gegenüber der DIN EN 15221-6 ist zu beachten (siehe Abb. 3.19 und 3.22)			

3.9.1.1 Begriffe nach DIN 277

Die **Grundstücksfläche** (GF) wird in DIN 277, Nr. 3.11 definiert als *„Gesamtheit der Grundflächen eines Grundstückes, die sich in Bebaute Fläche (BF) und Unbebaute Fläche (UF) gliedert“.* Sie entspricht der Größe des Flurstückes und der Flurstücke, die für das Bauvorhaben in Anspruch genommen werden. Flurstücke sind die in Flurkarten und im Liegenschaftskataster festgesetzten Flächen und sind im Grundbuch aufgeführt.

Die **bebaute Fläche** (BF) bemisst sich aus den Gebäudeflächen, die das Grundstück bedecken. Das Grundstück ist bedeckt mit der durch Gebäude bebauten Geländeoberfläche sowie durch unterbaute und überbaute Bereiche der Geländeoberfläche:

- bebaute Geländeoberfläche: Bauwerksbereiche, die geländegleich das Baugrundstück bedecken (in der Regel Grundfläche des Erdgeschosses), zuzüglich der Dachflächen von auskragenden Kellergeschossen unter der Geländeoberfläche und über Gelände liegende Dachflächen von oberirdischen auskragenden Bauwerksbereichen (BF = BF1 + BF2) (siehe Abb. 3.19).
- überbaute Geländeoberfläche: oberhalb der Geländeoberfläche befindliche Bauwerksbereiche, die über das Erdgeschoss hinaus auskragen (BF1),
- unterbaute Geländeoberfläche: unterhalb der Geländeoberfläche befindliche Bauwerksbereiche, die über das Erdgeschoss hinaus auskragen (BF2).

Durch das Bauwerk überbaute und unterbaute Bereiche der Geländeoberfläche werden durch vertikale Projektion der Auskragung auf eine horizontale Ebene (Geländeoberfläche) berücksichtigt.

Eine Differenzierung der bebauten Fläche (BF) in überbaute Flächen (BF1) und unterbaute Flächen (BF2) kann nach Erfordernis vorgenommen werden:

$$BF = BF1 + BF2$$

Untergeordnete Bauteile, die bei der Berechnung der Bruttogrundfläche nicht berücksichtigt werden, werden auch bei der Ermittlung der bebauten Fläche nicht berücksichtigt. Das sind insbesondere die Flächen von außerhalb des Bauwerkes befindlichen Baukonstruktionen, die nicht konstruktiv fest mit dem Gebäude verbunden sind (z. B. Terrassen, Treppen, Rampen) sowie außen am Bauwerk befindliche Licht-, Luft- und Montageschächte. Handelt es sich bei den außerhalb des Bauwerks befindlichen Baukonstruktionen um Flächen eigenständiger Bauwerke (z. B. Pergola, Carport, Garage, Abstellraum), dann werden diese Flächen separat zum Hauptgebäude der bebauten Fläche BF zugeordnet.

Die **unbebaute Fläche** (UF) des Grundstücks ist der Anteil der Grundstücksfläche, der nicht bebaut ist und nicht durch unterbaute oder überbaute Bauwerksbereiche bedeckt ist. Sie wird in der Regel als Differenz von Grundstücksfläche (GF) und bebauter Fläche (BF) ermittelt:

$$UF = GF - BF$$

Abb. 3.20 visualisiert die bebaute und unbebaute Flächen nach DIN 277 am Beispiel aus Abb. 3.19.

Die **Außenanlagenfläche** (AF) ist die Fläche des Grundstückes, die nicht mit baulichen Anlagen bebaut ist (siehe Abb. 3.21). Auskragende Bauteile, wie beispielsweise Eingangsüberdachungen und auskragende Geschosse oberhalb der Gelände, gehören ebenso zur Außenanlagenfläche (AF) wie die Fläche von baulichen Anlagen unter der Geländeoberfläche, durch die das Grundstück unterbaut wird.

Zu beachten ist jedoch, dass z. B. begrünte Dachflächen von unterbauten Grundstücksflächen nicht zur Außenanlagenfläche gehören, unabhängig davon, ob sie genutzte oder ungenutzte Dachflächen darstellen. Die Flächen auf (geländegleichen) Dachflächen gehören zum Bauwerk und werden bei den Flächen des Bauwerkes als Bruttogrundfläche (BGF) erfasst.

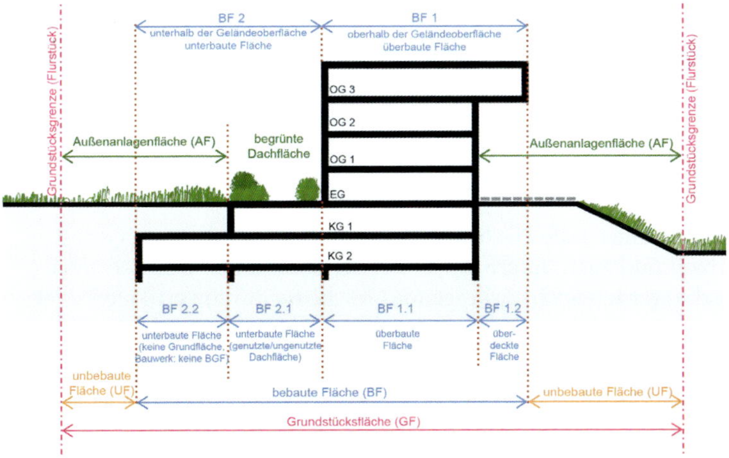

Abb. 3.19: Grundstücksflächen nach DIN 277, grafische Darstellung am Beispiel (Gebäude-/Geländeschnitt)

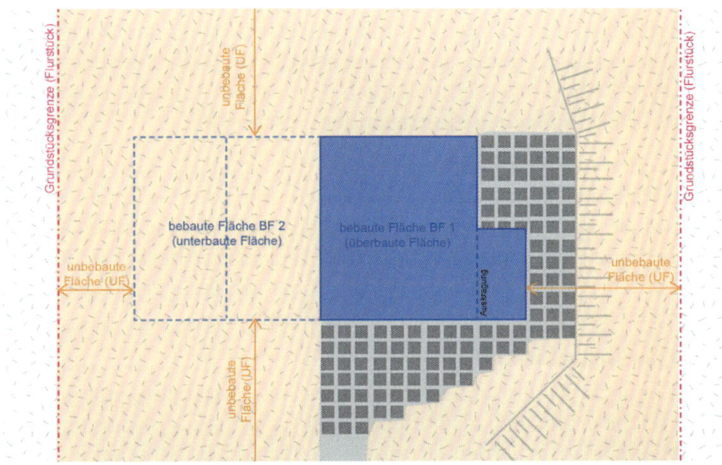

Abb. 3.20: Bebaute und unbebaute Flächen des Grundstückes nach DIN 277, grafische Darstellung am Beispiel (Lageplan)

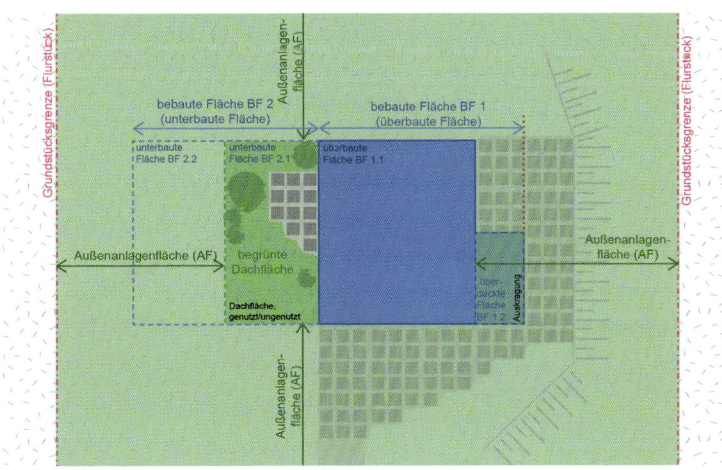

Abb. 3.21: Außenanlagenfläche nach DIN 277, grafische Darstellung am Beispiel (Lageplan)

3.9.1.2 Begriffe nach DIN EN 15221-6

Die **Grundstücksfläche** ist die Fläche, die durch Flurstückgrenzen definiert ist und deren Maße im Grundbuch festgehalten sind (siehe Abb. 3.22).

Die **durch das Gebäude beanspruchte Grundstücksfläche** ist die durch das Gebäude bebaute Fläche ohne Berücksichtigung der auskragenden Geschosse von sowohl überbauten wie unterbauten Bereichen des Grundstückes.

Die **bebaute Fläche** ist die Fläche des Baugrundstückes, die durch das Bauwerk überbaut und auch unterbaut ist. Bei der überbauten und der unterbauten Fläche werden auch auskragende Geschosse durch vertikale Projektion auf eine horizontale Ebene berücksichtigt. Daher entspricht die bebaute Fläche der maximalen horizontalen Ausdehnung des Bauwerkes.

Die **unbebaute Fläche** ist der Teil des Baugrundstückes, der weder überbaut noch unterbaut ist. Er ergibt sich als Differenz aus Grundstücksfläche und bebauter Fläche.

Die **überbaute Fläche** ist der Anteil des Baugrundstückes, der ab Oberkante Gelände vom Bauwerk überdeckt ist. Hier ist sowohl die Aufstandsfläche des Gebäudes auf dem Erdreich gemeint als auch die vertikal auf die Grundstücksebene projizierten Flächen auskragender Geschosse.

Unterbaute Flächen des Baugrundstückes sind der Anteil der Grundstücksfläche, der von Kellergeschossen, also Geschossen unter der Geländeoberfläche, unterbaut ist. Auch hier werden die Flächen von auskragenden Geschossen als vertikale Projektion auf die Grundstücksebene berücksichtigt. Bei den unterbauten Flächen handelt es sich um die vertikale Projektion der unterirdischen Geschosse auf eine horizontale Ebene.

Die **Außenanlagenfläche** ist der Anteil der Grundstücksfläche, der vom Bauwerk nicht bedeckt ist, einschließlich erdgleicher Unterbauungen. Die Außenanlagenfläche ergibt sich als Differenz der Grundstücksfläche und der durch das Gebäude beanspruchten Grundstücksfläche. Zur Außenanlagen-

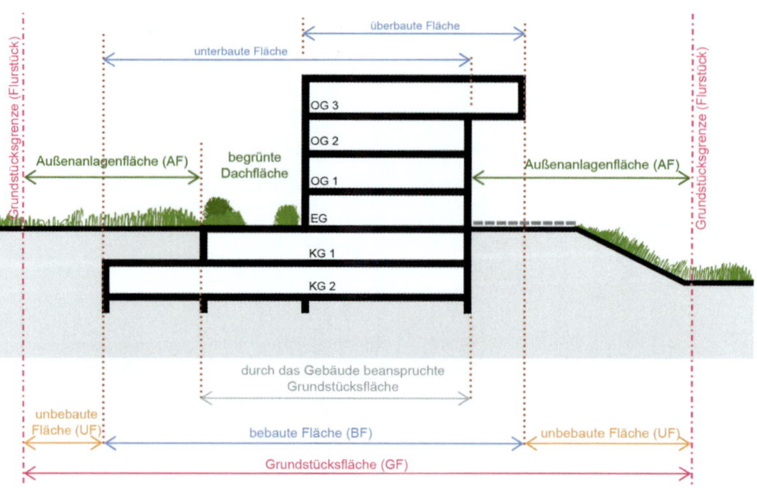

Abb. 3.22: Grundstücksflächen nach DIN EN 15221-6, grafische Darstellung am Beispiel (Gebäude-/Geländeschnitt)

fläche gehören die Flächen der durch auskragende Gebäudeteile überdeckten wie auch unterbauten Grundstücksfläche. Nicht zur Außenanlagenfläche gehören ebenerdige Dachterrassen von unterbauten Bereichen.

3.9.1.3 Begriffe nach BauNVO

Nach BauNVO werden *„die **überbaubaren Grundstücksflächen** [Hervorhebung durch Verf.] [...] durch die Festsetzung von Baulinien, Baugrenzen oder Bebauungstiefen bestimmt (im Bebauungsplan) [...].“* Die überbaubare Grundstücksfläche ist demzufolge der Teil des Grundstückes, für den in einem Bebauungsplan entsprechende Festlegungen z. B. der zulässigen Grundfläche oder der zulässigen Geschossfläche getroffen wurden.

Liegt für ein Grundstück kein Bebauungsplan vor, gibt es keine festgesetzte überbaubare Grundstücksfläche und keine eindeutig definierten Vorgaben für Obergrenzen der Grundfläche und Geschossfläche. In diesem Fall wird zur städtebaulichen Einordnung und Verhältnismäßigkeit auf Art und Maß der baulichen Nutzung der umliegenden Bebauung verwiesen.

Der Begriff **Grundfläche** (GR) wird auch im Zusammenhang mit der Berechnung der Flächen nach DIN 277 verwendet. Beispielsweise ist in der DIN 277 von den „Grundflächen des Bauwerkes“ oder den „Grundflächen des Grundstückes“ die Rede. Jedoch hat der Begriff Grundfläche in der BauNVO eine vollkommen andere Bedeutung.

Die Grundfläche nach BauNVO meint *„den Anteil des Baugrundstückes, der von baulichen Anlagen überdeckt [ist]“*. Bauliche Anlagen werden in die Grundflächen von Gebäuden und in die Grundflächen sonstiger befestigter Flächen des Baugrundstückes unterschieden.

Die Grundfläche des Gebäudes ist die Fläche des Bauwerkes, durch die die Geländeoberfläche bebaut ist (in der Regel Grundfläche des Erdgeschosses). Zur Grundfläche nach BauNVO gehören ebenfalls die durch Auskragungen über und unter der Geländeoberfläche befindlichen Gebäudebereiche, die das Grundstück unterbauen bzw. überdecken.

Die befestigten Flächen des Baugrundstückes sind ebenfalls als Grundfläche im Sinne der BauNVO zu erfassen. Zu diesen Flächen gehören die Stellplätze mit ihren Zufahrten, Wege, Terrassen, Spiel- und Sportplätze sowie ähnliche befestigte Flächen der Außenanlagen.

Die Ermittlung der Grundfläche nach BauNVO zielt darauf ab, diejenigen Flächen zu erfassen, die die natürliche Funktion des Bodens beeinträchtigen. Mit der Grundfläche wird die versiegelte Fläche des Baugrundstückes erfasst; im Bebauungsplan kann eine Obergrenze für die versiegelten Flächen festgesetzt werden.

Die **Geschossfläche** (GF) wird in der Literatur teilweise irrtümlich für die Bruttogrundfläche (BGF) verwendet oder als Bruttogeschossfläche bezeichnet. Der Begriff Bruttogeschossfläche ist jedoch in keiner Norm oder Verordnung definiert und sollte daher nicht im Zusammenhang mit der Berechnung von Flächen des Bauwerkes verwendet werden. Der Begriff Geschossfläche ist ausschließlich in der BauNVO definiert und demzufolge ebenfalls nicht im Zusammenhang mit der Berechnung von Flächen des Bauwerkes anzuwenden. Die Geschossfläche beschreibt die städtebauliche

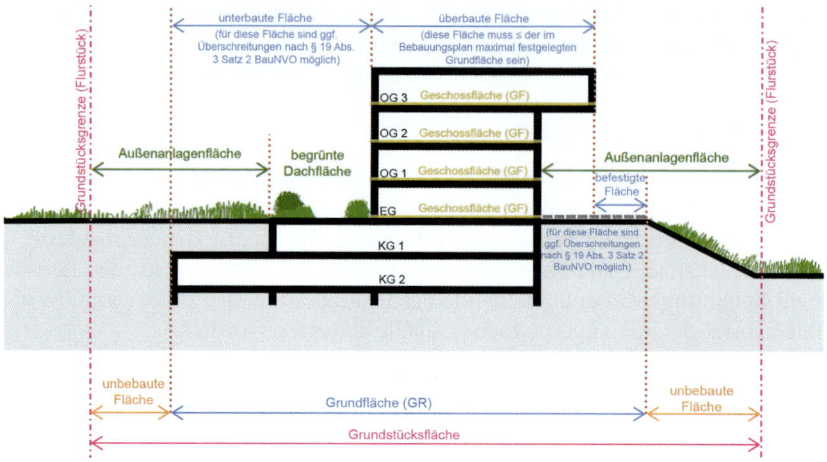

Abb. 3.23: Grundstücksflächen nach BauNVO, grafische Darstellung am Beispiel (Gebäude-/Geländeschnitt)

Wirkung von Bauwerken und ist daher in Verbindung mit städtebaulichen Betrachtungen des Grundstückes anzuwenden.

Die Geschossfläche ist die Summe der Grundfläche aller oberirdischen Ebenen des Bauwerkes, die allseits umschlossen sind und als Vollgeschoss definiert werden. Oberirdisch sind die Geschosse, deren Deckenoberkante sich im Mittel mehr als 1,40 m über der Geländeoberfläche befindet. Gemessen wird von Oberkante Geländeoberfläche bis Oberkante Fertigfußboden der darüberliegenden Decke. Allseits umschlossene Bereiche sind die Gebäudebereiche, die von Wand-, Dach- und Gründungsflächen von der Außenluft abgegrenzt sind. Balkone, Loggien und Terrassen gehören demzufolge nicht zur Geschossfläche.

Ausnahme von diesen allseits umschlossenen Gebäudebereichen sind jedoch Flächen wie beispielsweise Laubengänge, die der notwendigen Erschließung dienen und die Funktion eines Fluchtweges haben.

Der Begriff **Vollgeschoss** wird je Bundesland in den jeweiligen Landesbauordnungen definiert; es handelt sich regelmäßig um oberirdische Geschosse. Ein Dachgeschoss ist jedoch beispielsweise nach § 2 Abs. 6 MBO nur dann ein Vollgeschoss (= Geschoss) und bei der Berechnung der Geschossfläche zu berücksichtigen, wenn in dem (Hohlraum) zwischen der obersten Decke und der Bedachung Aufenthaltsräume möglich sind. Aufenthaltsräume müssen nach § 47 MBO ausreichend belichtet und belüftet sein (Rohbauöffnung Fenster ≥ 1/8 der lichten Grundfläche des Raumes) und über einen Zugang als notwendige Erschließung verfügen. Des Weiteren müssen Aufenthaltsräume eines Vollgeschosses eine ausreichende lichte Raumhöhe $h \geq 2{,}40$ m aufweisen. In Wohngebäuden der Gebäudeklassen 1 und 2 muss nach § 87 Abs. 3 MBO diese ausreichende lichte Raumhöhe über mindestens 2/3 der Grundflächen der Räume vorliegen, im Speziellen im Dachgeschoss, damit ein Geschoss als Vollgeschoss angerechnet wird. Die Definition des Vollgeschosses ist nach den jeweiligen Landesbauordnungen zu prüfen und anzuwenden. Daher können die Geschossflächen des gleichen Bauwerkes abhängig vom Bundesland voneinander abweichen.

3.9.2 Ermittlung der Flächen des Baugrundstückes nach DIN 277

Fall 1 Erschließung Garage, Stellplätze

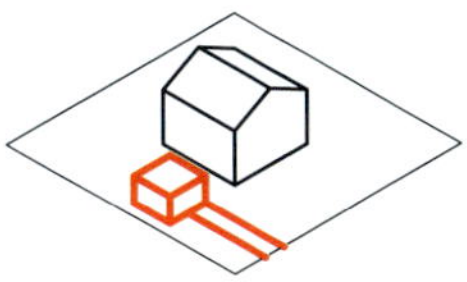

Die Flächen von Garagen gehören als Grundfläche eines Bauwerkes zur **bebauten Fläche** des Baugrundstückes (BF). Sie sind separat zum Hauptgebäude zu erfassen und auszuweisen.

Die Flächen von Stellplätzen und sonstigen Wegen zur Erschließung des Grundstückes gehören zur **unbebauten Fläche** des Grundstückes (UF) und werden der Außenanlagenfläche zugeordnet. Sie sind befestigte Flächen in Außenanlagen.

Fall 2 Versorgungsbauwerk, Anlagen zur Versorgung

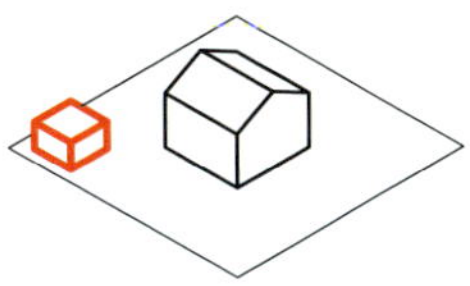

Die Flächen von Nebengebäuden, wie beispielsweise Gartenhäusern, Abstellräumen, Heiz-/Lagergebäuden, gehören als Grundfläche eines Bauwerkes zur **bebauten Fläche** des Baugrundstückes (BF). Sie sind separat vom Hauptgebäude zu erfassen und auszuweisen.

Die Flächen von Zuwegungen zu diesen Nebengebäuden gehören zur **unbebauten Fläche** des Grundstückes (UF) und werden der Außenanlagenfläche zugeordnet. Sie sind befestigte Flächen in Außenanlagen.

Fall 3 Außentreppe, Rampe, Pergola (nicht verbunden)

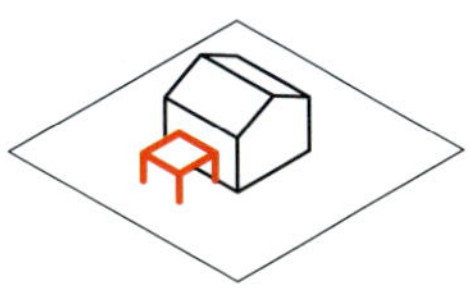

Die Flächen von Bauwerken, die nicht konstruktiv fest mit dem Bauwerk verbunden sind, wie beispielsweise Pergolen, Treppen, Rampen, gehören als Grundfläche eines Bauwerkes zur **bebauten Fläche** des Baugrundstückes (BF). Sie sind separat zum Hauptgebäude zu erfassen und auszuweisen.

Fall 4 Parkplätze, Parkfläche

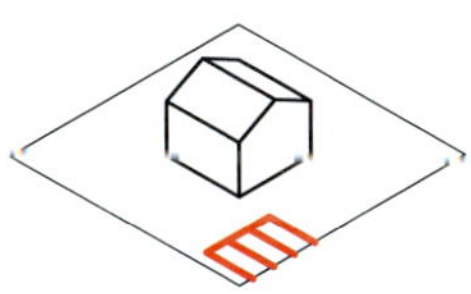

Die Flächen von Parkplätzen und sonstigen Stellplätzen für Fahrräder, Mülltonnen usw. und deren Zuwegungen gehören zur **unbebauten Fläche** (UF) des Grundstückes und werden der Außenanlagenfläche (AF) zugeordnet. Sie sind befestigte Flächen in Außenanlagen.

Fall 5 unterbauter Bereich

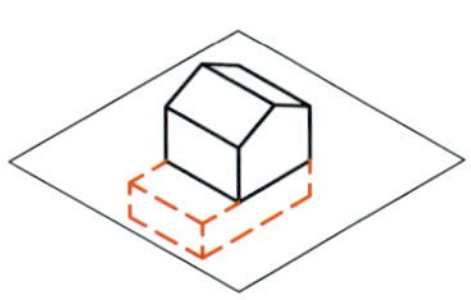

Durch auskragende Kellergeschosse unterbaute Flächen des Baugrundstückes gehören als Grundfläche eines Bauwerkes zur **bebauten Fläche** des Baugrundstückes (BF). Auskragende Geschosse werden als vertikale Projektion auf eine horizontale Ebene (Grundstücksfläche) berücksichtigt. Sie werden der bebauten Fläche (BF) des Hauptgebäudes zugeordnet und können bei Bedarf als unterbaute Fläche (BF2) separat erfasst werden.

Fall 6 überbauter Bereich

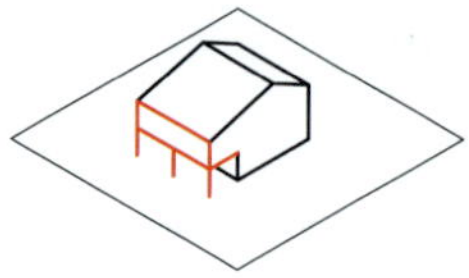

Durch auskragende Obergeschosse überbaute Flächen des Baugrundstückes gehören als Grundfläche eines Bauwerkes zur **bebauten Fläche** des Baugrundstückes (BF). Auskragende Geschosse werden als vertikale Projektion auf eine horizontale Ebene (Grundstücksfläche) berücksichtigt. Sie werden der bebauten Fläche (BF) des Hauptgebäudes zugeordnet und können bei Bedarf als überbaute Fläche (BF1) separat erfasst werden.

Fall 7 geneigte Wand

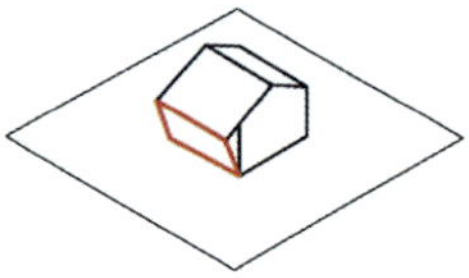

Schräg auskragende Obergeschosse gehören zu den überbauten Flächen des Baugrundstückes und sind der Grundfläche des Bauwerkes zuzuordnen. Auskragende Geschosse werden als vertikale Projektion auf eine horizontale Ebene (Grundstücksfläche) berücksichtigt. Sie werden der **bebauten Fläche** (BF) des Hauptgebäudes zugeordnet und können bei Bedarf als überbaute Fläche (BF1) separat erfasst werden.

4 Ermittlung der Mietflächen nach WoFlV und Richtlinie zur Berechnung der Mietfläche für Gebäude (MF-GIF 2023)

4.1 Mietfläche von Wohnungen nach WoFlV

Die WoFlV kann für die Berechnung der vermietbaren und selbst genutzten Wohnflächen angewandt werden (siehe Abb. 4.1). In der Regel ist sie bei jeder Flächenermittlung von Wohnflächen für öffentliche Bauvorhaben oder für Flächenermittlungen als Grundlage öffentlicher Entscheidungen verpflichtend anzuwenden.

Abb. 4.1: Wohnfläche nach WoFlV, grafische Darstellung am Beispiel

In der WoFlV sind durch die Berücksichtigung von Nutzungseinschränkungen Anforderungen an Grundflächen definiert, die für die Nutzung und Anrechenbarkeit von Wohnraum berücksichtigt werden sollen. Sind beispielsweise baurechtliche Anforderungen an Wohnraum in den zu berechnenden Räumen nicht vorhanden, wie beispielsweise die Mindestraumhöhe von Aufenthaltsräumen von 2,40 m (siehe Kapitel 4.1.1.4), dann sind die Grundflächen dieser Räume keine Wohnfläche nach dieser Verordnung. Nicht den Anforderungen des Bauordnungsrechts an die Nutzung entsprechende Grundflächen können ungeachtet dessen trotzdem vertraglich zwischen Vermieter und Mieter als Wohnfläche im Mietvertrag vereinbart werden.

4.1.1 Arbeitsschritt 1: Abgrenzung der anzurechnenden Wohnfläche (siehe Abb. 4.3)

Die Wohnfläche eines Wohngebäudes wird anhand folgender Differenzierung erarbeitet:

- Diejenigen Flächen, die jeweils ausschließlich zu einer Wohnung bzw. zu einem Wohnheim gehören (alle Flächen, die hinter der Wohnungseingangstür liegen), werden abgegrenzt.
- Flächen außerhalb der Wohnung bzw. des Wohnheimes gehören nicht zur Wohnfläche.
- Grundflächen von Räumen, in denen (bauordnungsrechtlich) keine Aufenthaltsräume möglich sind, gehören nicht zur Wohnfläche.

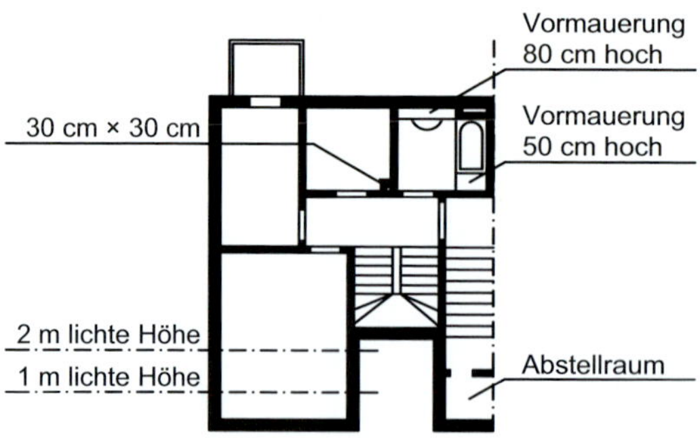

Abb. 4.2: Wohnflächenberechnung nach WoFlV, Beispielgrundriss

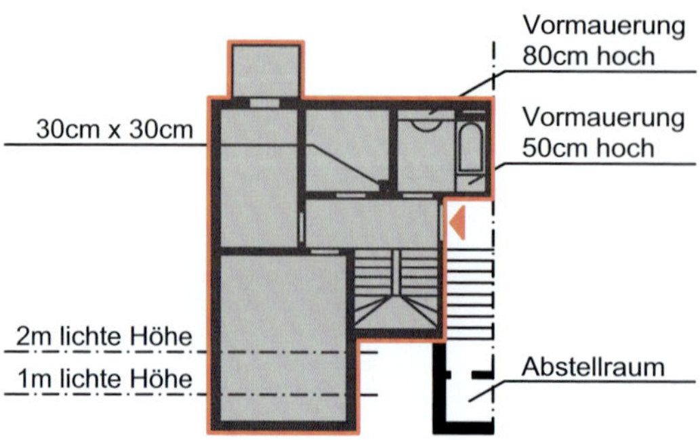

Abb. 4.3: Wohnflächenberechnung, Arbeitsschritt 1: Abgrenzung der Wohnung, Beispielgrundriss

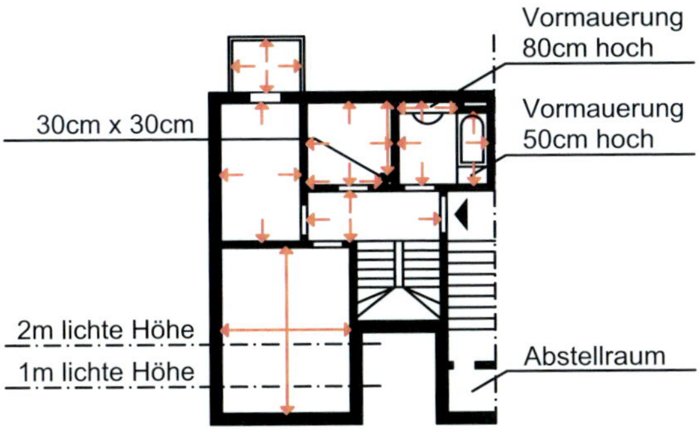

Abb. 4.4: Wohnflächenberechnung, Arbeitsschritt 2: Ermittlung der Grundflächen der Räume, Beispielgrundriss

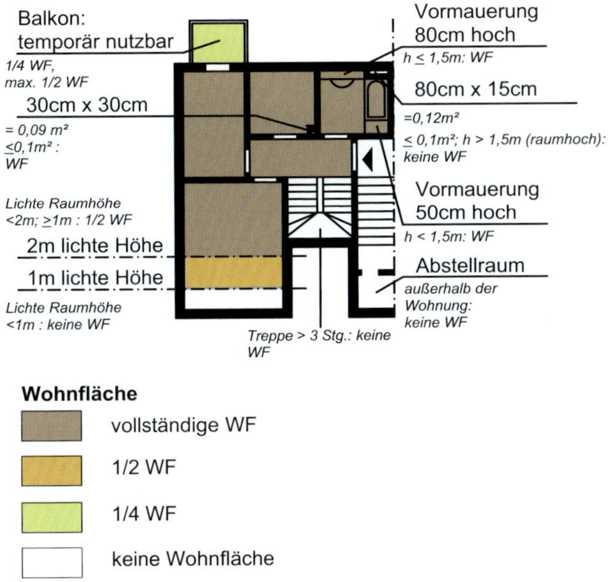

Abb. 4.5: Wohnflächenberechnung, Arbeitsschritt 3: Prüfung der Nutzungsbeschränkung der Grundfläche, Beispielgrundriss

4.1.1.1 Ermittlung der ausschließlich zur Wohnung gehörenden Flächen

Im ersten Schritt werden die zur Wohnung gehörenden Flächen erfasst. Zur Wohnfläche gehören grundsätzlich Flächen, die ausschließlich innerhalb einer Wohnung liegen, also hinter der Wohnungseingangstür. Hierbei ist es unerheblich, ob die Wohnfläche eine beheizte oder eine nicht beheizte Fläche (z. B. Wintergarten) ist oder ob sie allseits umschlossen oder seitlich und/oder oben offen ist (z. B. Balkon, Loggia, Terrasse). Außerhalb von Wohnungen liegende Flächen sind keine Wohnflächen, beispielsweise Abstellräume oder (Dach-)Terrassen außerhalb der Wohnung zur alleinigen oder gemeinschaftlichen Nutzung. Ein Abstellraum oder eine Terrasse/ein Balkon oder Hobbyraum, der zwar einer Mietwohnung zugeordnet ist, sich jedoch außerhalb der Wohnung befindet, ist keine Wohnfläche im Sinne der WoFlV.

Die Wohnfläche eines Wohnheimes beinhaltet die Flächen der Räume, die zur alleinigen oder gemeinschaftlichen Nutzung durch die Bewohner vorgesehen sind.

Nicht zur Wohnfläche gehören Flächen, die außerhalb der Wohnung liegen, sowie jene Flächen, die den Anforderungen des Bauordnungsrechtes an Aufenthaltsräume nicht genügen. Für diese Abgrenzung ist in den jeweiligen Bauordnungen z. B. der Begriff Aufenthaltsraum definiert (siehe Kapitel 4.1.1.4).

4.1.1.2 Nicht beheizte Grundflächen, die ausschließlich zur Wohnung gehören

Die Grundflächen von Balkonen, (Dach-)Terrassen, Loggien, beheizten/ nicht beheizten Wintergärten und ähnlichen Räumen, die ausschließlich von Räumen der Wohnung aus zu erreichen sind, sind grundsätzlich Wohnfläche. Für diese Flächen ist jedoch deren Anrechenbarkeit zu klären (siehe Kap. 4.1.3).

4.1.1.3 Flächen außerhalb der Wohnung, Heizungsräume, Garagen

Nicht zur Wohnfläche gehören die Grundflächen von Geschäftsräumen, Garagen, Heizungsräumen, Trocken- und Waschräumen. Des Weiteren sind Abstellräume außerhalb der Wohnung keine Wohnflächen. Kellerräume, Räume im Dachboden sowie Grundflächen von Garagen gehören ebenso nicht zur Wohnfläche. Ausnahmsweise werden im Einfamilienhaus die Grundflächen von Abstellräumen, Sanitärräumen und Fluren im Keller oder Dachgeschoss als Wohnfläche angerechnet, wenn sich im Keller oder im Dachgeschoss mindestens ein Aufenthaltsraum befindet oder geplant ist, der den Anforderungen des Bauordnungsrechts an die Nutzung als Aufenthaltsraum genügt.

4.1.1.4 Definition von Aufenthaltsräumen

Flächen, die den an ihre Nutzung zu stellenden Anforderungen des Bauordnungsrechts nicht genügen, sind keine Wohnflächen. Wohnräume sind Aufenthaltsräume und haben als solche die Anforderungen an Aufenthaltsräume zu erfüllen.

Beispielsweise müssen nach § 47 Abs. 1 MBO Aufenthaltsräume in der Regel eine lichte Raumhöhe von mindestens 2,40 m besitzen sowie ausreichend belichtet und belüftet sein. Sie müssen z. B. nach § 47 Abs. 2 MBO eine Rohbauöffnung der Fenster von mindestens der Nettogrundfläche aufweisen (siehe Abb. 4.6). Können diese bauordnungsrechtlichen Vorgaben nicht erfüllt werden, gehören diese Grundflächen nicht zur Wohnfläche. Zu beachten sind die je Bundesland in den Landesbauordnungen unterschiedlich definierten Anforderungen an Aufenthaltsräume. Abweichend von den Vorgaben in den Landesbauordnungen können vertraglich auch andere Ei-

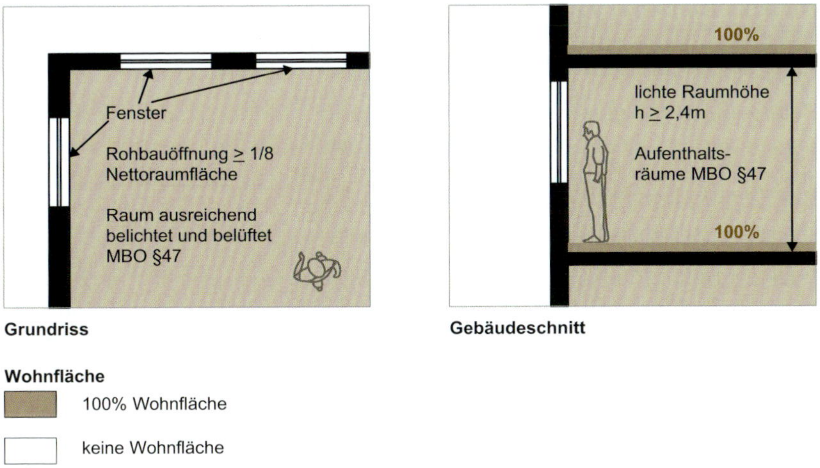

Abb. 4.6: Wohnflächenberechnung, Anforderungen an Aufenthaltsräume nach § 47 MBO

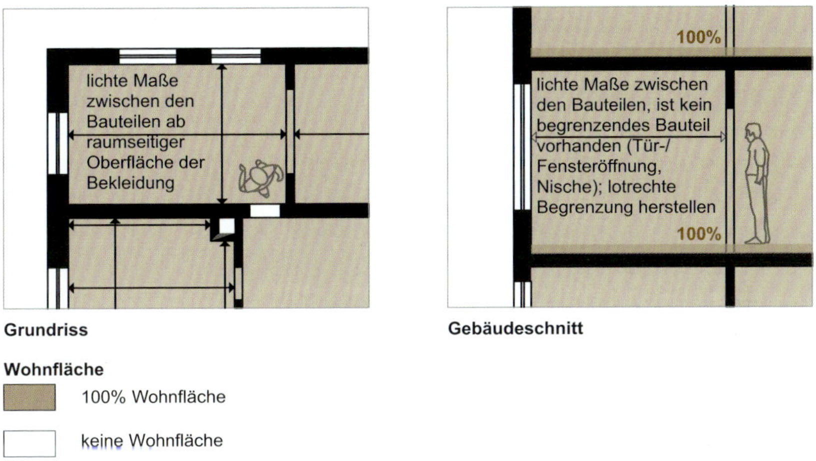

Abb. 4.7: Wohnflächenberechnung, lichte Maße zwischen den aufgehenden Bauteilen

genschaften des (gemieteten) Wohnraumes vereinbart werden, wie beispielsweise eine geringere Raumhöhe in einem denkmalgeschützten Bestandsgebäude.

4.1.2 Arbeitsschritt 2: Ermittlung der Grundfläche der Räume (siehe Abb. 4.4)

Die Grundflächen der Räume einer Wohnung sind anhand der lichten (Fertig-)Maße zwischen den Bauteilen zu ermitteln (siehe Abb. 4.7). Maßgebend sind die Innenkanten der Bekleidungen der Wand (z. B. Putz, Fliesen). Fehlt der bauliche Abschluss, beispielsweise an Fenster- und Türnischen, ist der begrenzende Wandabschluss durch senkrechte Projektion der aufgehenden Bauteile zu ermitteln.

Werden die Flächen aufgrund einer Bauzeichnung ermittelt und nicht im fertiggestellten Zustand, dann sind ebenfalls Maße des fertiggestellten Zustandes der Wohnflächenberechnung zugrunde zu legen.

Untergeordnete Bauteile, wie z. B. Fenster- und Türrahmen sowie Sockelleisten, werden bei der Flächenermittlung nicht berücksichtigt und übermessen. Mit zur Wohnfläche gehören feste Einbauten, Öfen, Herde, Bade- und Duschwannen, Einbaumöbel und versetzbare Raumteiler. Diese werden übermessen und als Wohnfläche angerechnet.

Die Grundflächen aller Räume der Wohnung werden ermittelt. Hierzu gehören auch die Flächen von unbeheizten Räumen. Dementsprechend sind die Grundflächen von Balkonen, Loggien, Terrassen, Dachterrassen und Wintergärten ebenfalls zu erfassen, wenn sie ausschließlich zur Wohnung gehören. Auch bei unbeheizten und im Außenraum liegenden Räumen sind die lichten Maße zwischen den Bauteilen maßgebend. Diese werden zwischen den Innenseiten der konstruktiven Bauteile, die den Raum begrenzen, ermittelt. Bei Balkonen und Loggien sind also die Innenseiten der Brüstungen oder der Geländer der Berechnung zugrunde zu legen.

4.1.3 Arbeitsschritt 3: Anrechenbarkeit (siehe Abb. 4.5)

Im Arbeitsschritt 2 werden die grundsätzlich zur Wohnfläche gehörenden Grundflächen ermittelt. Im dritten Schritt ist zu prüfen, in welchem Maße diese Grundflächen als Wohnfläche anzurechnen sind. Mit der Anrechenbarkeit wird geklärt, inwieweit die Grundflächen zum Wohnen nutzbar ist. Diesbezüglich können 3 Kategorien unterschieden werden:

- Abmessungen und/oder Größe von Bauteilen,
- lichte Raumhöhe der Grundfläche,
- zeitlich beschränkte Nutzbarkeit der Grundfläche.

4.1.3.1 Abmessungen und/oder Größe von Bauteilen

Bei den Abmessungen von Bauteilen werden nicht wesentlich störende Bauteile übermessen. Daher sind Schornsteine, Vormauerungen, Pfeiler und Säulen erst mit einer Grundfläche von mehr als 0,1 m^2 und einer Höhe über 1,50 m von der Grundfläche des Raumes abzuziehen. Treppen und deren Absätze mit bis zu 3 Steigungen gehören zur Wohnfläche, Treppen mit mehr als 3 Steigungen bleiben bei der Wohnflächenermittlung außer Betracht. Fenster- und Wandnischen sind der Wohnfläche zuzurechnen, wenn sie bis zum Boden herunterreichen und mehr als 0,13 m tief sind. Fensternischen, die nicht bis zum Boden herunterreichen, gehören unabhängig von ihrer Tiefe nicht zur Wohnfläche. Ebenso sind bodentiefe Fensternischen, die weniger als 0,13 m tief sind, keine Wohnflächen.

Nicht abgezogen werden bei der Berechnung der Wohnfläche

- untergeordnete Bauteile wie z. B. Tür-/Fensterumrahmungen, Sockelleisten, Schrammborde und frei liegende Installationen sowie
- fest installierte Ausstattung wie z. B. Öfen, Heizgeräte, Herde, Bade- und Duschwannen sowie Einbaumöbel und
- nicht fest montierte, versetzbare Ausstattung, z. B. Raumteiler.

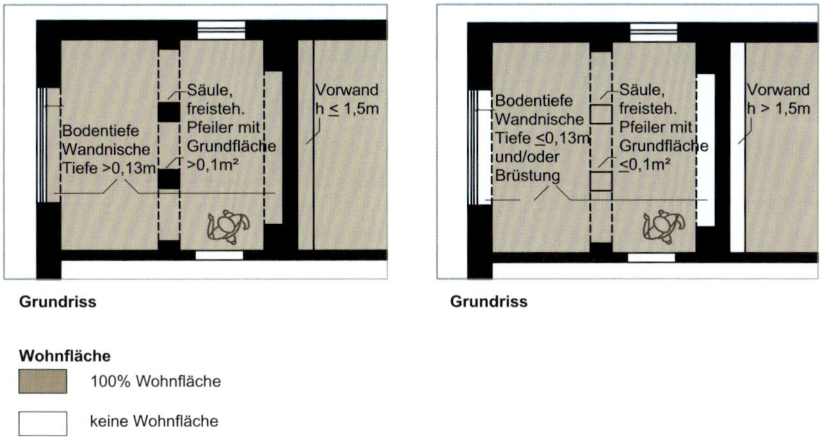

Abb. 4.8: Wohnflächenberechnung, Anrechenbarkeit der Grundflächen in Abhängigkeit von der Größe / den Abmessungen von Bauteilen

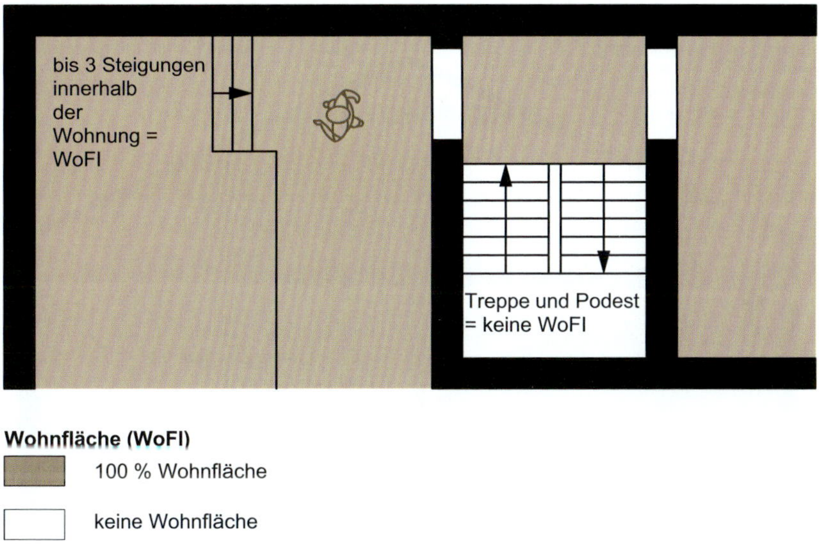

Abb. 4.9: Wohnflächenberechnung, Anrechenbarkeit der Grundflächen in Abhängigkeit von der Anzahl der Steigungen (Treppen)

Bei der Berechnung abgezogen werden die Grundflächen von

- Säulen, frei stehenden Pfeilern, Vormauerungen und Vorwänden, Schornsteinen mit einer Höhe $h > 1{,}50$ m und einer Grundfläche $A > 0{,}1$ m² (siehe Abb. 4.8),
- Türnischen generell sowie Wandnischen mit einer Tiefe $T < 0{,}13$ m, die ohne Brüstung ausgeführt sind, also bis zum Boden herunterreichen (siehe Abb. 4.8),
- Treppen, die mehr als 3 Steigungen haben (siehe Abb. 4.9).

4.1.3.2 Lichte Raumhöhe der Grundfläche

Grundsätzlich werden nur die Grundflächen innerhalb der Wohnung bzw. des Wohnheimes als Wohnflächen angerechnet, die die bauordnungsrechtlichen Anforderungen an ihre Nutzung erfüllen (siehe Kapitel 4.1.1.4). Des Weiteren ist für die Nutzung zum Wohnen eine lichte Raumhöhe von mindestens 2 m angemessen. Eine verminderte lichte Raumhöhe beispielsweise im Bereich von Dachschrägen, unter Treppen und Rampen ist dementsprechend bei der Berechnung der Wohnfläche zu berücksichtigen.

Je nach lichter Raumhöhe der Grundfläche wird die Fläche zu 100 %, zu 50 % oder gar nicht als Wohnfläche angerechnet (siehe Abb. 4.10). Es werden nur Flächen mit einer lichten Raumhöhe von mindestens 2 m zu 100 % als Wohnfläche angerechnet. Flächen mit einer lichten Raumhöhe zwischen 2 m und mindestens 1 m, beispielsweise unter Dachschrägen oder Treppen, werden nur zu 50 % in der Wohnflächenberechnung berücksichtigt. Flächen, die weniger als 1 m lichte Raumhöhe aufweisen, sind keine Wohnfläche.

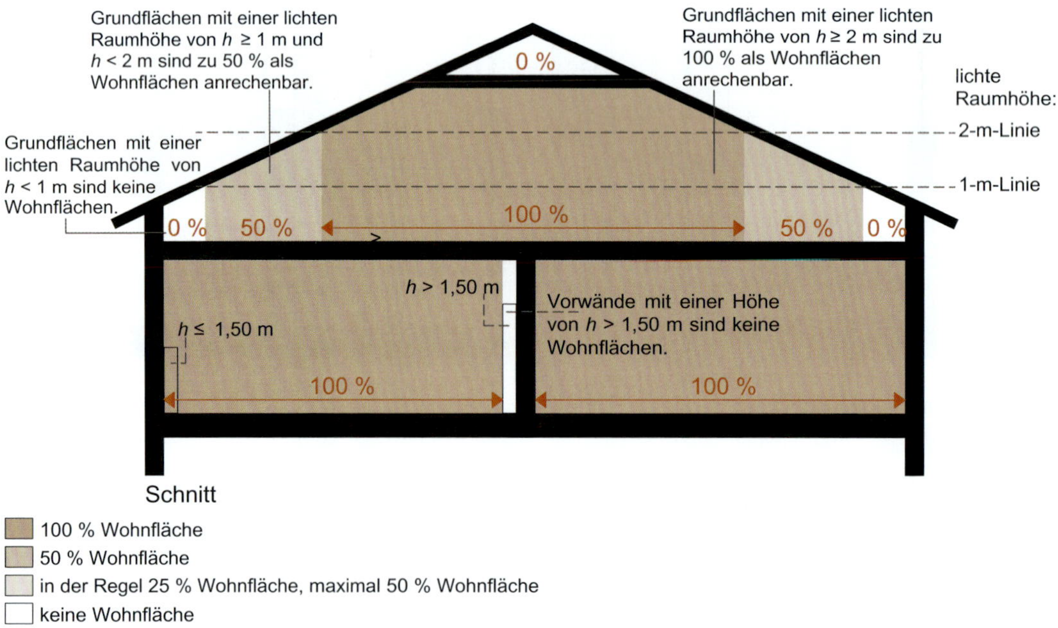

Abb. 4.10: Wohnflächenberechnung, Anrechenbarkeit der Grundflächen in Abhängigkeit von der lichten Raumhöhe und der Höhe der Vormauerungen

4.1.3.3 Zeitlich beschränkte Nutzbarkeit der Grundfläche

Balkone, Loggien und (Dach-)Terrassen sind nicht ganzjährig zum Wohnen nutzbar. Ihre Nutzbarkeit hängt im Wesentlichen von den Wetterverhältnissen ab. Auch unbeheizte Flächen der Wohnung, wie z. B. Wintergärten oder Schwimmbäder, sind nur eingeschränkt nutzbar. Diese Flächen, die nur zeitlich beschränkt zum Wohnen nutzbar sind, werden nicht zu 100 % als Wohnfläche angerechnet (siehe Abb. 4.11).

Unbeheizte Grundflächen des Bauwerkes, die allseits umschlossen sind, wie z. B. ein Wintergarten, werden nur zu 50 % als Wohnfläche berücksichtigt.

Nicht allseits umschlossene Flächen des Bauwerkes, die seitlich offen oder nach oben offen sind, werden in der Regel nur zu 25 % als Wohnfläche, maximal zu 50 %, angerechnet (z. B. Balkon, Loggia, Terrasse).

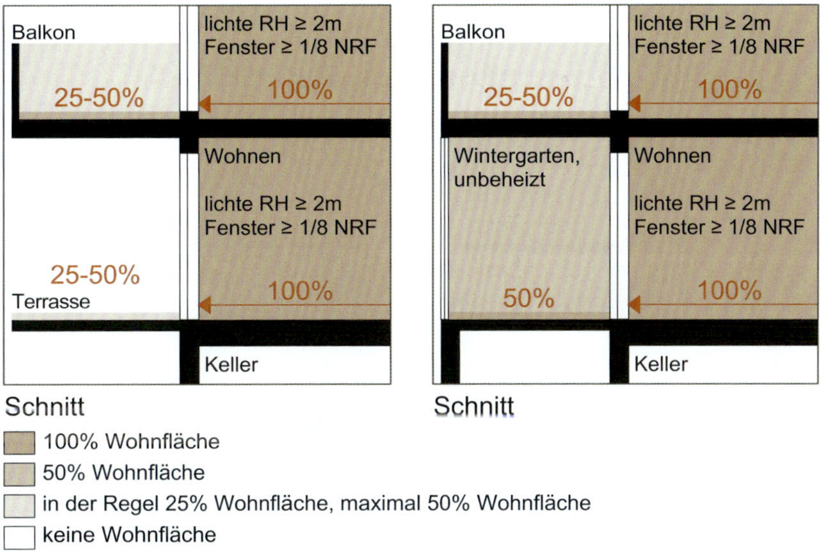

Abb. 4.11: Wohnflächenberechnung, Anrechenbarkeit der Grundflächen in Abhängigkeit von der Raumumschließung

4.1.4 Ermittlung der Wohnfläche – Beispiel Einfamilienhaus (EFH)

Die Abb. 4.12 bis 4.15 zeigen Beispiele zur Berechnung der Wohnfläche eines Einfamilienhauses (EFH).

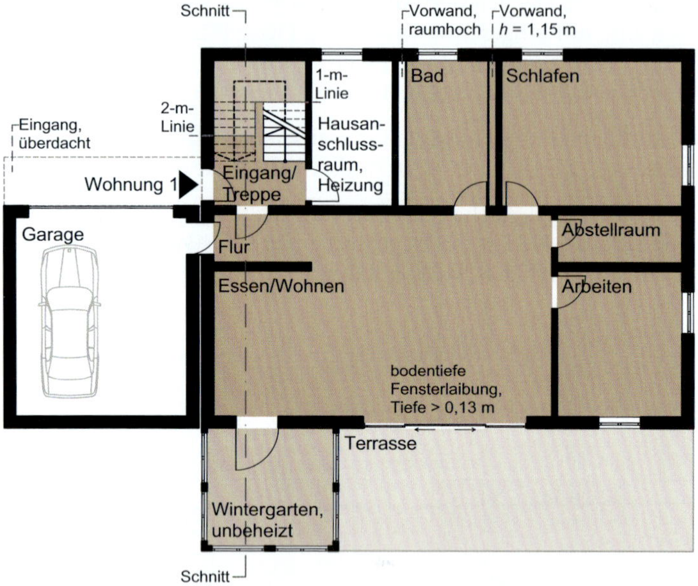

Abb. 4.12: Wohnfläche, grafische Darstellung am Beispiel EFH ohne Keller, Grundriss Erdgeschoss

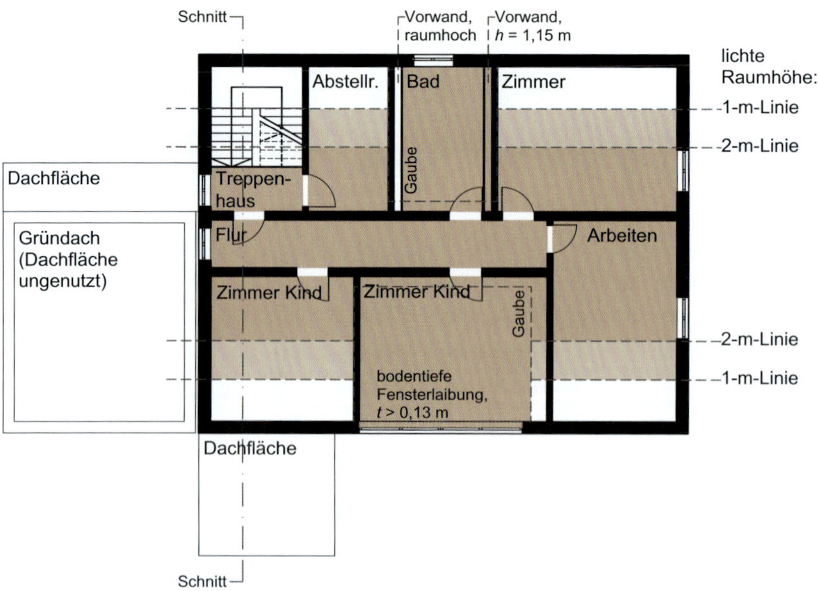

100 % Wohnfläche
50 % Wohnfläche
in der Regel 25 % Wohnfläche, maximal 50 % Wohnfläche
keine Wohnfläche

Abb. 4.13: Wohnfläche, grafische Darstellung am Beispiel EFH, Grundriss Dachgeschoss

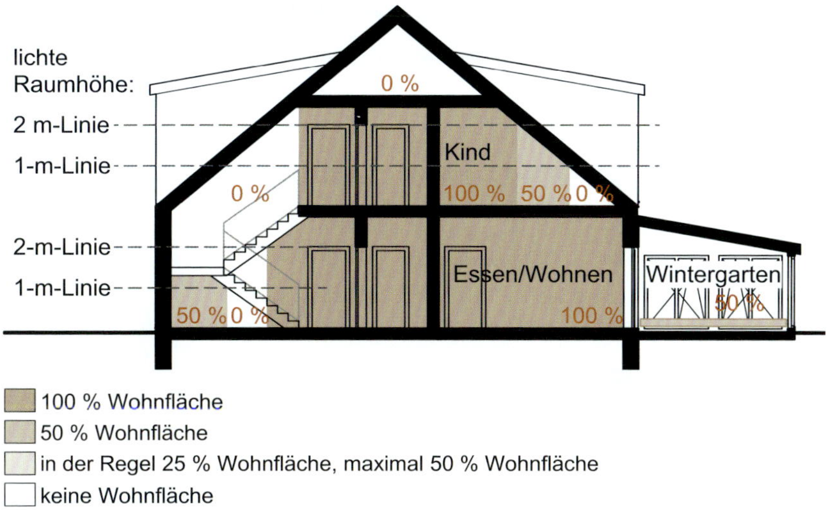

Abb. 4.14: Wohnfläche, grafische Darstellung am Beispiel EFH ohne Keller, Schnitt

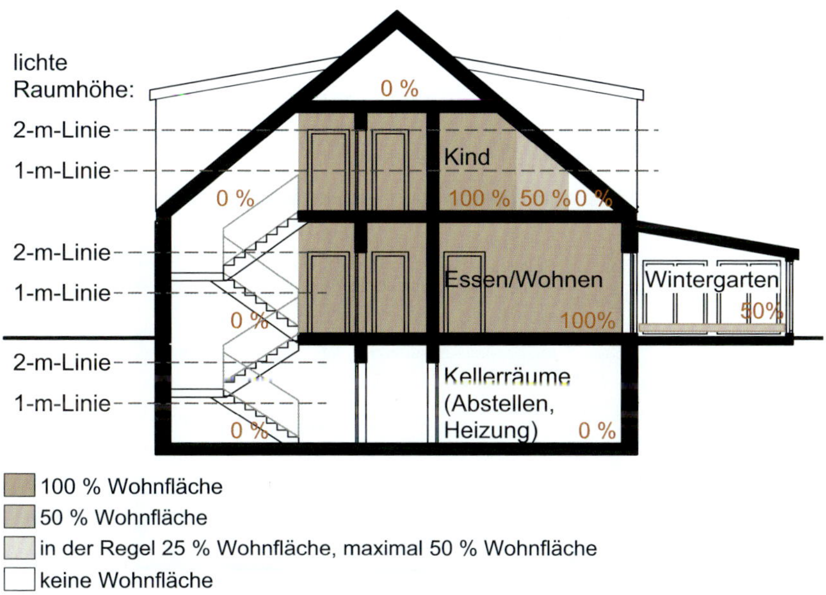

Abb. 4.15: Wohnfläche, grafische Darstellung am Beispiel EFH mit Keller, Schnitt

4.1.5 Ermittlung der Wohnflächen – Beispiel Zweifamilienhaus (ZFH)

Die Abb. 4.16 bis 4.19 zeigen Beispiele zur Berechnung der Wohnfläche eines Zweifamilienhauses (ZFH).

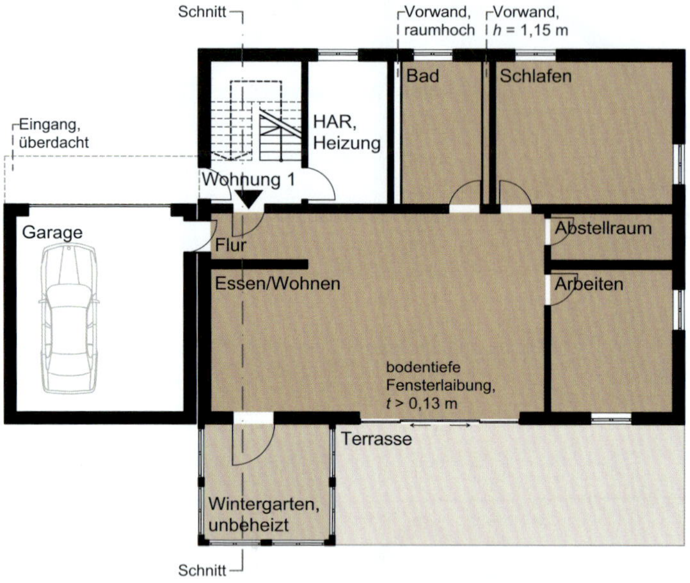

Abb. 4.16: Wohnfläche, grafische Darstellung am Beispiel ZFH, Grundriss Erdgeschoss

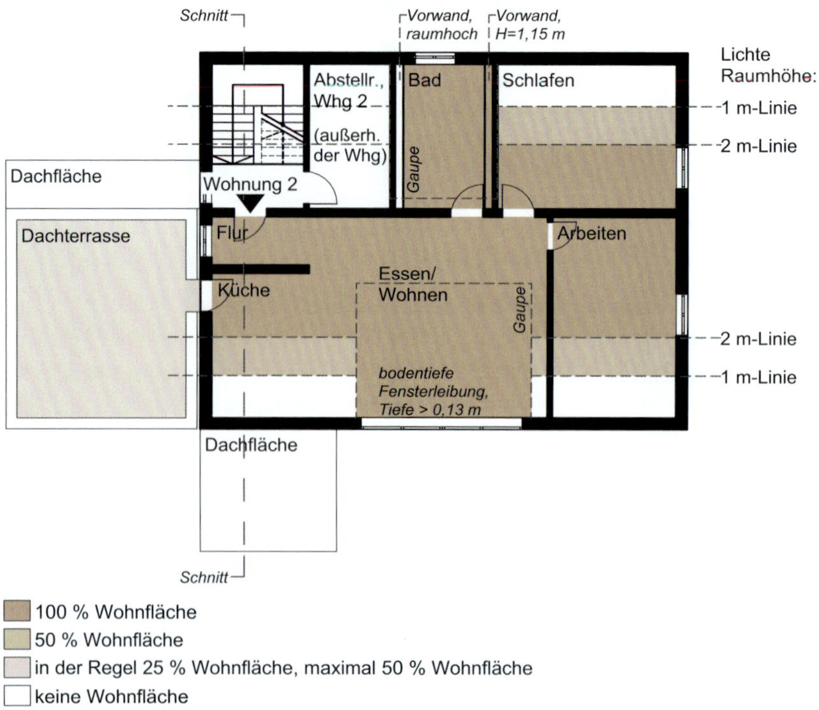

Abb. 4.17: Wohnfläche, grafische Darstellung am Beispiel ZFH, Grundriss Dachgeschoss

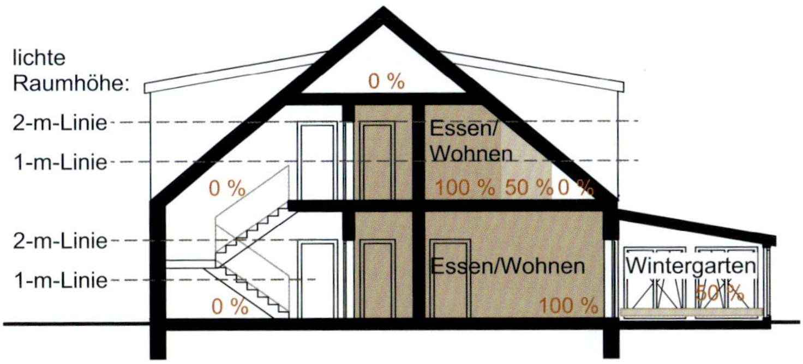

Abb. 4.18: Wohnfläche, grafische Darstellung am Beispiel ZFH ohne Keller, Schnitt

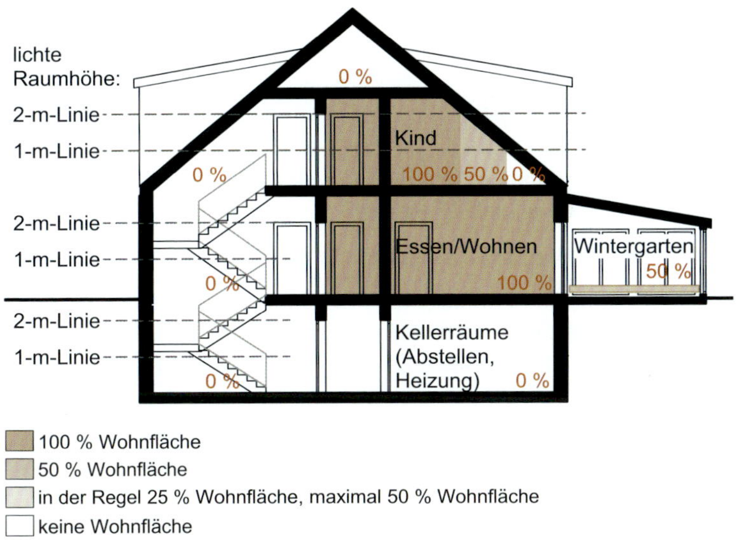

Abb. 4.19: Wohnfläche, grafische Darstellung am Beispiel ZFH mit Keller, Schnitt

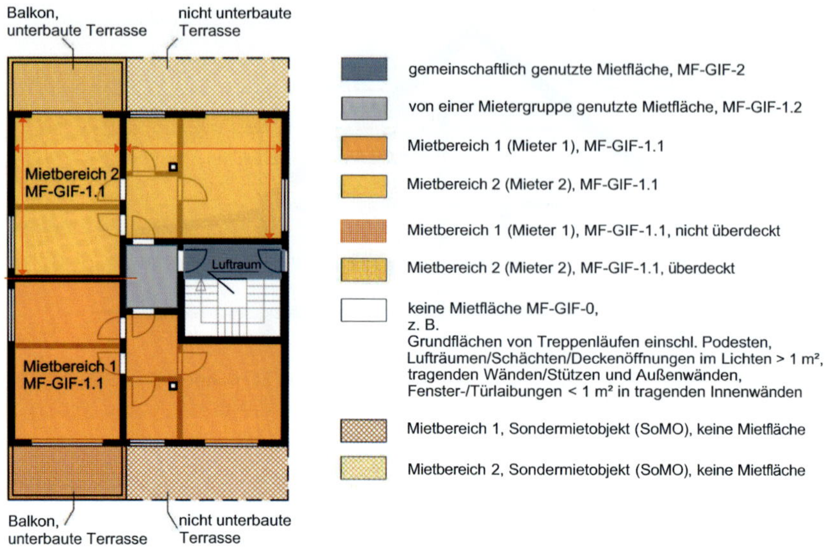

Abb. 4.20: Mietfläche (MF-GIF), grafische Darstellung am Beispiel

4.2 Richtlinie zur Berechnung der Mietfläche für Gebäude (MF-GIF 2023): Mietflächen für Wohnen und Gewerbe

4.2.1 Berechnung der Mietfläche Gebäude nach gif

Die MF-GIF 2023 kann als Grundlage für Flächenberechnungen in der Immobilienwirtschaft angewandt werden. Anhand dieser Richtlinie können die Flächen von gewerblichen Nutzungen z. B. in Büro-, Handels-, Hotel- und Logistikobjekten sowie in Wohngeschäftshäusern oder reinen Wohngebäuden ermittelt werden (siehe Abb. 4.20). Die Richtlinie schafft die Grundlage für eine einheitliche, einfache und gut nachvollziehbare Flächenberechnung. Sie ist jedoch kein Gesetz und in der Regel keine verbindliche Vorschrift. Sie ist erst dann verbindlich, wenn Vertragspartner diese Richtlinie als Grundlage der Flächenermittlung vereinbaren.

4.2.2 Berechnung/Messregeln nach gif

Die Flächen des Gebäudes nach gif werden unterteilt in

- die einem Mieter zugeordnete Mietfläche (**MF-GIF-1**); die ausschließlich einem Mieter zugeordnete Fläche ist als MF-GIF-1.1 auszuweisen, die einer Gruppe von Mietern (z. B. alle Mieter einer Etage) zugeordnete Fläche ist als MF-GIF-1.2 anzugeben und anteilig für jeden Mieter auszuweisen;
- die für alle Mieter zur gemeinschaftlichen Nutzung zugeordnete Mietfläche (**MF-GIF-2**);
- die Flächen, die keine Mietflächen sind (**MF-GIF-0**);
- Sondermietobjekte (**SoMO**).

Die Mietflächen MF-GIF werden je Mietbereich erfasst. Eine raumweise Differenzierung der Mietflächen MF-GIF-1 und MF-GIF-2 ist in der Regel nicht vorzunehmen. Des Weiteren ist eine Angabe der Flächen für MF-GIF-0, also für Flächen, die keine Mietflächen sind, nicht vorgesehen.

Sondermietobjekte (SoMO) sind Flächen oder Objekte des Gebäudes sowie Flächen am Bauwerk, die nicht den Mietflächen zugeordnet wurden. SoMO sind vertraglich zu vereinbaren. Flächen des Gebäudes, die SoMO sind, sind beispielsweise Kraftfahrzeugabstellflächen oder die Grundflächen von Schaufenstern. Die Kraftfahrzeugabstellflächen werden mit ihrer Anzahl als SoMO erfasst, Schaufenster werden mit ihrer Fläche bis zur Glasinnenseite als SoMO berücksichtigt. Flächen am Bauwerk, die als SoMO vereinbart werden können, sind beispielsweise nicht unterbaute Freiflächen mit/ohne Überdachung, die von Mietern genutzt werden (Terrassen, überdachte Lagerflächen/Verkaufsbereiche/Gastronomieflächen u. Ä.)

4.2.2.1 Anrechenbarkeit, Nutzungseinschränkungen

Die Mietflächen sind getrennt nach der MF-GIF-1, der MF-GIF-2 und den Mietbereichen zu erfassen. Eine weitere Differenzierung erfolgt in Bereiche der Raumumschließung bzw. der Nutzungseinschränkungen. Diese Differenzierung der Mietfläche MF-GIF nach Nutzungseinschränkungen gliedert sich in die Bereiche a, b, c und d (siehe Abb. 4.21):

- a: allseitig in voller Höhe umschlossene Flächen, keine räumlichen Einschränkungen der Nutzer,
- b: Flächen, die überdeckt, jedoch nicht allseitig in voller Höhe umschlossen sind,
- c: Flächen, die nicht überdeckt sind,
- d: Flächen mit einer lichten Raumhöhe $h < 1{,}50$ m.

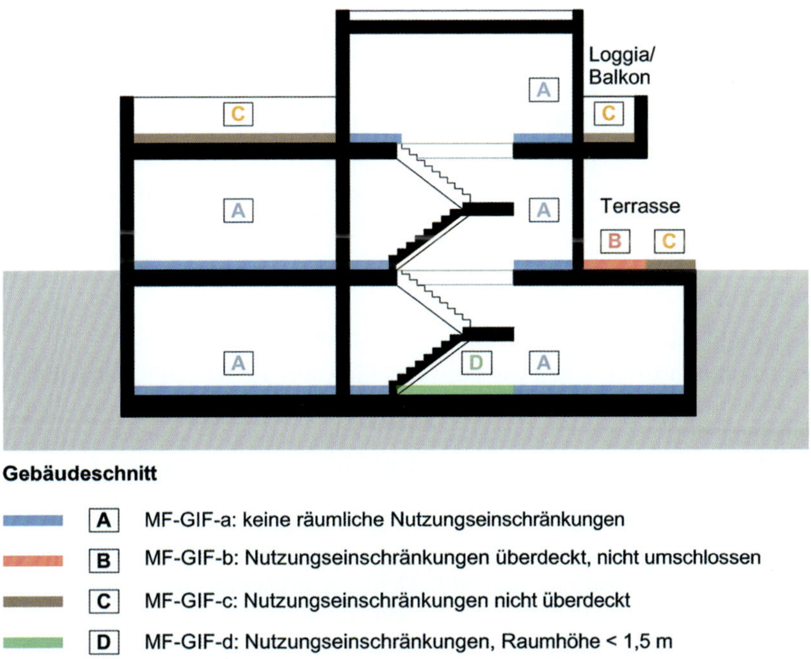

Abb. 4.21: Mietfläche nach MF-GIF 2023, Raumumschließung, grafische Darstellung

Mieterbedingte Flächenänderungen wie beispielsweise bauliche Veränderungen für und durch den Mieter werden in dem Zustand vor der mieterbedingten Veränderung berücksichtigt. In diesem Sinne sind Grundflächen, die ursprünglich der MF-GIF zuzuordnen waren, dieser auch nach der mieterbedingten Flächenänderung zuzuordnen.

4.2.2.2 Allgemeine Messregeln

Prinzipiell sind Mietflächen nach MF-GIF 2023 anhand der lichten Abmessungen zwischen den (raumhohen) aufgehenden tragenden und/oder aussteifenden Bauteilen (Wänden) zu ermitteln und werden in Fußboden- oder Deckenhöhe gemessen. Nicht begehbare Flächen, wie Lufträume von Galeriegeschossen oder Treppenaugen und Deckenöffnungen, werden bis zu einem lichten Querschnitt < 1 m^2 übermessen und der jeweiligen Fläche zugeordnet.

Die Grundflächen werden getrennt nach den verschiedenen Nutzern zugeordneten Ebenenbereichen zwischen den Außenwänden erfasst. Nicht tragende Wände in diesen Mietbereichen werden übermessen. Nicht erfasst werden ebenso die Grundflächen von Räumen oder genutzten Ebenenbereichen, die als SoMO separat anzugeben sind, wie beispielsweise Kraftfahrzeugabstellflächen oder Freiflächen mit/ohne Überdeckung oder die Grundflächen von Schaufenstern.

Maßgebend für die lichten Maße der Mietbereiche sind alle raumhohen raumbegrenzenden Bauteile der tragenden und aussteifenden Wandkonstruktionen wie z. B. Wandbekleidungen (Putz- und Fliesenbekleidungen, Vormauerungen, Vorwandinstallationen usw.) sowie sonstige Begrenzungsflächen wie z. B. Fensterflächen/Verglasung, Gitter, Rollgitter, Brüstungen, Geländer u. Ä.

Bei der Begrenzung der Mietflächen durch Geländer und Brüstungen wird wie folgt vorgegangen (siehe Abb. 4.22):

- gemessen wird an der Innenseite der Konstruktion in Fußbodenhöhe,
- das am weitesten innen liegende Bauteil der Konstruktion wird vertikal projiziert, wobei Geländerpfosten mit einer Breite $B < 0{,}10$ m nicht berücksichtigt werden.

Nicht zur Mietfläche gehören:

- Grundflächen von Treppenläufen einschließlich ihrer Podeste,
- nicht begehbare Flächen wie Lufträume in Galeriegeschossen, Schächte und sonstige Deckenöffnungen, die einen Querschnitt im Lichten ≥ 1 m^2 haben,
- Fenster-/Türlaibungen von (tragenden) Innenwänden mit einem Querschnitt im Lichten von ≤ 1 m^2 in tragenden Wänden (siehe Abb. 4.23),
- tragende Wände und Stützen sowie Außenwände (siehe Abb. 4.24),
- die Grundflächen von raumhohen Vorwandkonstruktionen vor tragenden Wänden, wobei mit raumhohen Bekleidungen Wandbekleidungen gemeint sind, die eine Höhe ab Fertigfußbodenoberkante ≥ 2,75 m haben oder bei einem niedrigeren Raum als 2,75 m tatsächlich raumhoch sind,
- Flächen, die als (sonstige) Sondermietobjekte ausgewiesen werden, wie z. B. Grundflächen von Kraftfahrzeugabstellflächen, von Schaufenstern oder Kundenbedienzonen in einer Mall.

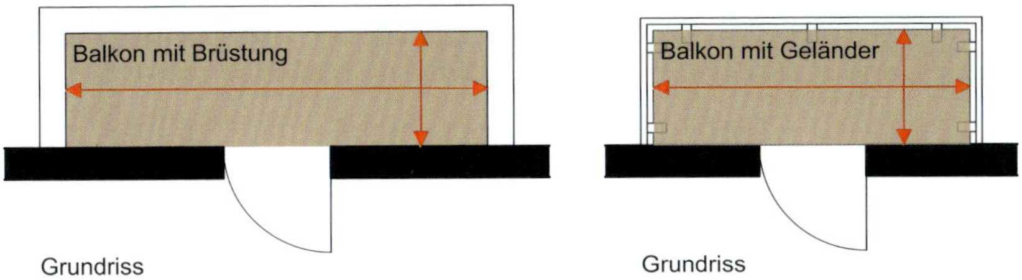

Abb. 4.22: Mietfläche nach gif (2023), Messregel Balkon

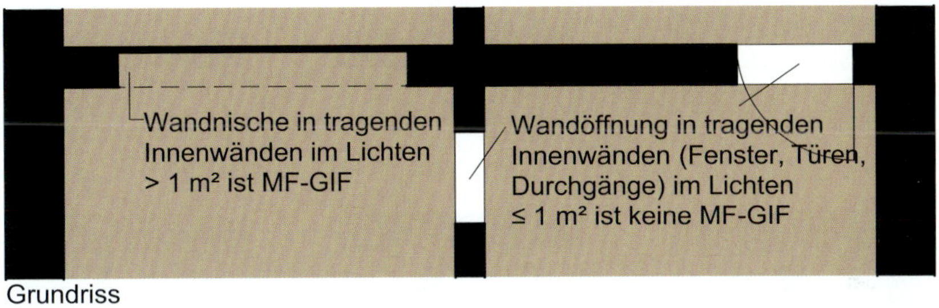

Abb. 4.23: Mietfläche nach gif (2023), Messregel Wandnischen und -öffnungen (tragende Innenwände)

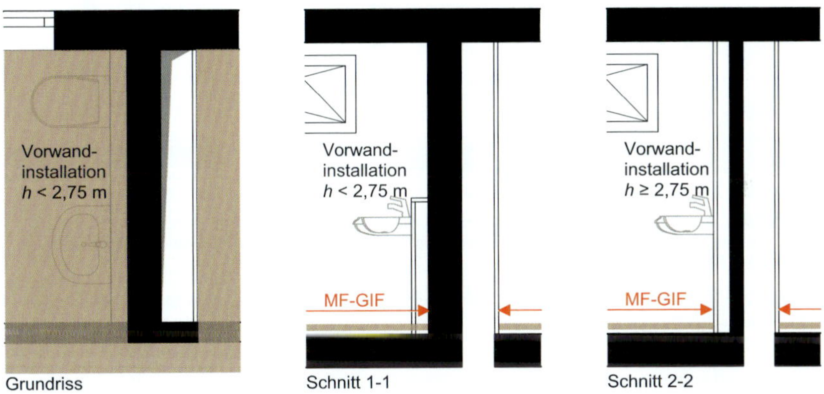

Die Grundflächen von tragenden Wänden sind keine MF-GIF. Ebenso sind die Grundflächen von Deckendurchbrüchen einschließlich ihrer umschließenden Wände keine MF-GIF. Vorwände mit einer $h < 2{,}75$ m gehören zur MF-GIF.

Abb. 4.24: Mietfläche nach gif (2023), Messregel tragende Innenwände und Deckendurchbrüche

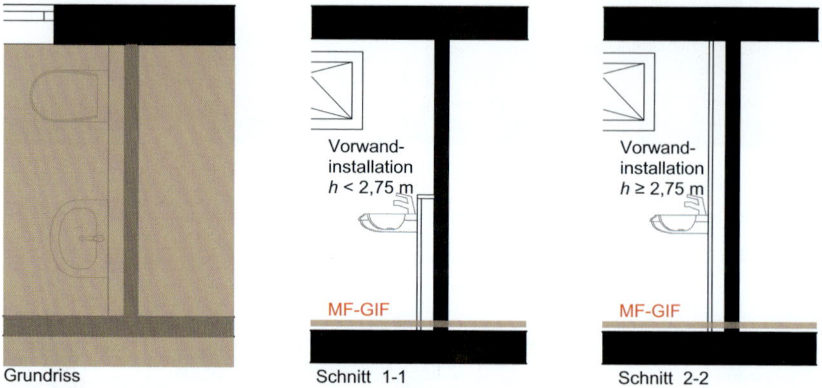

Die Grundflächen von nicht tragenden Wänden mit/ohne Vorwand gehören zur MF-GIF.

Abb. 4.25: Mietfläche nach gif (2023), Messregel nicht tragende Innenwände

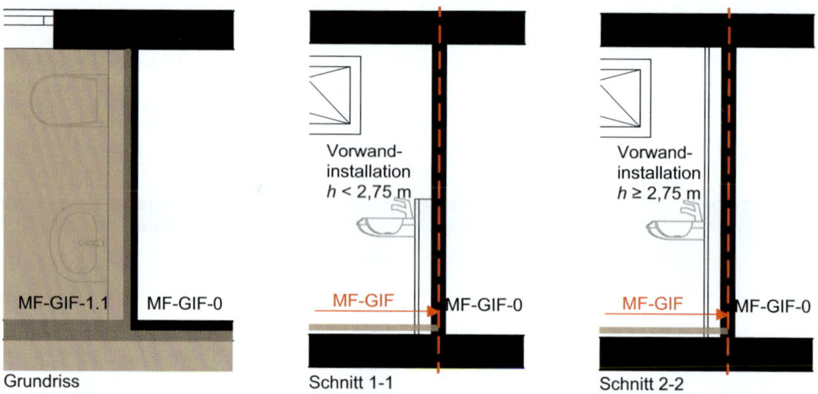

Mietflächen verschiedener Mieter werden mittig in der (nicht tragenden) Mietbereichswand getrennt. Zur Ermittlung der Mitte der Mieterbereichstrennwand bleiben (raumhohe) Vorwandkonstruktionen unberücksichtigt.

Abb. 4.26: Mietfläche nach gif (2023), Messregel für nicht tragende Mietbereichstrennwände MF-GIF-0

Zur Mietfläche von Gebäuden gehören nach gif und werden nicht abgezogen bzw. werden hinzugerechnet:

- leichte, nicht tragende Wände einschließlich ihrer Bekleidungen und Vorwandkonstruktionen (siehe Abb. 4.25);
- untergeordnete Bauteile (z. B. Sockelleisten, frei liegende Installationen, baukonstruktive Einbauten, bewegliche Raumteiler und nicht raumhohe Vorwandkonstruktionen); diese werden bei der Ermittlung der Mietfläche nach gif (2023) übermessen und gehören zur Mietfläche (siehe Abb. 4.24 bis 4.26);
- die Grundflächen von Fensternischen und Türöffnungen von (tragenden) Innenwänden, wenn die Nische bzw. die Öffnung einen lichten Querschnitt > 1 m^2 aufweist (siehe Abb. 4.23).

Abweichend zur allgemeinen Regelung, dass leichte, nicht tragende Innenwände zur Mietfläche nach gif gehören, wird die Mietfläche an nicht tragenden Mietbereichswänden, die die Mietfläche zu einer Fläche MF-GIF-0 (kei-

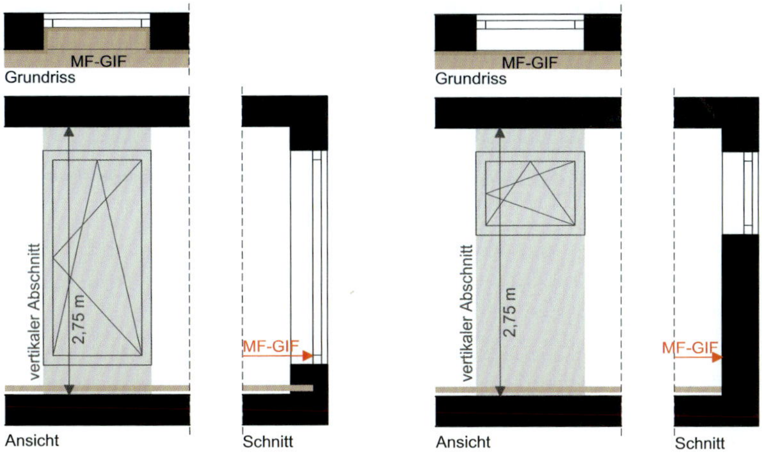

≥ 50 % des vertikalen Abschnittes sind die Fensterfläche → Innenseite der Außenwand verspringt in diesem Abschnitt bis zur Glasfläche

≥ 50 % des vertikalen Abschnittes sind Wandinnenseite → Innenseite der Außenwand läuft weiter

Abb. 4.27: Mietfläche nach gif (2023), Messregel Fensteröffnungen in Außenwänden

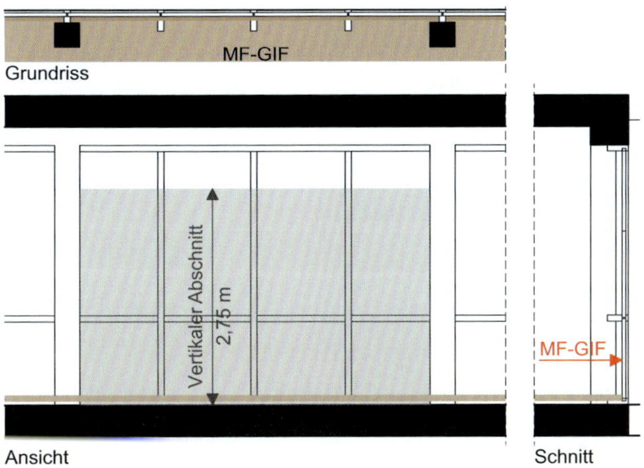

≥ 50 % des vertikalen Abschnittes sind die Fensterfläche der Pfosten-Riegel-Fassade → Innenseite der Außenwand verspringt in diesem Abschnitt bis zur Glasfläche

Abb. 4.28: Mietfläche nach gif (2023), Messregel Glasfassade Pfosten-Riegel-Konstruktion

ne Mietfläche) begrenzen, nur bis zur Mitte der nicht tragenden Innenwand berücksichtigt (siehe Abb. 4.26).

Die seitlichen Begrenzungen der Mietflächen MF-GIF sind in der Regel die Innenseiten der inneren Bekleidung der Außenwände bzw. die raumseitige Innenkante der Bekleidungen der Mietbereichstrennwände bzw. die raumseitige Innenkante der Bekleidungen der tragenden Wände (siehe Abb. 4.20). Ist die Wandinnenseite nicht homogen, sind also Unterbrechungen des Regelwandquerschnittes durch Fenster, Türen oder sonstige Nischen, Unterschnitte, Bekleidungen oder Ähnliches vorhanden, verspringt in diesen Abschnitten die Innenkante der seitlichen Begrenzung zu der Oberfläche, die mehr als 50 % der Wandinnenseite einnimmt. Hierbei werden die Fensterrahmen, -pfosten und -riegel als Bestandteile des Fensters nicht berücksichtigt; es wird bis zur Glasfläche gemessen (siehe Abb. 4.27 und 4.28).

4.2.2.3 Messregeln Wandflächen (Konstruktionsgrundflächen)

Die Grundflächen von Außenwänden sind keine Mietflächen des Gebäudes MF-GIF-1. Ebenso gehören die Grundflächen von tragenden Wänden, Stützen, Pfeilern und Schornsteinen nicht zur MF-GIF-1. Grundflächen von Wänden, die Flächen umschließen, welche keine Mietfläche sind (MF-GIF-0), werden nicht zur Mietfläche gezählt, unabhängig davon, ob diese tragend oder nicht tragend sind.

Die Grundflächen von Wandöffnungen und -nischen (Fenster- und Türnischen) in Wänden mit einem lichten Querschnitt von $\leq 1\ m^2$ sind Teil der Wand und gehören nicht zur Mietfläche (siehe Abb. 4.23).

Die Grundflächen von nicht tragenden Wänden sowie von nicht raumhohen Vorwänden oder Vorwandkonstruktionen gehören zur Mietfläche, wenn der Bereich insgesamt einem Mieter zugeordnet werden kann.

4.2.2.4 Messregeln Erschließungsflächen (Verkehrsflächen)

Nicht zur Mietfläche werden Erschließungsflächen gezählt, wenn sie der allgemeinen Erschließung des Gebäudes oder der Wartung, Inspektion und Instandsetzung dienen. Keine Mietflächen und damit MF-GIF-0 sind:

- Wege, Treppen und Balkone, die als Flucht- und Rettungswege dienen,
- Treppenläufe einschließlich Podesten und Rampen zur allgemeinen Erschließung des Gebäudes,
- die Grundflächen von Aufzugsschächten in allen Geschossen,
- Ladenstraßen und Malls,
- nicht allseits umschlossen Erschließungsflächen.

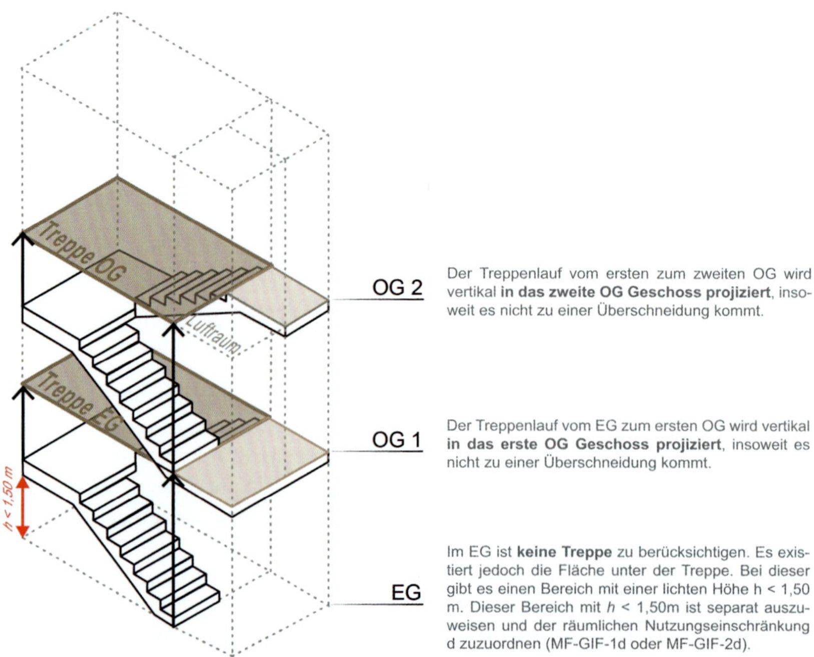

Abb. 4.29: Berechnung der Mietfläche MF-GIF bei Treppen

Schräg verlaufende Baukonstruktionen, wie beispielsweise Treppen oder Rampen, werden vertikal in das darüberliegende Geschoss projiziert (siehe Abb. 4.29). Die Grundfläche der Treppe wird damit dem darüberliegenden Geschoss zugeordnet, und zwar maximal in der Größe des Treppenloches.

4.2.2.5 Messregeln technische Anlagen (Technikflächen)

Die Grundflächen von (betriebs-)technischen Anlagen, die der Ver- und Entsorgung des Gebäudes dienen, oder Grundflächen, die ausschließlich zur Wartung, Inspektion und Instandsetzung des Bauwerkes genutzt werden, gehören nicht zur Mietfläche MF-GIF-1. Diese Grundflächen sind keine Mietflächen und werden daher der MF-GIF-0 zugeordnet.

Keine Mietflächen sind

- Grundflächen von Räumen mit haustechnischen Anlagen zum Betreiben des Gebäudes einschließlich ihrer Ergänzungsflächen (z. B. Lagerräume für Brennstoffe),
- Grundflächen von Installationsschächten in allen Geschossen,
- Flächen zur Wartung, Inspektion und Instandsetzung des Bauwerkes (Baukonstruktion und technische Anlagen),
- Aufstellflächen und Zugangswege für technische Anlagen (z. B. auf dem Dach).

Nutzer- oder mieterspezifische technische Anlagen (z. B. Server-/EDV-Räume) werden jedoch als Mietfläche für den jeweiligen Mietbereich erfasst (siehe Abb. 4.30).

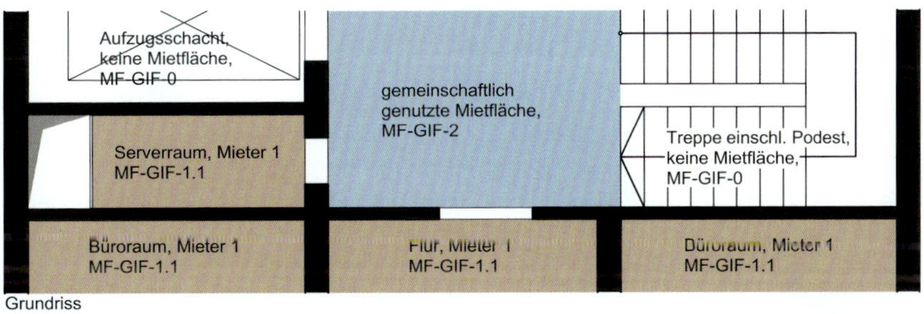

Abb. 4.30: Mietfläche (MF-GIF), Mietbereichstrennung von gemeinschaftlich genutzten Flächen

4.2.2.6 Messregeln Mietbereichstrennung

Werden Mietflächen in Mietbereiche für verschiedene Nutzer differenziert, werden die Mietflächen mittig in der (nicht tragenden) Mietbereichswand getrennt (siehe Abb. 4.31). Zur Ermittlung der Mitte der Mieterbereichstrennwand bleiben (raumhohe) Vorwandkonstruktionen unberücksichtigt.

Tragende Wände sind keine Mietfläche MF-GIF-1 des Gebäudes. Dementsprechend gehören sie nicht zur Mietfläche und die Mietbereichstrennung erfolgt (ohne Berücksichtigung der Vorwandkonstruktionen) beidseitig der Innenoberfläche der tragenden Wand (siehe Abb. 4.32).

Grenzt der Mietbereich (MF-GIF-1) an einen Bereich, der keine Mietfläche (MF-GIF-0) ist, dann gehört die Mietbereichstrennwand nicht zur Mietfläche, auch nicht hälftig.

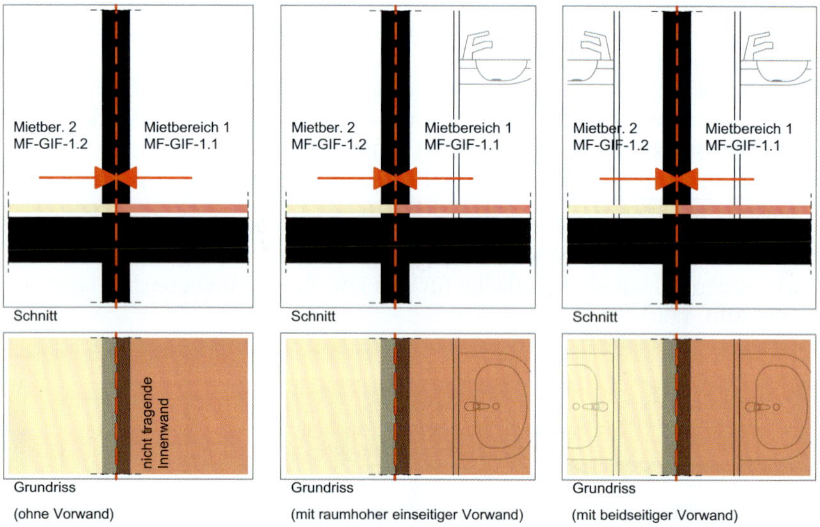

Abb. 4.31: Mietfläche (MF-GIF), Messregel Mietbereichstrennung bei nicht tragenden Trennwänden

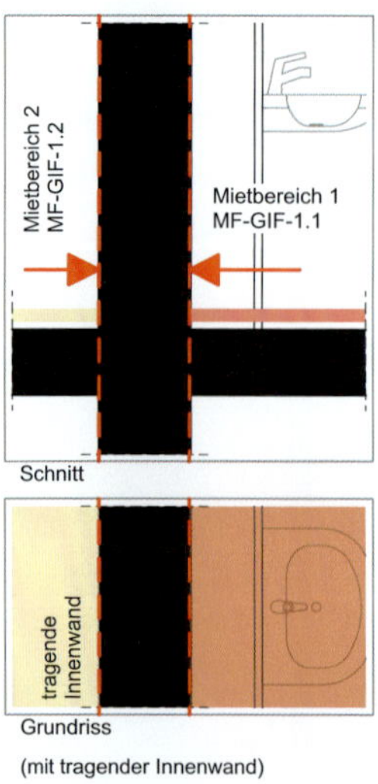

Abb. 4.32: Mietfläche (MF-GIF), Messregel Mietbereichstrennung bei tragenden Trennwänden

5 Berechnungsbeispiele nach DIN 277, Richtlinie zur Berechnung der Mietfläche für Gebäude (MF-GIF 2023) und WoFlV

5.1 Einfamilienhaus (EFH)

5.1.1 Plandarstellung

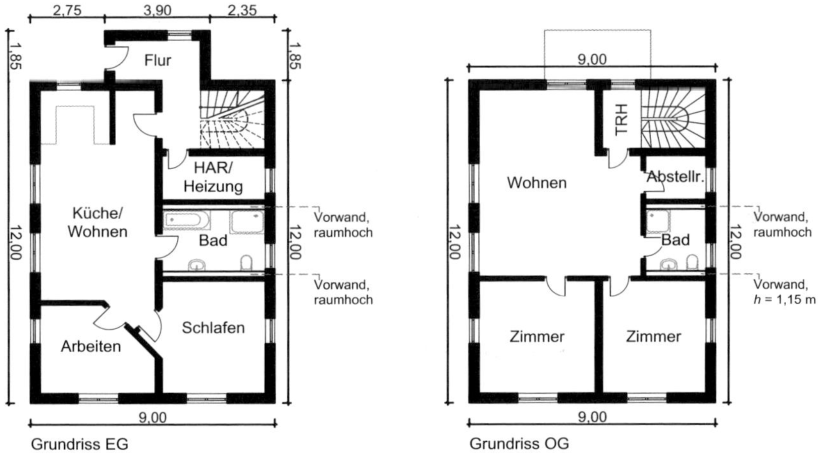

Abb. 5.1: Berechnungsbeispiel EFH, Plandarstellung Grundriss Erdgeschoss und Obergeschoss

In Kapitel 5.1.2 werden hochbauliche Flächen des Gebäudes am Beispiel eines Einfamilienhauses für das Erdgeschoss und das Obergeschoss ermittelt. Die Flächenarten werden sowohl nach DIN 277 als auch nach gif (2023) und WoFlV beispielhaft angegeben und anschaulich in den Grundrissen dargestellt.

5.1.2 Berechnungsbeispiel Einfamilienhaus (EFH)

5.1.2.1 Berechnungsbeispiel Grundfläche EFH nach DIN 277

Bruttogrundfläche (BGF)

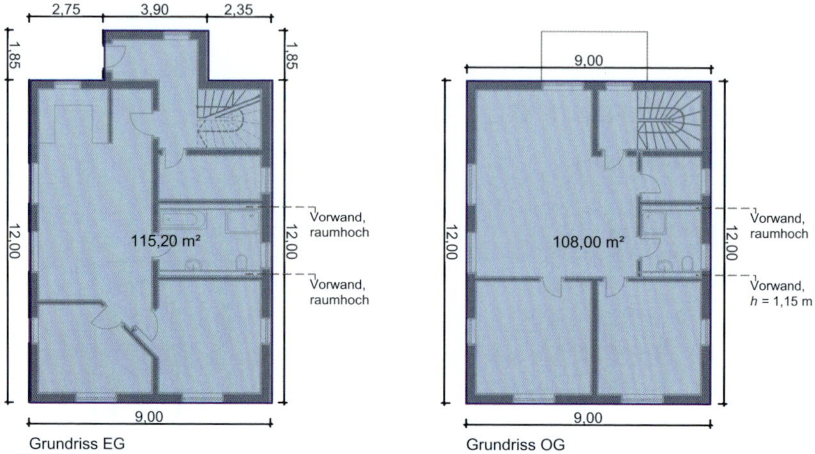

Abb. 5.2: Berechnungsbeispiel EFH, BGF nach DIN 277

BGF_{EG} = (9,00 m · 12,00 m) + (3,90 m · 1,85 m) = 108,00 m² + 7,22 m² = 115,22 m²

BGF_{OG} = 9,00 m · 12,00 m = 108,00 m²

BGF_{ges} = 115,20 m² + 108,00 m² = 223,22 m²

Nettoraumfläche (NRF)

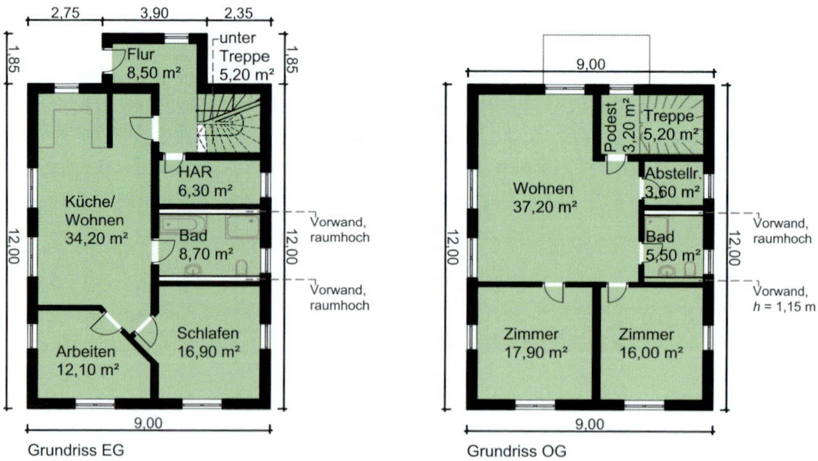

Abb. 5.3: Berechnungsbeispiel EFH, NRF nach DIN 277

NRF_{EG} = 8,50 m² + 5,20 m² + 6,30 m² + 34,20 m² + 12,10 m² + 16,90 m² + 8,70 m² = 91,90 m²

NRF_{OG} = 3,20 m² + 5,20 m² + 3,60 m² + 5,50 m² + 37,50 m² + 17,20 m² + 16,00 m² = 88,60 m²

NRF_{ges} = 91,90 m² + 88,60 m² = 180,50 m²

KGF = BGF – NRF = 223,20 m² – 180,50 m² = 42,70 m²

Nutzungsfläche (NUF), Verkehrsfläche (VF) und Technikfläche (TF)

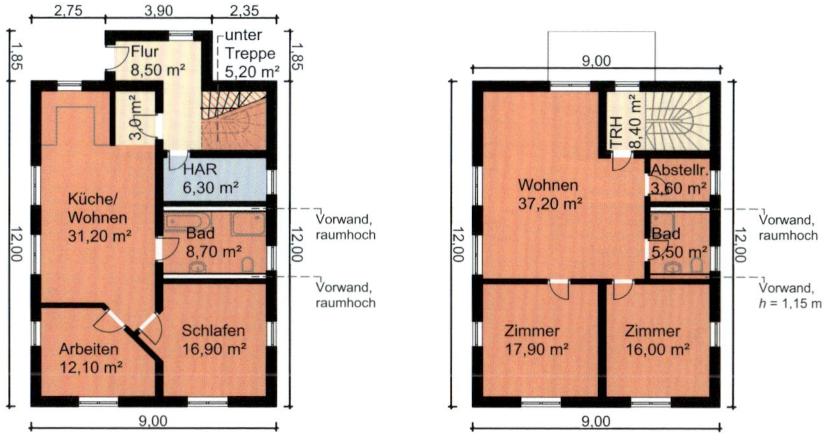

Grundriss EG   Grundriss OG

Abb. 5.4: Berechnungsbeispiel EFH: NUF, VF und TF nach DIN 277

$NUF_{EG} = 5{,}20\ m^2 + 31{,}20\ m^2 + 8{,}70\ m^2 + 12{,}10\ m^2 + 16{,}90\ m^2 = 74{,}10\ m^2$

$NUF_{OG} = 3{,}60\ m^2 + 5{,}50\ m^2 + 37{,}20\ m^2 + 17{,}90\ m^2 + 16{,}00\ m^2 = 80{,}20\ m^2$

$NUF_{ges} = 74{,}10\ m^2 + 80{,}20\ m^2 = 154{,}30\ m^2$

$VF_{ges} = 8{,}50\ m^2 + 3{,}00\ m^2 + 8{,}40\ m^2 = 19{,}90\ m^2$

$TF_{ges} = 6{,}30\ m^2$

$NUF + VF + TF = NRF$

$NRF = 154{,}30\ m^2 + 19{,}90\ m^2 + 6{,}30\ m^2 = 180{,}50\ m^2$

5.1.2.2 Berechnungsbeispiel Mietfläche EFH nach MF-GIF 2023

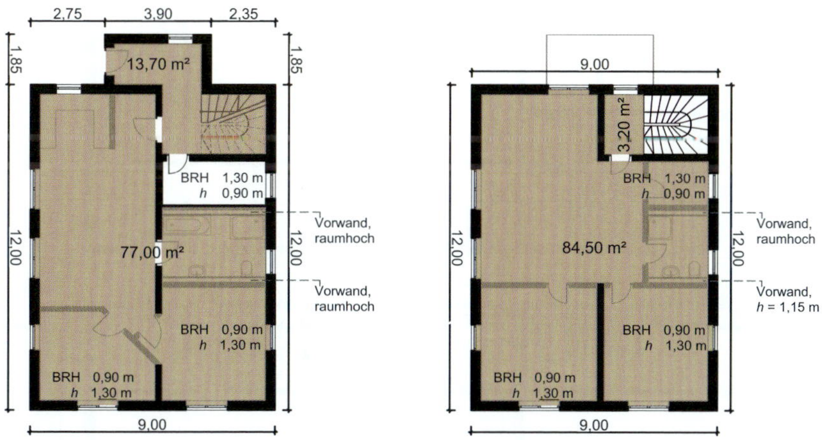

Grundriss EG   Grundriss OG

Abb. 5.5: Berechnungsbeispiel EFH nach MF-GIF 2023

$MF\text{-}GIF\text{-}1_{EG} = 77{,}00\ m^2 + 13{,}70\ m^2 = 90{,}70\ m^2$

$MF\text{-}GIF\text{-}1_{OG} = 84{,}00\ m^2 + 3{,}20\ m^2 = 87{,}20\ m^2$

$MF\text{-}GIF\text{-}1_{ges} = 90{,}70\ m^2 + 87{,}20\ m^2 = 177{,}90\ m^2$

5.1.2.3 Berechnungsbeispiel Wohnfläche EFH nach WoFlV

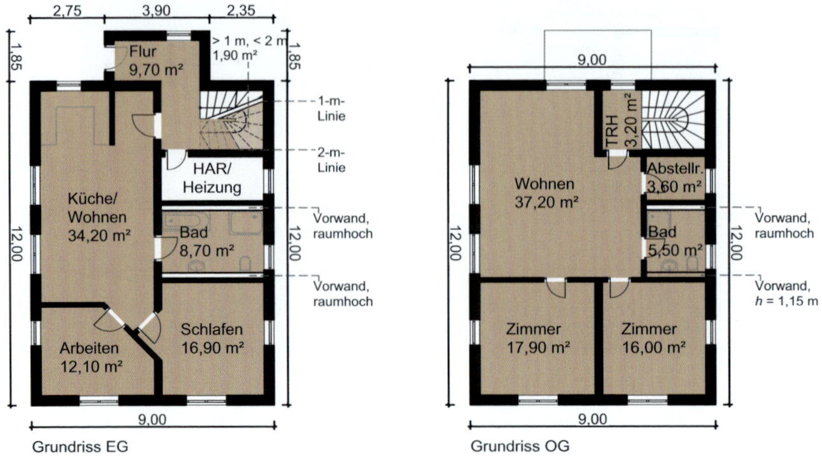

Abb. 5.6: Berechnungsbeispiel EFH, Wohnfläche (WoFl) nach WoFlV

$WoFl_{EG}$ = 9,70 m² + (1,90 m² · 50 %) + 8,70 m² + 34,20 m² + 12,10 m² + 16,90 m² = 82,55 m²

$WoFl_{OG}$ = 3,20 m² + 3,60 m² + 5,50 m² + 37,20 m² + 17,90 m² + 16,00 m² = 83,40 m²

$WoFl_{ges}$ = 82,55 m² + 83,40 m² = 165,95 m²

5.2 Mehrfamilienhaus (MFH), klassisches Wohnen

5.2.1 Plandarstellung

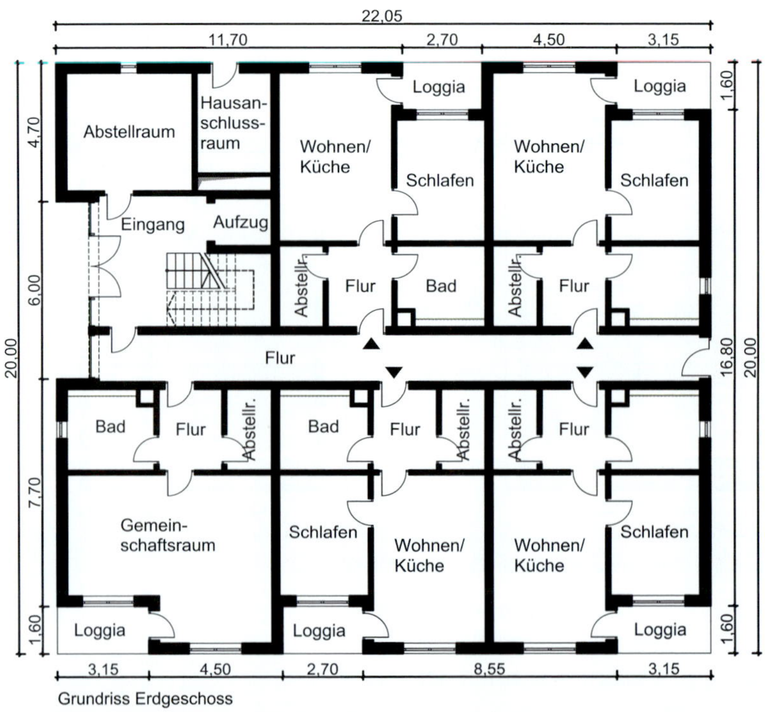

Abb. 5.7: Berechnungsbeispiel MFH, Plandarstellung Grundriss Erdgeschoss

5.2.2 Berechnungsbeispiel Mehrfamilienhaus (MFH)

5.2.2.1 Berechnungsbeispiel Grundfläche Mehrfamilienhaus (MFH) nach DIN 277

Bruttogrundfläche (BGF)

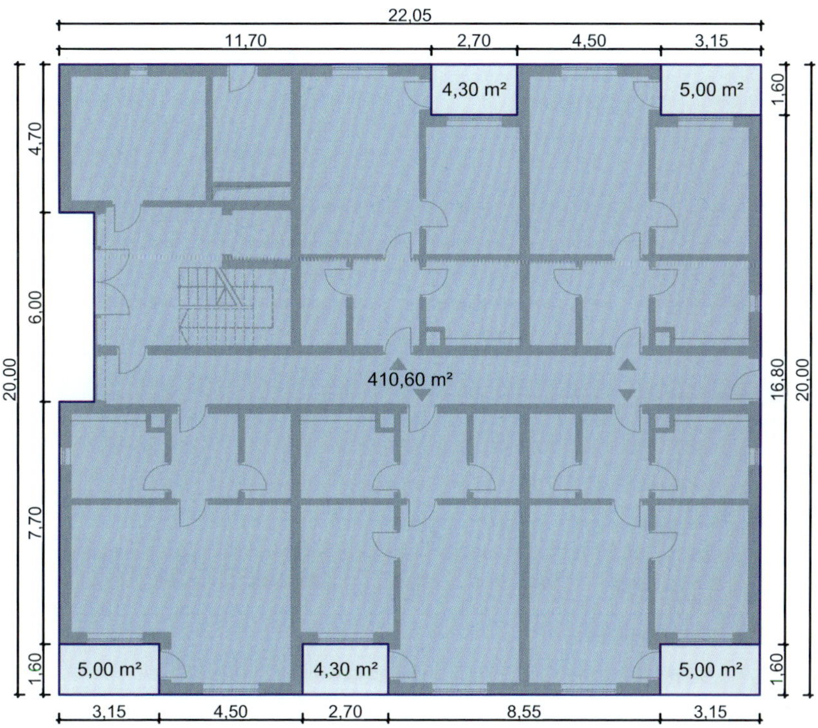

Grundriss Erdgeschoss

Abb. 5.8: Berechnungsbeispiel MFH Erdgeschoss, BGF nach DIN 277

$BGF_{Regelfall} = 410{,}60\ m^2$

$BGF_{Sonderfall} = (4{,}30\ m^2 \cdot 2) + (5{,}0\ m^2 \cdot 3) = 23{,}60\ m^2$

$BGF_{gesamt} = 434{,}20\ m^2$

Nettoraumfläche (NRF)

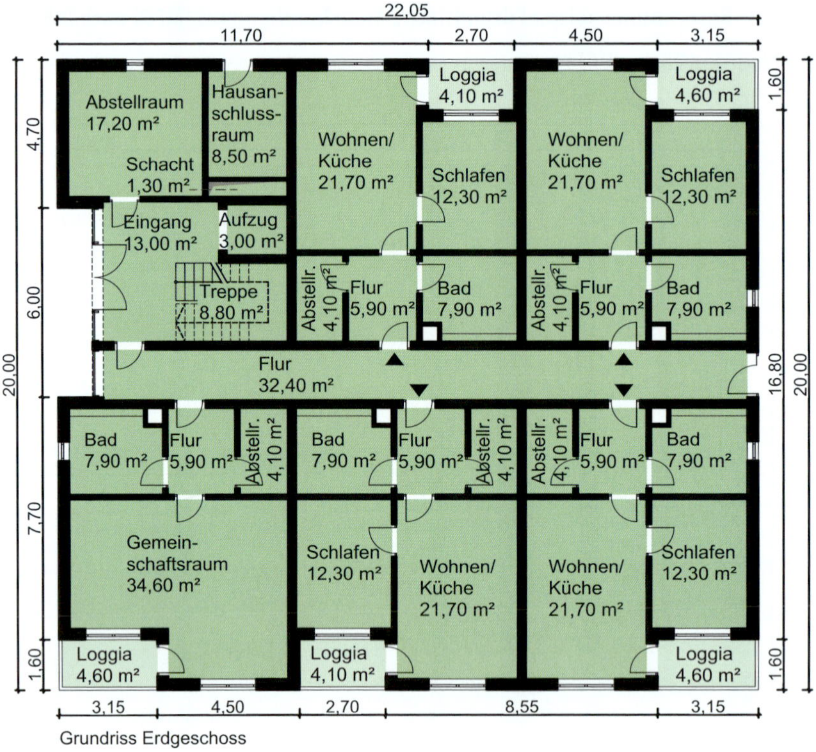

Abb. 5.9: Berechnungsbeispiel MFH Erdgeschoss, NRF nach DIN 277

gemeinsame öffentliche Flächen:

$NRF_{Regelfall}$ = 17,20 m² + 8,50 m² + 1,30 m² + 13,00 m² + 3,00 m² + 8,80 m² + 32,40 m² + (7,90 m² + 5,90 m² + 4,10 m² + 34,60 m²) = 136,70 m²

private Flächen (Wohnungen):

$NRF_{Regelfall}$ = (21,70 m² + 12,30 m² + 5,90 m² + 4,1 m² + 7,90 m²) · 4 = 51,90 m² · 4 = 207,60 m²

Gesamt:

$NRF_{Regelfall}$ = 136,70 m² + 207,60 m² = 344,30 m²

$NRF_{Sonderfall}$ = (4,10 m² · 2) + (4,60 m² · 3) = 22,00 m²

NRF_{gesamt} = 344,30 m² + 22,00 m² = 366,30 m²

$KGF_{Regelfall}$ = BGF, R – NRF, R = 410,60 m² – 344,30 m² = 66,30 m²

Nutzungsfläche (NUF), Verkehrsfläche (VF) und Technikfläche (TF)

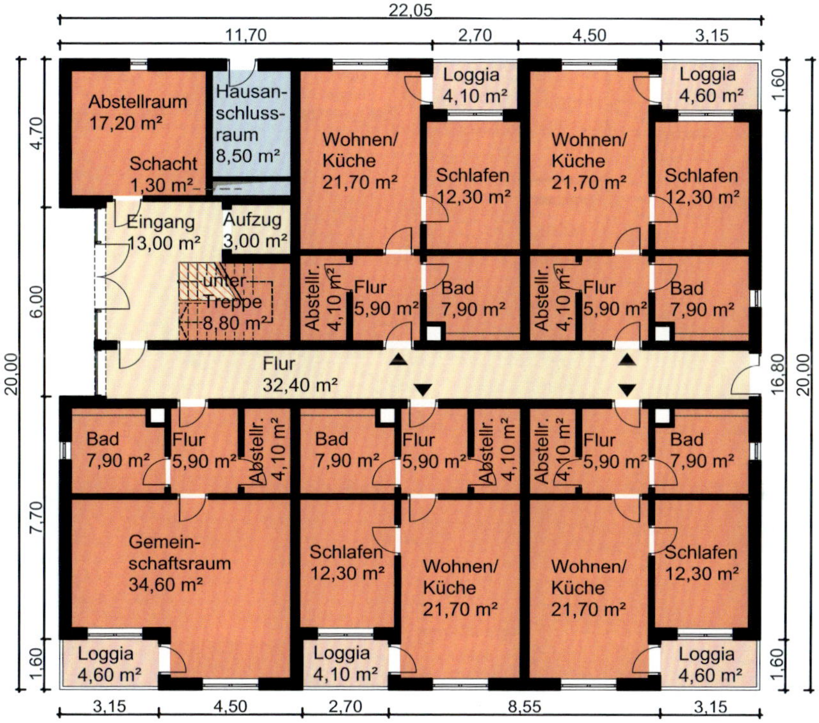

Grundriss Erdgeschoss

Abb. 5.10: Berechnungsbeispiel MFH Erdgeschoss, NUF und VF und TF nach DIN 277

$NUF_{Regelfall}$ = 17,20 m² + 8,80 m² + (21,70 m² + 12,30 m² + 5,90 m² + 4,10 m² + 7,90 m²) · 4 + 7,90 m² + 5,90 m² + 4,10 m² + 34,60 m² = 286,10 m²

$NUF_{Sonderfall}$ = (4,10 m² · 2) + (4,60 m² · 3) = 22,00 m²

VF = 13,00 m² + 3,00 m² + 32,40 m² = 48,40 m²

TF = 8,50 m² + 1,30 m² = 9,80 m²

NUF + VF + TF = NRF

NRF = 286,10 + 22,00 + 48,40 + 9,80 = 366,30 m²

5.2.2.2 Berechnungsbeispiel Mietfläche MFH nach MF-GIF 2023

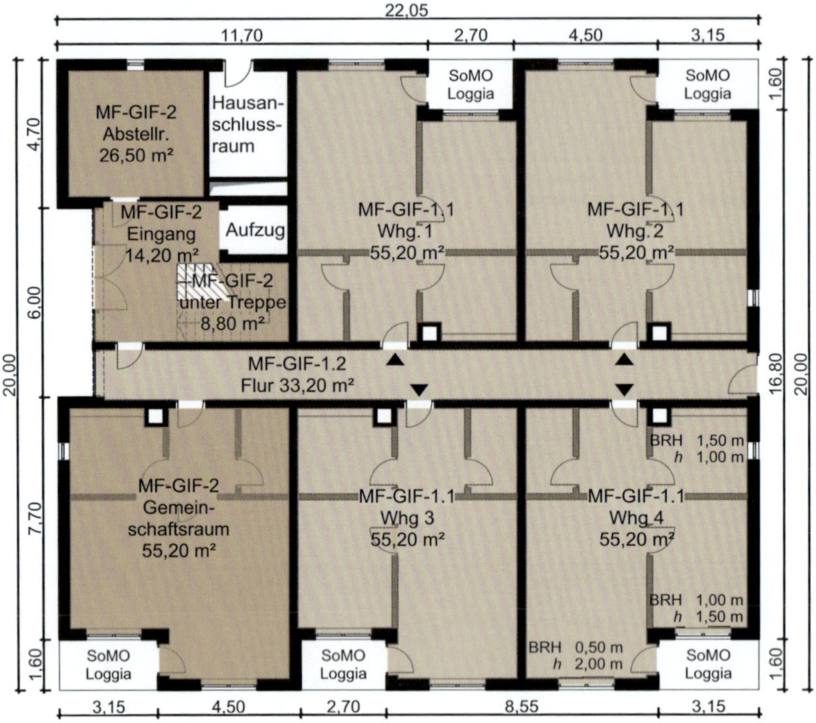

Abb. 5.11: Berechnungsbeispiel MFH Erdgeschoss, MF-GIF nach gif

Mietfläche eines Mieters$_{\text{MF-GIF-1.1}}$	= 55,20 m^2 · 4 = 220,80 m^2
Mietfläche einer Mietergruppe$_{\text{MF-GIF-1.2}}$	= 33,20 m^2
exklusiv genutzte Mietfläche$_{\text{MF-GIF-1}}$	= MF-GIF-1.1 + MF-GIF-1.2 = 220,80 m^2 + 33,20 m^2 = 254,00 m^2

gemeinschaftlich genutzte Mietfläche$_{\text{MF-GIF-2}}$ = 26,50 m^2 + 14,20 m^2 + 8,80 m^2 + 55,20 m^2 = 104,70 m^2

MF-GIF$_{\text{gesamt EG}}$ = 220,80 m^2 + 33,20 m^2 + 104,70 m^2 = 358,70 m^2

5.2.2.3 Berechnungsbeispiel Wohnfläche MFH nach WoFlV

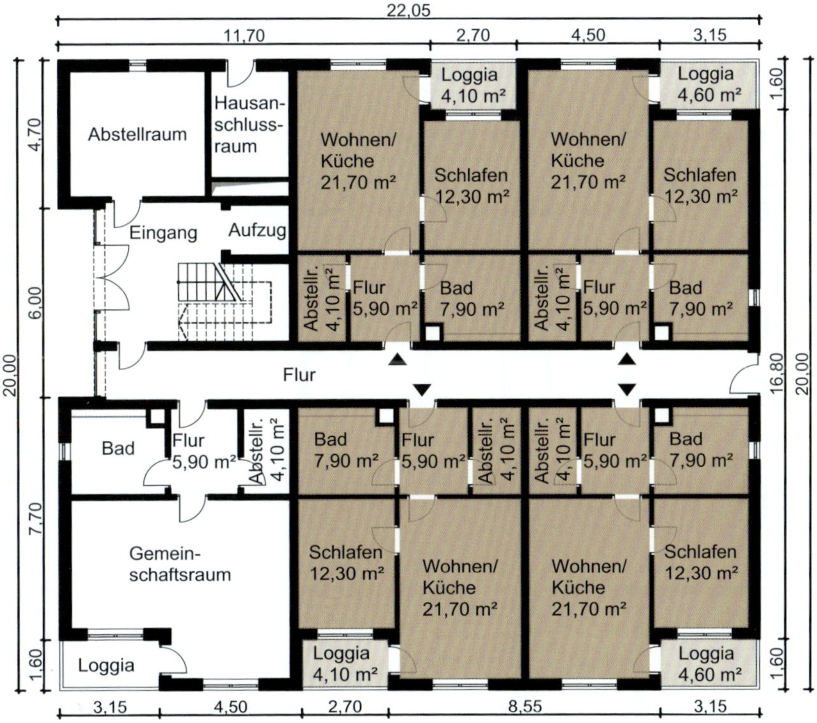

Grundriss Erdgeschoss

Abb. 5.12: Berechnungsbeispiel MFH Erdgeschoss, WoFl nach WoFlV

$WoFl_{Räume}$ = $(21{,}70\ m^2 + 12{,}30\ m^2 + 5{,}90\ m^2 + 4{,}10\ m^2 + 7{,}90\ m^2) \cdot 4 = 207{,}60\ m^2$

$WoFl_{Loggia}$ = $25\ \% \cdot ([4{,}10 \cdot 2] + [4{,}60 \cdot 2]) = 25\ \% \cdot 17{,}40\ m^2 = 4{,}35\ m^2$

$WoFl_{ges}$ = $207{,}60\ m^2 + 4{,}35\ m^2 = 211{,}95\ m^2$

5.3 Mehrfamilienhaus, modernes Wohnen/Clusterwohnen, Wohnheim

5.3.1 Plandarstellung

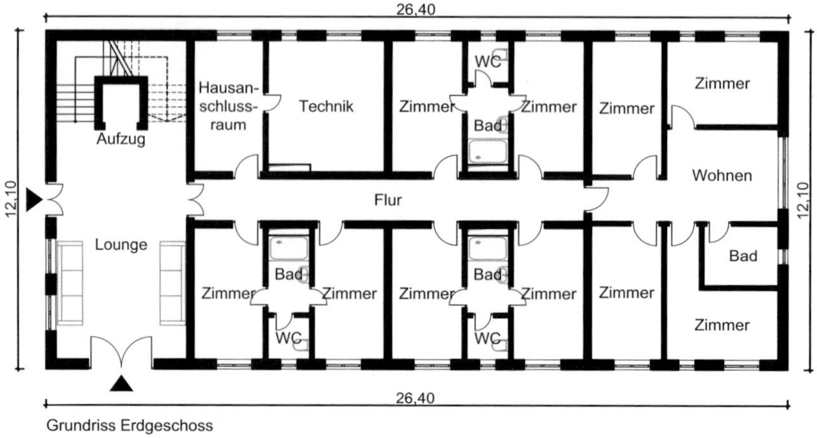

Abb. 5.13: Berechnungsbeispiel Wohnheim, Plandarstellung Erdgeschoss (EG)

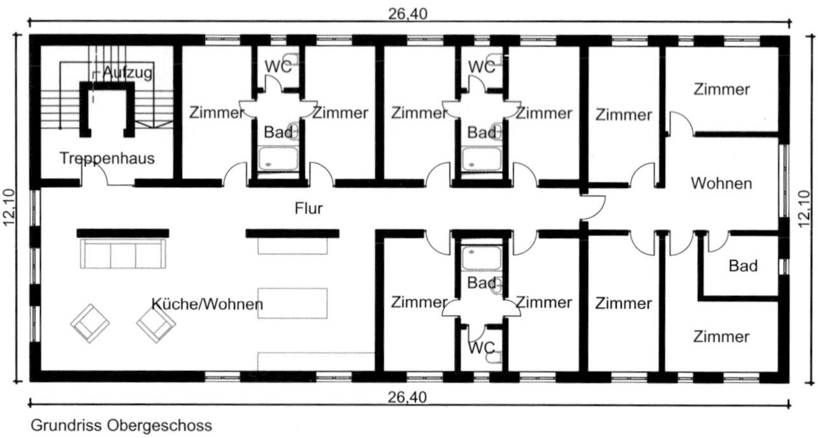

Abb. 5.14: Berechnungsbeispiel Wohnheim, Plandarstellung Obergeschoss (OG)

5.3.2 Berechnungsbeispiel Wohnheim

5.3.2.1 Berechnungsbeispiel Grundfläche Wohnheim nach DIN 277

Bruttogrundfläche (BGF)

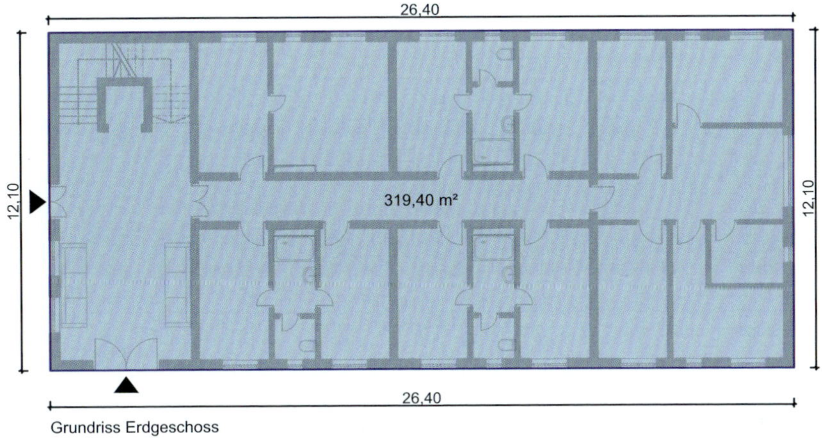

Abb. 5.15: Berechnungsbeispiel Wohnheim Erdgeschoss, BGF nach DIN 277

$BGF_{EG} = 26{,}40\ m \cdot 12{,}10\ m = 319{,}40\ m^2$

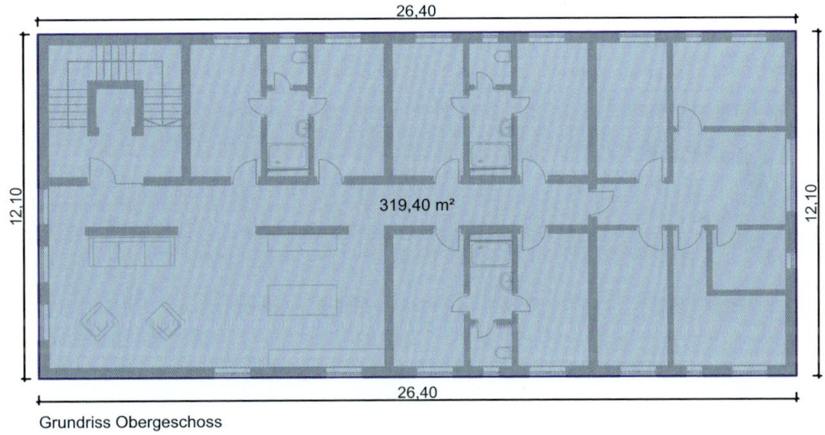

Abb. 5.16: Berechnungsbeispiel Wohnheim Obergeschoss, BGF nach DIN 277

$BGF_{OG} = 26{,}40\ m \cdot 12{,}10\ m = 319{,}40\ m^2$

$BGF_{Gesamt} = BGF_{EG} + BGF_{OG} = 319{,}40\ m^2 \cdot 2 = 638{,}80\ m^2$

Nettoraumfläche (NRF)

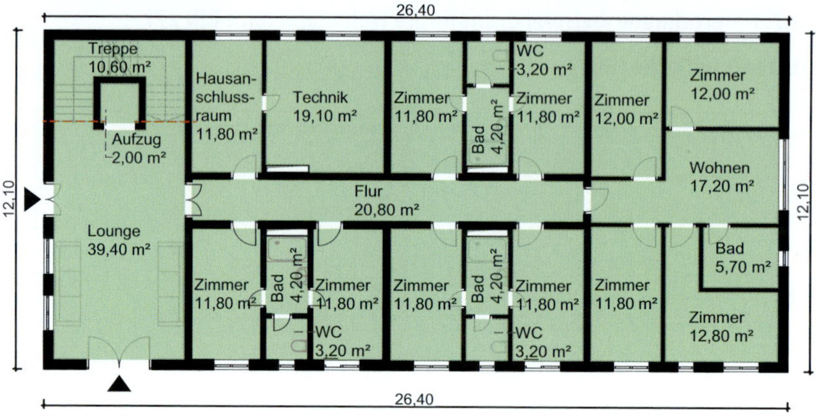

Grundriss Erdgeschoss

Abb. 5.17: Berechnungsbeispiel Wohnheim Erdgeschoss, NRF nach DIN 277

$NRF_{Erschließung}$ $= 39{,}40\ m^2 + 10{,}60\ m^2 + 2{,}00\ m^2 + 20{,}80\ m^2 = 72{,}80\ m^2$

$NRF_{Technik}$ $= 11{,}80\ m^2 + 19{,}10\ m^2 = 30{,}90\ m^2$

$NRF_{2er\text{-}WG}$ $= (11{,}80\ m^2 + 11{,}80\ m^2 + 4{,}20\ m^2 + 3{,}20\ m^2) \cdot 3 = 31\ m^2 \cdot 3 = 93{,}00\ m^2$

$NRF_{4er\text{-}WG}$ $= (12{,}00\ m^2 \cdot 2) + 17{,}20\ m^2 + 11{,}80\ m^2 + 12{,}80\ m^2 + 5{,}70\ m^2 = 71{,}50\ m^2$

NRF_{EG} $= 72{,}80\ m^2 + 30{,}90\ m^2 + 93{,}00\ m^2 + 71{,}50\ m^2 = 268{,}20\ m^2$

KGF_{EG} $= BGF_{EG} - NRF_{EG} = 319{,}40\ m^2 - 268{,}20\ m^2 = 51{,}20\ m^2$

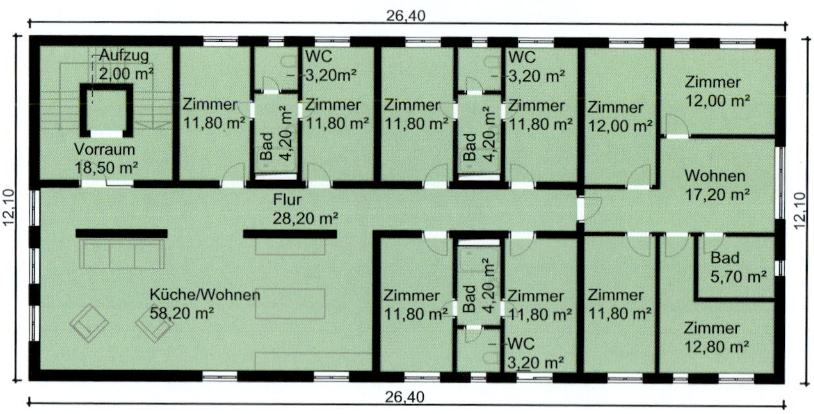

Grundriss Obergeschoss

Abb. 5.18: Berechnungsbeispiel Wohnheim Obergeschoss, NRF nach DIN 277

$NRF_{gemeinsam}$ $= 18{,}50\ m^2 + 2{,}00\ m^2 + 28{,}20\ m^2 + 58{,}20\ m^2 = 106{,}90\ m^2$

$NRF_{2er\text{-}WG}$ $= (11{,}80\ m^2 + 11{,}80\ m^2 + 4{,}20\ m^2 + 3{,}20\ m^2) \cdot 3 = 31\ m^2 \cdot 3 = 93{,}00\ m^2$

$NRF_{4er\text{-}WG}$ $= (12{,}00\ m^2 \cdot 2) + 7{,}90\ m^2 + 9{,}30\ m^2 + 11{,}80\ m^2 + 12{,}80\ m^2 + 5{,}70\ m^2 = 71{,}50\ m^2$

NRF_{OG} $= 106{,}90\ m^2 + 93{,}00\ m^2 + 71{,}50\ m^2 = 271{,}40\ m^2$

KGF_{OG} $= BGF_{EG} - NRF_{EG} = 319{,}40\ m^2 - 271{,}40\ m^2 = 45{,}00\ m^2$

Nutzungsfläche (NUF), Verkehrsfläche (VF) und Technikfläche (TF)

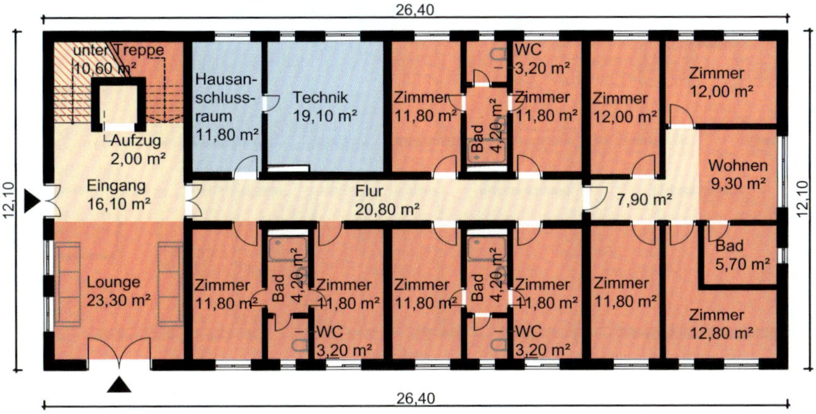

Grundriss Erdgeschoss

Abb. 5.19: Berechnungsbeispiel Wohnheim Erdgeschoss, NUF und VF und TF nach DIN 277

$NUF_{Lounge} = 23{,}30\ m^2$

$NUF_{unterTreppe} = 10{,}60\ m^2$

$NUF_{2er\text{-}WG} = (11{,}80\ m^2 + 11{,}80\ m^2 + 4{,}20\ m^2 + 3{,}20\ m^2) \cdot 3 = 31{,}00\ m^2 \cdot 3 = 93{,}00\ m^2$

$NUF_{4er\text{-}WG} = (12{,}00\ m^2 \cdot 2) + 9{,}30\ m^2 + 11{,}80\ m^2 + 12{,}80\ m^2 + 5{,}70\ m^2 = 63{,}60\ m^2$

NUF gesamt EG:

$NUF_{EG} = (10{,}60\ m^2 + 23{,}30\ m^2 + 31{,}00\ m^2)_{2er\text{-}WG} \cdot 3 + (63{,}60 \cdot 1)_{4er\text{-}WG} = 190{,}50\ m^2$

$VF_{EG} = 16{,}10\ m^2 + 2{,}00\ m^2 + 20{,}80\ m^2 + 7{,}90\ m^2 = 46{,}80\ m^2$

$TF_{EG} = 11{,}80\ m^2 + 19{,}10\ m^2 = 30{,}90\ m^2$

$NUF + VF + TF = NRF$

$NRF = 190{,}50\ m^2 + 46{,}80\ m^2 + 30{,}90\ m^2 = 268{,}20\ m^2$

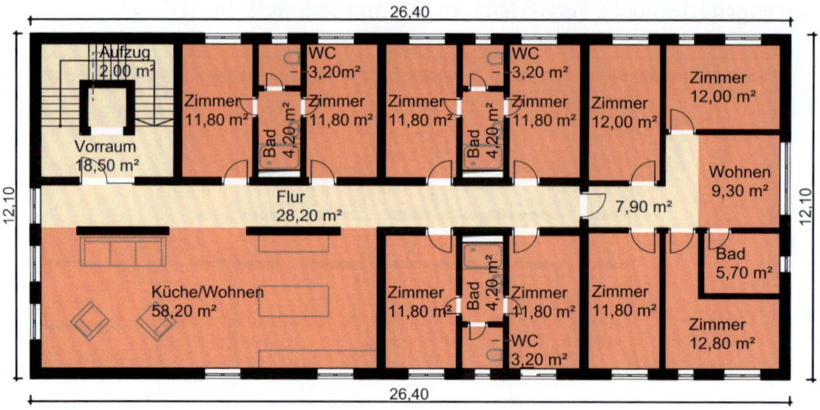

Grundriss Obergeschoss

Abb. 5.20: Berechnungsbeispiel Wohnheim Obergeschoss, NUF und VF und TF nach DIN 277

$NUF_{\text{Gemeinschaftsbereich (Küche, Wohnen)}} = 58{,}20\ m^2$

$NUF_{\text{2er-WG}} = (11{,}80\ m^2 + 11{,}80\ m^2 + 4{,}20\ m^2 + 3{,}20\ m^2) \cdot 3 = 31{,}00\ m^2 \cdot 3 = 93{,}00\ m^2$

$NUF_{\text{4er-WG}} = (12{,}00\ m^2 \cdot 2) + 9{,}30\ m^2 + 11{,}80\ m^2 + 12{,}80\ m^2 + 5{,}70\ m^2 = 63{,}60\ m^2$

NUF gesamt OG:

$NUF_{OG} = 58{,}20\ m^2 + (31{,}00\ m^2 \cdot 3)_{\text{2er-WG}} + (63{,}60 \cdot 1)_{\text{4er-WG}} = 214{,}80\ m^2$

$VF_{OG} = 18{,}50\ m^2 + 2{,}00\ m^2 + 28{,}20\ m^2 + 7{,}90\ m^2 = 56{,}60\ m^2$

$TF_{OG} = 0\ m^2$

$NUF + VF + TF = NRF$

$NRF = 214{,}80\ m^2 + 56{,}60\ m^2 + 0{,}00\ m^2 = 271{,}40\ m^2$

5.3.2.2 Berechnungsbeispiel Mietfläche Wohnheim nach MF-GIF 2023

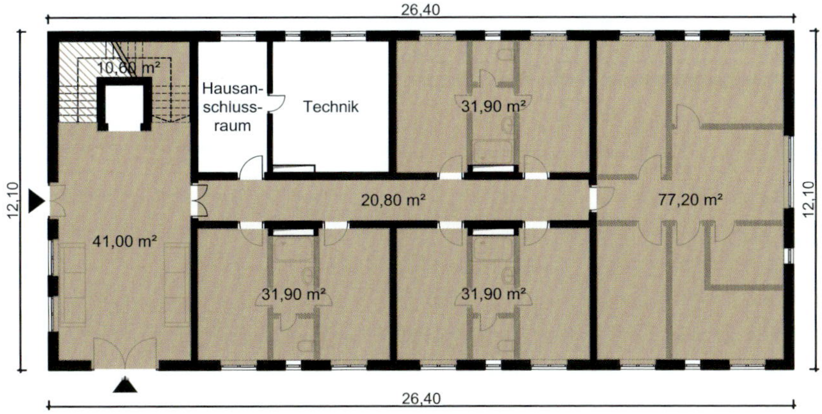

Abb. 5.21: Berechnungsbeispiel Wohnheim Erdgeschoss, MF-GIF nach gif

MF-GIF-1_{EG} = 41,00 m² + 10,60 m² + 20,80 m² + (31,50 m² · 3) + 77,20 m² = 244,10 m²

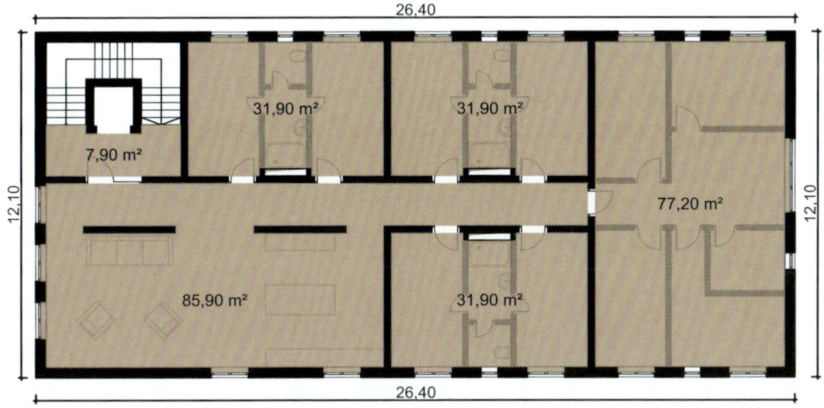

Abb. 5.22: Berechnungsbeispiel Wohnheim Obergeschoss, MF-GIF nach gif

MF-GIF-1_{OG} = 7,90 m² + 85,90 m² + (31,50 m² · 3) + 77,20 m² = 265,50 m²

5.3.2.3 Berechnungsbeispiel Wohnfläche Wohnheim nach WoFlV

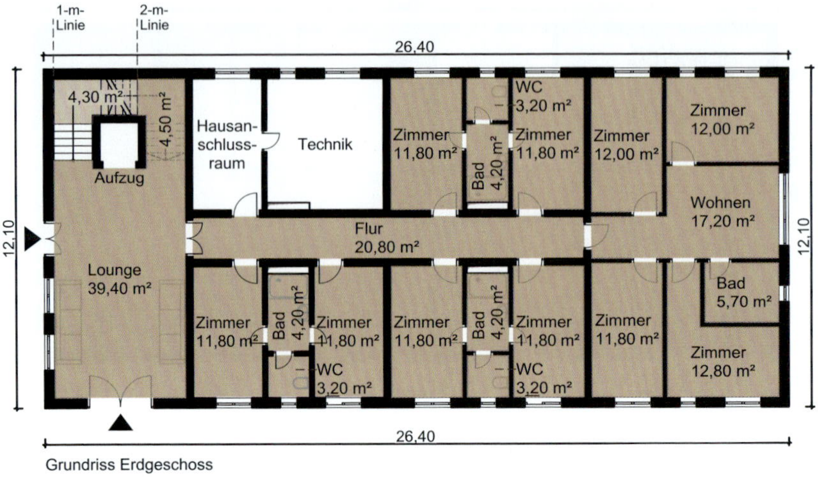

Abb. 5.23: Berechnungsbeispiel Wohnheim Erdgeschoss, WoFl nach WoFlV

Zimmer/Appartements:

$WoFl_{Regelfall\ EG}$ = ([11,80 m² · 2] + 4,20 m² + 3,20 m²) · 3 + ([12,00 m² · 2] + 17,20 m² + 11,80 m² + 12,80 m² + 5,70 m²) = 164,50 m²

gemeinsam genutzte Wohnfläche:

$WoFl_{Regelfall\ EG}$ = 39,40 m² + 4,5 m² + (4,30 m² · 50 %) + 20,80 m² = 66,85 m²

Erdgeschoss gesamt:

$WoFl_{Regelfall\ EG}$ = 164,50 m² + 66,85 m² = 231,35 m²

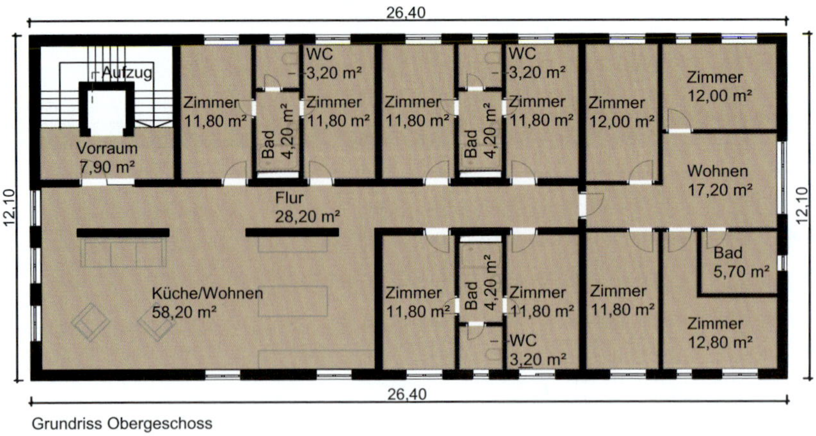

Abb. 5.24: Berechnungsbeispiel Wohnheim Obergeschoss, WoFl nach WoflV

Zimmer/Appartements:

$WoFl_{Regelfall\ OG}$ = ([11,80 m² · 2] + 4,20 m² + 3,20 m²) · 3 + (12,00 m² · 2) + 17,20 m² + 11,80 m² + 12,80 m² + 5,70 m² = 164,50 m²

gemeinsam genutzte Wohnfläche:

$WoFl_{Regelfall\ EG}$ = 58,20 m² + 28,20 m² + 7,90 m² = 94,30 m²

Erdgeschoss gesamt:

$WoFl_{Regelfall\ EG}$ = 164,50 m² + 94,30 m² = 258,80 m²

5.4 Nichtwohngebäude ohne Publikumsverkehr – Bürogebäude

5.4.1 Plandarstellung Bürogebäude

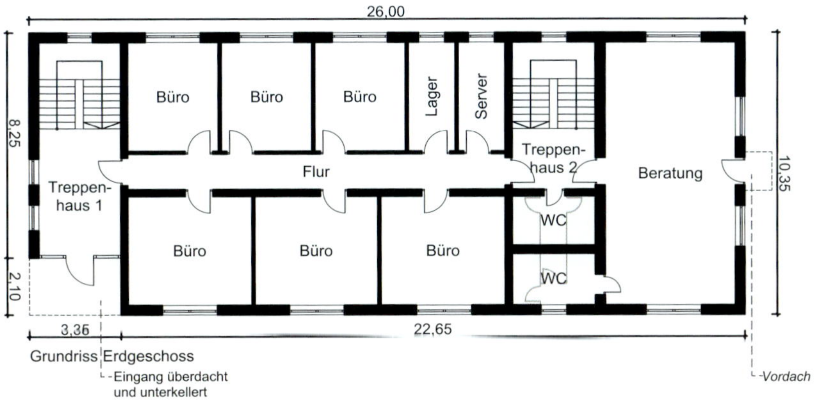

Abb. 5.25: Berechnungsbeispiel Büro, Plandarstellung Erdgeschoss

5.4.2 Berechnungsbeispiel Bürogebäude

5.4.2.1 Berechnungsbeispiel Grundfläche Bürogebäude nach DIN 277

Bruttogrundfläche (BGF)

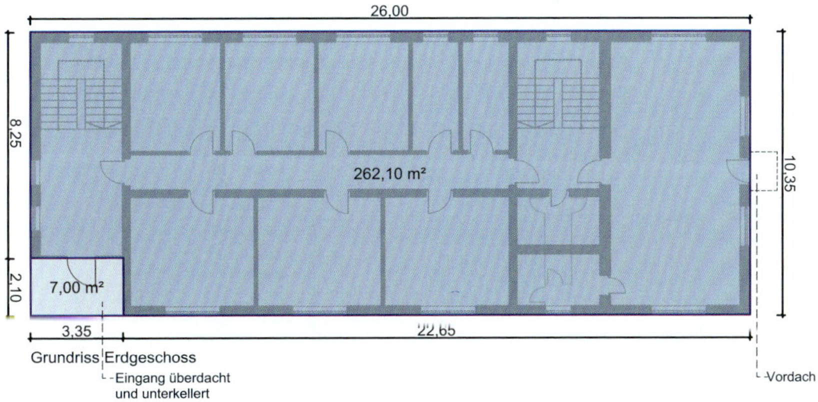

Abb. 5.26: Berechnungsbeispiel Büro Erdgeschoss, BGF nach DIN 277

$BGF_{Regelfall}$ = (26 m · 10,35 m) – (2,10 m · 3,35 m) = 269,1 m² – 7,00 m² = 262,10 m²

$BGF_{Sonderfall}$ = 2,10 m · 3,35 m = 7,00 m²

BGF_{gesamt} = 262,10 m² + 7,00 m² = 269,10 m²

Nettoraumfläche (NRF)

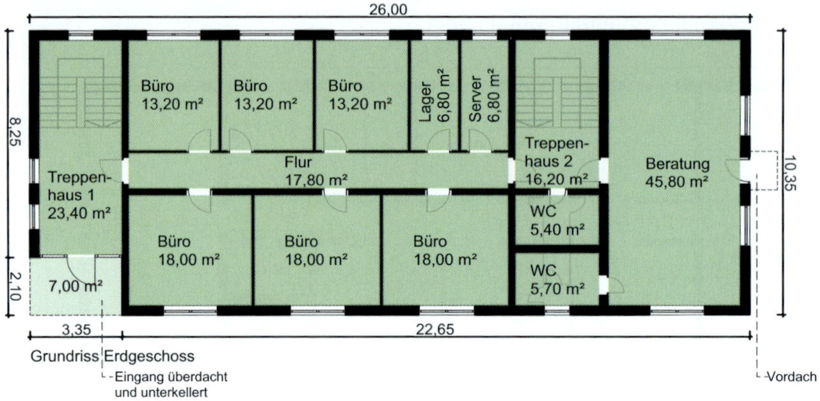

Abb. 5.27: Berechnungsbeispiel Büro Erdgeschoss, NRF nach DIN 277

$NRF_{Regelfall}$ = 23,40 m² + (18,00 m² · 3) + (13,20 m² · 3) + 17,80 m² + (6,80 m² · 2) + 16,20 m² + 5,40 m² + 5,70 m² + 45,80 m² = 221,50 m²

$NRF_{Sonderfall}$ = 7,00 m²

NRF_{gesamt} = 221,50 m² + 7,00 m² = 228,50 m²

$KGF_{Regelfall}$ = BGF, R – NRF, R = 262,10 m² – 221,50 m² = 40,60 m²

Nutzungsfläche (NUF), Verkehrsfläche (VF) und Technikfläche (TF)

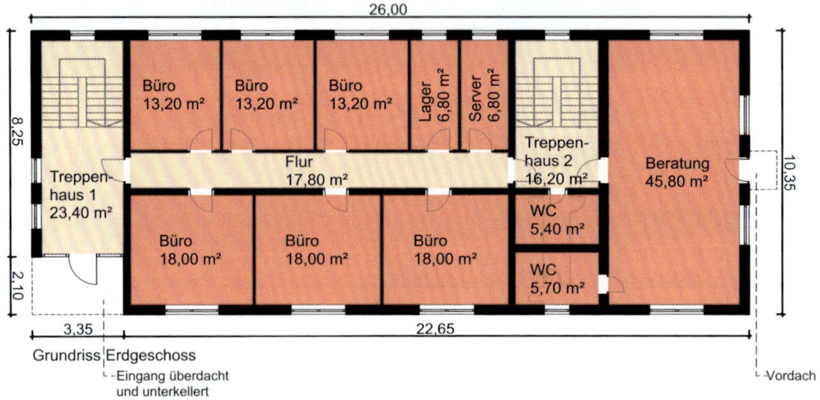

Abb. 5.28: Berechnungsbeispiel Büro Erdgeschoss, NUF und VF und TF nach DIN 277

NUF = (18,00 m² · 3) + (13,20 m² · 3) + (6,80 m² · 2) + 5,40 m² + 5,70 m² + 45,80 m² = 164,10 m²

VF = 23,40 m² + 17,80 m² + 16,20 m² = 57,40 m²

TF = 0 m²

5.4.2.2 Berechnungsbeispiel Mietfläche Bürogebäude nach MF-GIF 2023

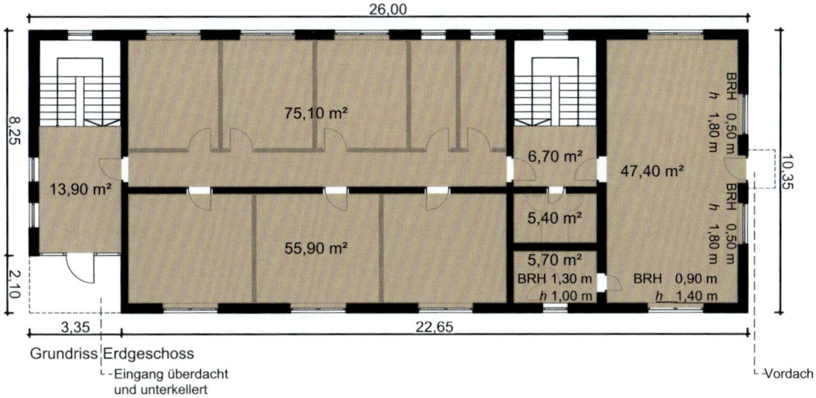

Abb. 5.29: Berechnungsbeispiel Büro Erdgeschoss, MF-GIF nach gif

MF-GIF-1 = 13,90 m² + 75,10 m² + 55,90 m² + 6,70 m² + 5,40 m² + 5,70 m² + 47,40 m² = 210,10 m²

5.5 Nichtwohngebäude mit Publikumsverkehr – Verkaufsstelle

5.5.1 Plandarstellung Verkaufsstelle

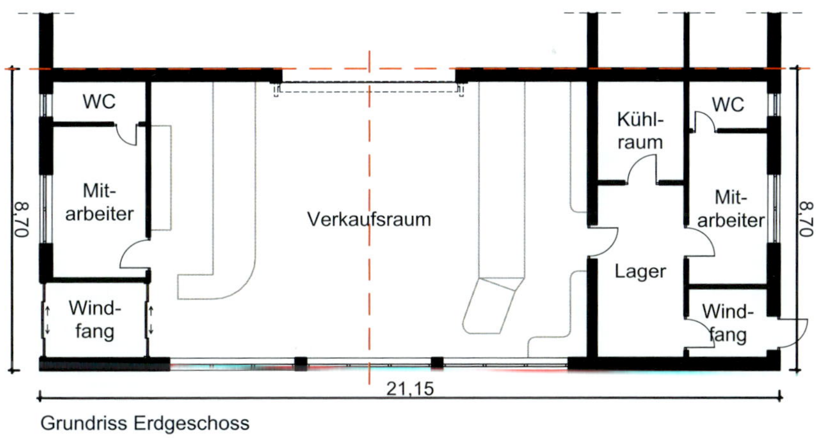

Abb. 5.30: Berechnungsbeispiel Verkauf, Plandarstellung Erdgeschoss

5.5.2 Berechnungsbeispiel Verkaufsstelle

5.5.2.1 Berechnungsbeispiel Grundfläche Verkaufsstätte nach DIN 277

Bruttogrundfläche (BGF)

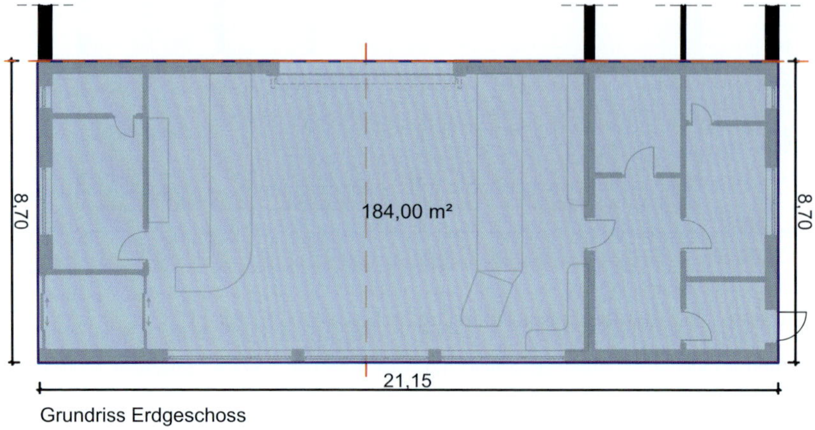

Abb. 5.31: Berechnungsbeispiel Verkauf Erdgeschoss, BGF nach DIN 277

$BGF_{Verkauf}$ = 21,15 m · 8,70 m = 184,00 m²

Nettoraumfläche (NRF)

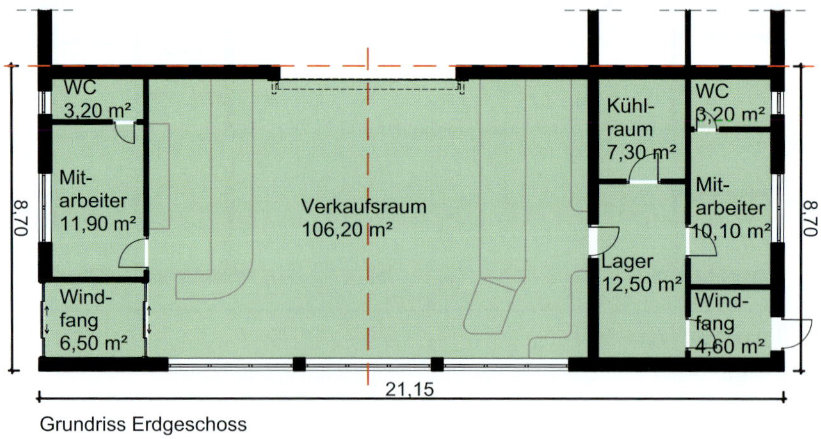

Abb. 5.32: Berechnungsbeispiel Verkauf Erdgeschoss, NRF nach DIN 277

$NRF_{Verkauf}$ = 106,20 m² + 11,90 m² + 3,20 m² + 6,50 m² + 12,50 m² + 7,30 m² + 3,20 m² + 10,10 m² + 4,60 m² = 165,50 m²

$KGF_{Verkauf}$ = BGF – NRF = 184,00 m² – 165,50 m² = 18,50 m²

Nutzungsfläche (NUF), Verkehrsfläche (VF) und Technikfläche (TF)

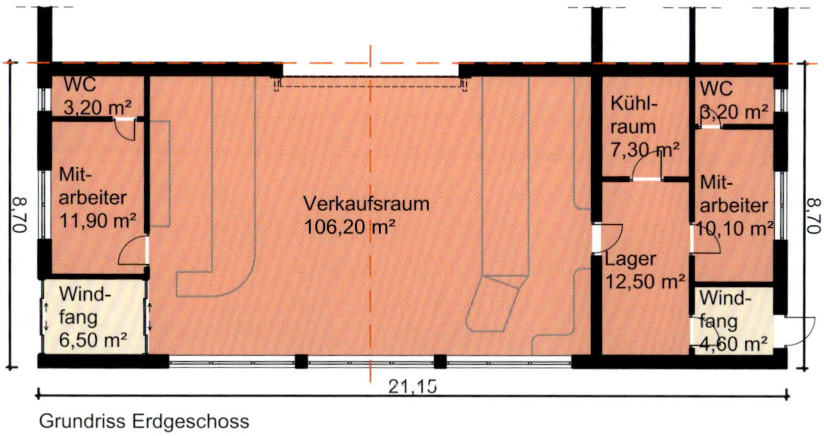

Abb. 5.33: Berechnungsbeispiel Verkauf Erdgeschoss, NUF und VF und TF nach DIN 277

$NUF_{Verkauf}$ = 3,20 m² + 11,90 m² + 106,20 m² + 7,30 m² + 12,50 m² + 3,20 m² + 10,10 m² = 154,40 m²

$VF_{Verkauf}$ = 6,50 m² + 4,60 m² = 11,10 m²

$TF_{Verkauf}$ = 0 m²

5.5.2.2 Berechnungsbeispiel Mietfläche Verkaufsstätte nach MF-GIF 2023

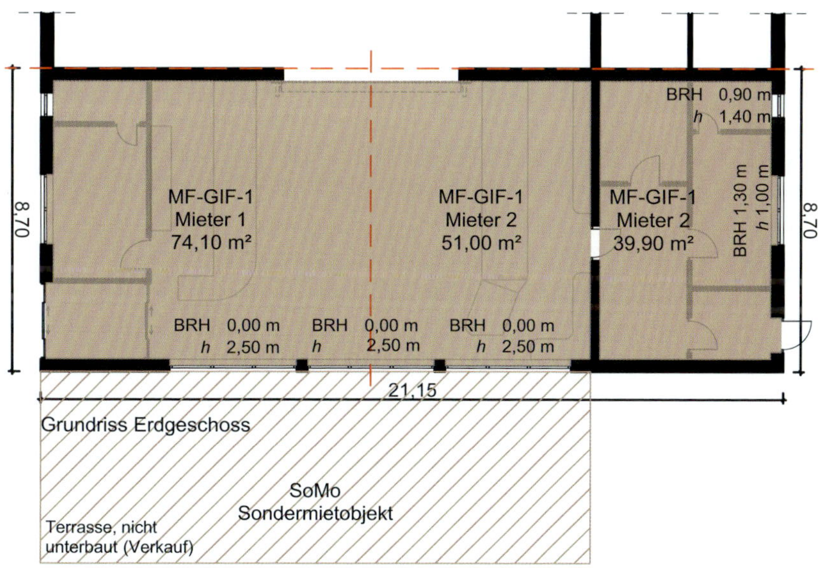

Abb. 5.34: Berechnungsbeispiel Verkauf Erdgeschoss, MF-GIF nach gif

Mieter 1:

MF-GIF-1 = 74,10 m²

Mieter 2:

MF-GIF-1 = 51,00 m² + 39,20 m² = 90,20 m²

$\text{MF-GIF-1}_{\text{gesamt Verkaufsstelle}}$ = 74,10 m² + 90,20 m² = 164,30 m²

6 Anhang: Vornormen zur DIN 277:2021-08

In den Kapiteln 6.1 und 6.2 werden die Vornormen zur DIN 277:2021-08 kurz erläutert. Diese Normen sind entsprechend bestehenden Vorschriften und Gesetzen weiterhin anzuwenden. Beispielsweise basiert die Honorarberechnung nach der „Honorarordnung für Architekten und Ingenieure“ (HOAI) auf der DIN 276:2008-12; diese wiederum verweist auf die DIN 277:2005-02. Daher sind die Mengen- und Kostenermittlungen weiterhin auf Grundlage der entsprechenden (zurückgezogenen) Vornormen zu erstellen und diese sind anzuwenden und zu beachten.

6.1 DIN 277-1:2016-01 Grundflächen und Rauminhalte im Bauwesen – Teil 1: Hochbau

6.1.1 Inhalt der DIN 277-1:2016-01 und Abgrenzung zur aktuellen DIN 277

Die DIN 277-1:2016-01 ist die Vornorm zur DIN 277-1:2021-08. Mit ihr wurden die DIN 277-1 „Hochbau“ und die DIN 277-2 „Gliederung der Netto-Grundfläche“ zu einem Teil zusammengefasst. Auf den Teil 3, DIN 277-3:2005-02 „Mengen und Bezugseinheiten“, wurde verzichtet; diese Festlegungen sollten in die DIN 276 eingearbeitet werden.

Wie auch die Vornorm DIN 277-1:2005-02 wurde die DIN 277-1:2016-01 für die Berechnung der Flächen und Rauminhalte im Hochbau angewandt. In dieser Norm werden Begriffe und deren Inhalte definiert und geregelt. Sie schafft die Grundlage für einheitliche Mengen- und Kostenberechnungen sowie Wirtschaftlichkeitsvergleiche. Der Anwendungsbereich wurde mit einer überarbeiteten Formulierung vom Bereich Facility-Management abgegrenzt: Die nach DIN 277-1 ermittelten Mengen können auch als Grundlage für andere Anwendungen, z. B. die Berechnung der Wohnfläche oder der Mietfläche, dienen. Eine Flächenberechnung im Facility-Management erfolgt nach DIN EN 15221-6.

Weiterhin wurden mit der DIN 277-1:2016-01 bisherige Begriffe und Regelungen an die DIN EN 15221-6 angepasst und umbenannt. Diese Anpassung von Begrifflichkeiten führt dazu, dass einige nicht eindeutig abgegrenzte Begriffe der Normen untereinander existieren. Beispielsweise werden die Begriffe Nutzfläche und Nettogrundfläche in der Vornorm und in der aktuellen Norm sowie in der DIN EN 15221-6 verwendet, sie besitzen jedoch unterschiedliche Inhalte (siehe Kapitel 2.1.2).

Mit der DIN 277-01:2016-01 wurde die Differenzierung in verschiedene Bereiche der Raumumschließung auf den Bereich Regelfall und den Bereich Sonderfall reduziert. In DIN EN 15221-6:2011-12, die Grundlage der Überarbeitung der DIN 277-1 war, sind die Bereiche der Raumumschließung weiterhin analog der Vorgängernorm DIN 277-1:2005-02 aufgeführt: Bereich A vollständig umschlossen, Bereich B seitlich nicht vollständig umschlossen und Bereich C nicht allseits umschlossen.

Ergänzend zur Vornorm DIN 277-1:2005-02 erfolgen mit der DIN 277-1:2016-01 Regelungen und Festlegungen zu Begriffen für Flächen des Grundstückes. Definiert werden die Grundstücksfläche, die bebaute Fläche und die unbebaute Fläche des Grundstückes.

Die DIN 277-1:2016-01 beinhaltet sowohl die Flächen des Hochbaus wie auch Flächen des Baugrundstückes. In Abb. 6.1 und 6.2 sind Flächenarten der DIN 277-1:2016-01 als Überblick dargestellt.

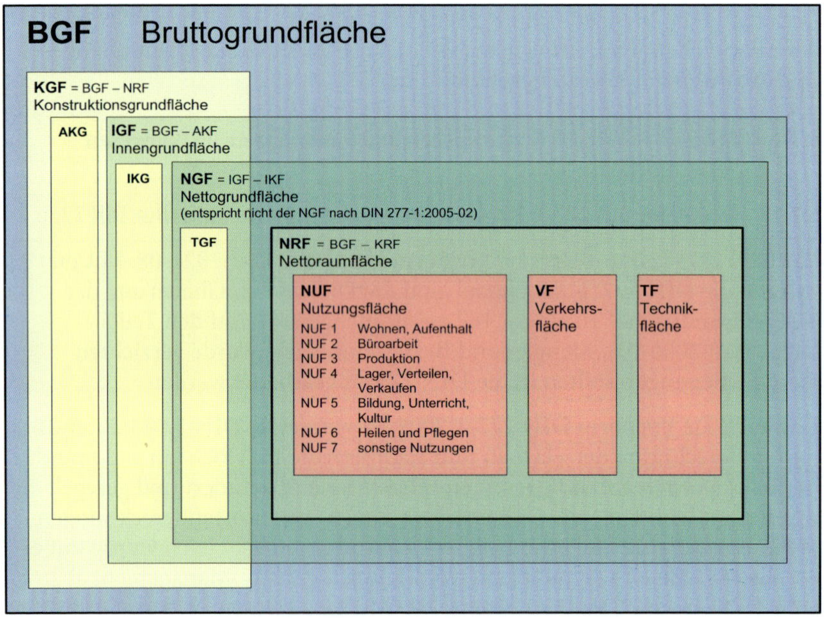

Abb. 6.1: Übersicht Flächenberechnung nach DIN 277-1:2016-01 „Flächen des Hochbaus"

Abkürzungen:

BGF Bruttogrundfläche, BGF = KGF + NRF
KGF Konstruktionsgrundfläche; KGF = BGF – NRF = AKF + IKF + TGF
AKF Außenwand-Konstruktionsgrundfläche
IKF Innenwand-Konstruktionsgrundfläche
TGF Trennwandgrundfläche
IGF Innengrundfläche; IGF = BGF – AKF
NGF Nettogrundfläche; NGF = BGF – AKF – IKF = IGF – IKF
NRF Nettoraumfläche; NRF = NUF + TF + VF
NUF Nutzungsfläche;
VF Verkehrsfläche
TF Technikfläche

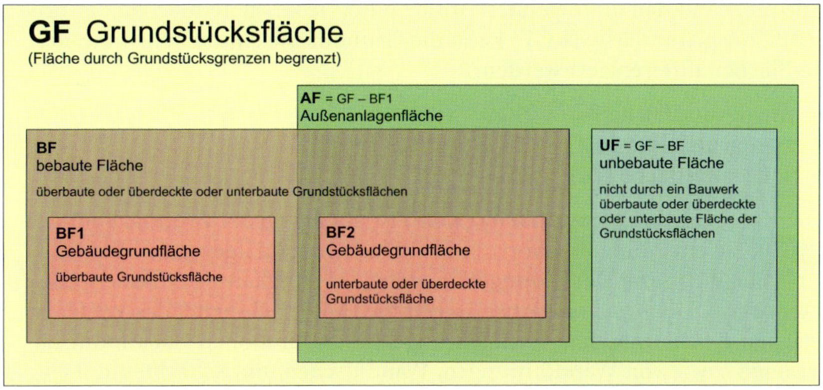

Abb. 6.2: Übersicht Flächenberechnung nach DIN 277-1:2016-01 „Flächen des Grundstückes"

Abkürzungen:

GF	Grundstücksfläche, GF = BF1 + AF
AF	Außenanlagenfläche, AF = GF – BF1
BF	Bebaute Fläche, BF = BF1 + BF2
UF	Unbebaute Fläche, UF = GF – BF

6.1.2 Begriffe

Die Begriffe und Definitionen werden in 3 Gruppen unterteilt:

- die Flächen des Bauwerkes,
- die Rauminhalte des Bauwerkes und
- die Grundflächen des Grundstückes.

Grundsätzlich werden alle Räume und Grundflächen erfasst, denen eine Nutzung nach DIN 277-1, Tabelle 1 zugeordnet werden kann.

Die Flächen und Rauminhalte des Bauwerkes werden generell in 2 Bereiche der Raumumschließung unterteilt:

- Regelfall der Raumumschließung (R): allseits umschlossene Flächen,
- Sonderfall der Raumumschließung (S): nicht allseits umschlossene Flächen.

6.1.2.1 Flächen des Bauwerkes

Die **Bruttogrundfläche (BGF)** umfasst die Flächen aller Grundrissebenen eines Bauwerkes und wird ermittelt, indem die äußeren Maße der Baukonstruktionen inklusive der Bekleidung in Höhe der Oberseite der Boden- bzw. Deckenbeläge zugrunde gelegt werden. Die BGF gliedert sich in Konstruktionsgrundfläche und in die Nettoraumflächen aller Grundrissebenen eines Bauwerkes:

BGF = KGF + NRF.

Entsprechend den im folgenden Absatz beschriebenen Teilflächen der Konstruktionsgrundfläche (KGF) kann die Grundfläche einer Ebene in weitere Teilflächen differenziert werden:

- Innengrundfläche IGF = BGF – AKF
- Nettogrundfläche NGF = BGF – (AKF + IKF)
- Nettoraumfläche NRF = BGF – (AKF + IKF + TGF) = BGF – KGF

Die **Konstruktionsgrundfläche (KGF)** ist ein Anteil der Bruttogrundfläche (BGF). Sie entspricht den horizontalen Flächen der aufgehenden Bauteile einschließlich ihrer Bekleidungen in Höhe der Oberkante der Boden-/Deckenbeläge. Die Konstruktionsgrundfläche (KGF) beinhaltet des Weiteren Flächen von raumhohen Vormauerungen und raumhohen Vorwandinstallationen sowie von Wandöffnungen, Wandnischen und Schächten mit einem lichten Querschnitt von $\leq 1{,}0\ m^2$. Konstruktive Vor- und Rücksprünge sowie Einbauteile werden nicht berücksichtigt. Die Konstruktionsgrundfläche (KGF) wird als Differenz von Bruttogrundfläche (BGF) und Nettoraumfläche (NRF) ermittelt:

KGF = BGF – NRF.

Die Konstruktionsgrundfläche (KGF) kann in die Teilflächen Außenwand-Konstruktionsgrundfläche (AKF), Innenwand-Konstruktionsgrundfläche (IKF) und Trennwandgrundfläche (TGF) aufgeteilt werden:

KGF = AKF + IKF + TGF.

Die **Nettoraumfläche (NRF)** ist ein Anteil der Bruttogrundfläche (BGF). Sie beinhaltet die Flächen der lichten Maße zwischen den Bauteilen, also die nutzbaren Räume aller Grundrissebenen eines Bauwerkes. Einbezogen sind auch die Grundflächen von begehbaren Installations- und Aufzugsschächten mit einem lichten Querschnitt $> 1\ m^2$.

Sie gliedert sich in Nutzungsfläche (NUF), Verkehrsfläche (VF) und Technikfläche (TF):

NRF = NUF + TF + VF.

Die **Nutzungsfläche (NUF)** ist Teil der Nettoraumfläche (NRF). Sie beinhaltet die Flächen, die der Zweckbestimmung des Gebäudes dienen, und wird anhand der lichten Maße zwischen den aufgehenden Bauteilen in Höhe der Oberkante der Boden-/Deckenbeläge berechnet. Die Nettoraumfläche (NRF) kann nach DIN 277-1, Tabelle 2 wie folgt in die Nutzungsflächenarten NUF 1 bis NUF 7 untergliedert werden:

- NUF 1 Wohnen und Aufenthalt
- NUF 2 Büroarbeit
- NUF 3 Produktion, Hand- und Maschinenarbeit, Forschung und Entwicklung
- NUF 4 Lagern, Verteilen und Verkaufen
- NUF 5 Bildung, Unterricht und Kultur
- NUF 6 Heilen und Pflegen
- NUF 7 sonstige Nutzungen (z. B. Abstellräume, Garagen, Sanitärräume, Umkleideräume)

Weitere Untergliederungen nach eigenen Erfordernissen können sowohl für die Nutzungsfläche (NUF) wie auch für die Verkehrsfläche (VF) und die Technikfläche (TF) vorgenommen werden.

Die **Verkehrsfläche (VF)** ist Teil der Nettoraumfläche (NRF). Sie beinhaltet die Flächen, die der horizontalen wie auch vertikalen Erschließung des Gebäudes dienen, im Speziellen der Erschließung der Räume des Gebäudes, z. B. Flure, Treppen mit ihren Podesten, Rampen, Aufzugsschächte, Fahrbahnen zwischen den Fahrzeugabstellflächen. Bewegungsflächen innerhalb von Räumen, z. B. Flächen zwischen Verkaufsregalen, Flächen zwischen Einrichtung/Möblierung, werden nicht der Verkehrsfläche (VF) zugeordnet, sondern sind Nutzungsflächen (NUF). Dienen Teilflächen eines Raumes der notwendigen Erschließung von (anderen) Räumen und dienen diese Teilflächen dauerhaft diesem anderen Nutzungszweck, sind die Teilflächen des Raumes den entsprechenden Nutzungen nach DIN 277-1, Tabelle 1 oder Tabelle 2 zuzuordnen und in den Grundrissen zu kennzeichnen.

Die Verkehrsfläche (VF) wird anhand der lichten Maße zwischen den aufgehenden Bauteilen in Höhe der Oberkante der Boden-/Deckenbeläge berechnet. Bei Verkehrsflächen (VF), die nicht horizontal angeordnet sind, z. B. Treppen oder Rampen, wird die Fläche als horizontale Projektion in das darüberliegende Geschoss ermittelt. Diese Fläche kann maximal die Größe des Luftraumes/der Deckenöffnung des darüberliegenden Geschosses aufweisen. Darüber hinausgehende Flächen werden im Geschoss, in dem die Treppe beginnt, erfasst und separat ausgewiesen.

Die **Technikfläche (TF)** ist Teil der Nettoraumfläche (NRF). Sie beinhaltet die Flächen für die technischen Anlagen zur Ver-/Entsorgung des Gebäudes. Im Speziellen sind dies Flächen zum Betrieb technischer Anlagen (z. B. Haustechnikräume, Hausanschlussräume, Heizräume, Raum für die Lüftungsanlage des Gebäudes) und deren erforderliche Ergänzungsflächen (z. B. Lagerflächen für Brennstoffe, Löschwasser).

Flächen, die dem Betrieb nutzungsspezifischer Anlagen dienen (z. B. Serverräume, Kompressorräume, Schalträume für medizinische Anlagen) und deren Ergänzungsflächen (z. B. Raum für die Lüftungsanlage des Serverraumes, Lagerräume für nutzungsspezifische Anlagen), sind keine Technikflächen (TF). Diese Flächen für nutzungsspezifische Anlagen und Einrichtungen sind nach DIN 277-1, Tabelle 2 der Nutzfläche NUF 7 sonstige Nutzung zuzuordnen.

Dient das Gebäude dem Zweck, technische Anlagen (z. B. Trafostation) unterzubringen, sind diese Flächen nicht der Technikfläche, sondern ebenfalls der Nutzungsfläche NUF 7 sonstige Nutzung zuzuordnen.

6.1.2.2 Rauminhalte des Bauwerkes

Der **Bruttorauminhalt (BRI)** beinhaltet das Volumen des gesamten Gebäudes, also den Rauminhalt aller Geschosse. Er ist der Rauminhalt, der sich zwischen den Außenseiten der horizontalen und der vertikalen Begrenzungsflächen des Gebäudes befindet. Die Begrenzungsflächen sind die Gründungsflächen (Bodenplatte), die Flächen der Außenwände und die Dachflächen. Bei der Berechnung des Bruttorauminhaltes (BRI) bleiben untergeordnete

Bauteile wie z. B. Fundamente, Lichtschächte, Eingangsüberdachungen, Dachüberstände unberücksichtigt.

Der Bruttorauminhalt (BRI) wird aus der Bruttogrundfläche (BGF) und den dazugehörigen Geschosshöhen berechnet. Die Geschosshöhe entspricht in der Regel dem Abstand Oberkante Boden-/Deckenbelag des jeweiligen Geschosses zur Oberkante Deckenbelag des darüber befindlichen Geschosses. Abweichend hierzu wird die Geschosshöhe des untersten Geschosses aus dem Abstand Unterkante der Boden-/Fundamentplatte (einschließlich darunterliegender Dämmschichten) des untersten Geschosses bis zur Oberkante Boden-/Deckenbelag des darüber befindlichen Geschosses ermittelt. Abweichend von der Regelfallermittlung der Geschosshöhe entspricht die Geschosshöhe von nicht überdeckten, jedoch umschlossenen Flächen dem Abstand Oberkante Boden-/Deckenbelag des jeweiligen Geschosses bis zur Oberkante der umschließenden Baukonstruktion (z. B. Geländer, Brüstung) des jeweiligen Geschosses.

Der **Nettorauminhalt (NRI)** beinhaltet den Rauminhalt aller Räume des Gebäudes, also den Rauminhalt der Nettoraumflächen (NRF) aller Geschosse. Der Nettorauminhalt (NRI) berechnet sich aus den Nettoraumflächen (NRF) und den jeweils dazugehörigen lichten Raumhöhen. Bei nicht überdeckten, jedoch umschlossenen Räumen wird der Nettorauminhalt (NRI) aus der Nettoraumfläche (NRF) und der Oberkante des umschließenden Bauteils (z. B. Geländer, Brüstung) errechnet.

Der **Konstruktionsrauminhalt (KRI)** beinhaltet den Rauminhalt aller Baukonstruktionen des Gebäudes, einschließlich Hohlräumen (z. B. in abgehängten Decken, in Doppelböden) und Rauminhalte von Installationsschächten mit einem Querschnitt $\leq 1\ m^2$. Der Konstruktionsrauminhalt (KRI) wird als Differenz von Bruttorauminhalt (BRI) und Nettorauminhalt (NRI) ermittelt:

$$KRI = BRI - NRI.$$

6.1.2.3 Grundflächen des Grundstückes

Die **Grundstücksfläche (GF)** wird von den amtlich festgestellten Grundstücksgrenzen begrenzt und entspricht der Größe des Flurstückes/der Flurstücke gemäß Liegenschaftskataster/Grundbuchamt. Flurstücke sind Teil der amtlich vermessenen Teile der Erdoberfläche und sind durch das amtliche Vermessungswesen geometrisch festgelegt und bezeichnet. Die Grundstücksfläche (GF) wird in die bebaute Fläche (BF) und in die unbebaute Fläche (UF) unterschieden:

$$GF = BF + UF.$$

Die **bebaute Fläche** des Grundstückes **(BF)** ist ein Anteil der Grundstücksfläche (GF). Sie ist der durch Bauwerke oberirdisch überbaute oder überdeckte Teil des Grundstückes sowie dessen unterirdisch unterbauter Teil.

Die **unbebauten Flächen** des Grundstückes **(UF)** sind ein Teil der Grundstücksfläche (GF) und beinhalten die Flächen des Grundstückes, die weder überbaut noch unterbaut sind. Die unbebaute Fläche ergibt sich aus der Differenz der Grundstücksfläche (GF) und der bebauten Fläche (BF):

$$UF = GF - BF.$$

Die **Außenanlagenfläche (AF)** ist ein Anteil der Grundstücksfläche (GF). Sie beinhaltet die Flächen, die als Freianlage bearbeitet werden müssen. Das sind alle unbebauten Flächen (UF) zuzüglich der unterbauten Flächen des Grundstückes und der von Bauwerken überdeckte Anteil des Grundstückes (auskragende Obergeschosse). Grünflächen auf oder an Gebäuden (z. B. begrünte Dachflächen) gehören nicht zur Außenanlagenfläche.

6.2 DIN 277-1:2005-02 „Grundflächen und Rauminhalte von Bauwerken im Hochbau“

6.2.1 Inhalt der DIN 277-1:2005-02 und Verwendung bei der Honorarermittlung nach HOAI

Die DIN 277:2005-02 besteht aus 3 Abschnitten:

- DIN 277-1 Begriffe, Ermittlungsgrundlagen,
- DIN 277-2 Gliederung der Netto-Grundfläche,
- DIN 277-3 Mengen und Bezugseinheiten.

DIN 277-1:2005-02 „Grundflächen und Rauminhalte von Bauwerken im Hochbau – Teil 1: Begriffe, Ermittlungsgrundlagen“ und DIN 277-3:2005-04 „Grundflächen und Rauminhalte von Bauwerken im Hochbau – Teil 3: Mengen und Bezugseinheiten“ sind Grundlage der Kostenermittlung nach DIN 276-1:2008-12, auf der wiederum die Honorarberechnung nach HOAI basiert. Nach DIN 276-1:2008-12 basiert die Kostenschätzung auf den Mengen und Bezugseinheiten der (damals geltenden) DIN 277-3:2005-04. Auf alle 3 Teile der damals geltenden DIN 277-1:2005-02, DIN 277:2005-02 und DIN 277-3:2005-04 wird in der DIN 276-1:2008-12 hingewiesen. Somit ist bei der Honorarberechnung nach HOAI die DIN 277-1:2005-02 zu beachten.

Angewandt wurde die DIN 277-1:2005-02 für die Berechnung von Grundflächen und Rauminhalten von Bauwerken im Hochbau. Anhand der Flächen und Rauminhalte können Kosten im Hochbau ermittelt und Kennwerte für Wirtschaftlichkeitsvergleiche aufgestellt werden.

In der Norm definierte Begriffe und Regelungen werden für die folgenden Flächen angegeben:

- Bruttogrundfläche (BGF), unterteilt in
  - Konstruktionsgrundfläche (KGF),
  - Nettogrundfläche (NGF),
- Nettogrundfläche (NGF), unterteilt in
  - Nutzfläche (NF),
  - technische Funktionsfläche (TF),
  - Verkehrsfläche (VF),
- Bruttorauminhalt (BRI), unterteilt in
  - Nettorauminhalt (NRI),
  - Konstruktionsrauminhalt (KRI).

Die Begriffe der DIN 277-1:2005-02 und der DIN 277:2021-08 sind untereinander nicht eindeutig abgegrenzt. Teilweise existieren in der DIN 277:2021-08 Begriffe mit neuen Bezeichnungen und Begriffe mit identischen Bezeichnungen, aber abweichenden Inhalten.

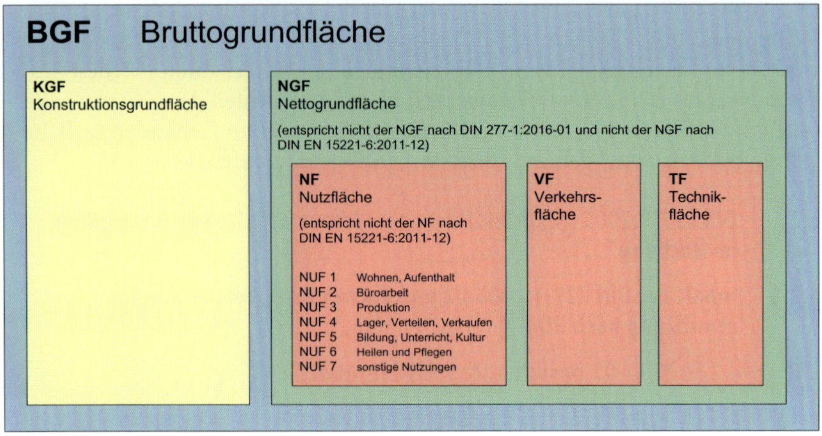

Abb. 6.3: Übersicht Flächenberechnung nach DIN 277-1:2005-02 und DIN 277-2:2005-02

So sind beispielsweise die Begriffe Nettogrundfläche (NGF) und Nutzfläche (NF) in der DIN 277-1:2005-02 nicht identisch mit den gleichnamigen Begriffen in der überarbeiteten DIN 277-1:2016-01 und der DIN EN 15221-6:2011-12. Die Nettogrundfläche (NGF) wird in der DIN 277-1:2016-01 und der DIN 277:2021-08 als Nettoraumfläche (NRF) bezeichnet. Die Nettogrundfläche (NGF) in der DIN 277-1:2016-01 und der DIN 277:2021-08 wird ermittelt aus der Nettoraumfläche (NRF) und der Trennwandgrundfläche (TGF) und besitzt damit einen abweichenden Flächeninhalt. Die Nutzfläche (NF) der DIN 277-1:2005-02 entspricht nicht der Nutzfläche der DIN EN 15221-6:2011-12: In der Nutzfläche der DIN EN 15221-6:2011-12 ist im Vergleich zur DIN 277-1:2005-02 die Sanitärfläche nicht enthalten und nicht separat ausgewiesen (siehe Kapitel 2.1.2).

Die DIN 277-2:2005-02 gliedert die Nettogrundfläche in die folgenden 9 unterschiedlichen Nutzungsarten:

- Wohnen und Aufenthalt,
- Büroarbeit,
- Produktion, Hand- und Maschinenarbeit, Experimente,
- Lagern, Verteilen und Verkaufen,
- Bildung, Unterricht und Kultur,
- Heilen und Pflegen,
- sonstige Nutzflächen,
- technische Anlagen,
- Verkehrserschließung und -sicherung.

Davon sind die Flächenarten 1 bis 7 Unterteilungen der Nutzfläche.

In Abb. 6.3 sind Flächenarten der DIN 277-1:2005-02 als Überblick dargestellt.

6.2.2 Begriffe

Mit der DIN 277-1:2005-02 werden die Grundflächen von Bauwerken und die Rauminhalte von Bauwerken im Hochbau definiert. Die Grundflächen des Grundstückes sind nicht Inhalt dieser Norm.

Die Grundflächen des Gebäudes sind nach ihrer Raumumschließung getrennt zu erfassen. Es werden folgende Bereiche der Raumumschließung unterschieden:

- Bereich a: überdeckt und allseitig in voller Höhe umschlossen,
- Bereich b: überdeckt, jedoch nicht allseitig in voller Höhe umschlossen,
- Bereich c: nicht überdeckt.

6.2.2.1 Flächen des Bauwerkes

Die **Bruttogrundfläche (BGF)** umfasst die Grundrissebenen eines Bauwerkes. Bei der Ermittlung sind die äußeren Maße der Baukonstruktionen einschließlich Bekleidung in Höhe der Oberseite der Boden- bzw. Deckenbeläge anzusetzen. Schräg verlaufende Flächen werden als vertikale Projektion erfasst.

Die Bruttogrundfläche (BGF) gliedert sich in Konstruktionsgrundfläche (KGF) und in Nettoraumfläche (NRF):

BGF = KGF + NRF

Die **Konstruktionsgrundfläche (KGF)** ist ein Anteil der Bruttogrundfläche (BGF). Sie entspricht den horizontalen Flächen der aufgehenden Bauteile einschließlich ihrer Bekleidungen in Höhe der Oberkante der Boden-/Deckenbeläge. Sie ist zu verstehen als die Differenz aus Bruttogrundfläche (BGF) und Nettogrundfläche (NGF):

KGF = BGF – NGF

Die **Nettogrundfläche (NGF)** besteht anteilig aus der Nutzfläche (NF), der technischen Funktionsfläche (TF) und der Verkehrsfläche (VF). Bei der Ermittlung sind die lichten Maße zwischen den Bauteilen in Höhe der Boden- bzw. Deckenbelagsoberkanten anzusetzen. Die Nettogrundfläche kann gemäß DIN 277-2, Tabelle 1 in die Nutzungsflächenarten Nr. 1 bis Nr. 9 untergliedert werden.

NGF = NF + TF + VF

Die **Nutzfläche (NF)** ist Bestandteil der Nettogrundfläche (NGF). Sie beinhaltet die Flächen, die der Zweckbestimmung des Gebäudes dienen. Die Nutzfläche (NF) umfasst Nr. 1 bis Nr. 7 der Gliederung der Nettogrundfläche (NGF) nach Nutzungsgruppen.

Die **technische Funktionsfläche (TF)** ist Bestandteil der Nettogrundfläche (NGF) und umfasst alle Flächen, die der Nr. 8 technische Anlagen der Gliederung der Nettogrundfläche (NGF) nach Nutzungsgruppen zugeordnet werden können.

Die **Verkehrsfläche (VF)** ist Bestandteil der Nettogrundfläche (NGF) und umfasst alle Flächen, die der Nr. 9 Verkehrserschließung und -sicherung der Gliederung der Nettogrundfläche (NGF) nach Nutzungsgruppen zugeordnet werden können.

6.2.2.2 Rauminhalte des Bauwerkes

Der **Bruttorauminhalt (BRI)** ergibt sich aus den Rauminhalten über den Bruttogrundflächen (BGF). Als Begrenzung dienen die äußeren Begrenzungsflächen der konstruktiven Bauwerkssohle, der Außenwände und der Dächer einschließlich Dachgauben und Dachoberlichtern. Die Höhe über der Bruttogrundfläche (BGF) ist der vertikale Abstand zwischen den Deckenbelagsoberkanten:

BRI = NRI + KRI

BRI = BGF · BRI-Höhe

Der **Nettorauminhalt (NRI)** beschreibt die Summe aller Volumina, die sich über den Grundflächen der Räume, welche zur Nettogrundfläche gehören, im lichten Maß ergeben.

Der **Konstruktionsrauminhalt (KRI)** ergibt sich als Differenz aus dem Bruttorauminhalt (BRI) und dem Nettorauminhalt (NRI). Er beschreibt das Volumen der Bauteile der Konstruktion, das somit die Nettorauminhalte umschließt:

KRI = BRI – NRI

7 Quellenverzeichnis

Normen

DIN 276-1:2008-12 Kosten im Bauwesen – Teil 1: Hochbau [zurückgezogen]

DIN 277:2021-08 Grundflächen und Rauminhalte im Hochbau

DIN 277-1:2016-01 Grundflächen und Rauminhalte im Bauwesen – Teil 1: Hochbau [zurückgezogen]

DIN 277-1:2005-02 Grundflächen und Rauminhalte von Bauwerken im Hochbau – Teil 1: Begriffe, Ermittlungsgrundlagen [zurückgezogen]

DIN 277-2:2005-02 Grundflächen und Rauminhalte von Bauwerken im Hochbau – Teil 2: Gliederung der Netto-Grundfläche (Nutzflächen, Technische Funktionsflächen und Verkehrsflächen) [zurückgezogen]

DIN 277-3:2005-04 Grundflächen und Rauminhalte von Bauwerken im Hochbau – Teil 3: Mengen und Bezugseinheiten [zurückgezogen]

DIN 18960:2020-11 Nutzungskosten im Hochbau

DIN EN 15221-6:2011-12 Facility Management – Teil 6: Flächenbemessung im Facility Management; Deutsche Fassung EN 15221-6:2011

Rechtsvorschriften und Verordnungen

[BauNVO]: Baunutzungsverordnung in der Fassung der Bekanntmachung v. 21.11.2017 (BGBl. I S. 3786), die zuletzt durch Artikel 2 des Gesetzes v. 03.07.2023 (BGBl. 2023 I Nr. 176) geändert worden ist

[HOAI]: Honorarordnung für Architekten und Ingenieure v. 10.07.2013 (BGBl. I S. 2276), die zuletzt durch Artikel 3 des Gesetzes vom 22.03.2023 (BGBl. 2023 I Nr. 88) geändert worden ist

[SächsBO]: Sächsische Bauordnung in der Fassung der Bekanntmachung v. 11.05.2016 (SächsGVBl. S. 186), die zuletzt durch Artikel 24 des Gesetzes v. 20.12.2022 (SächsGVBl. S. 705) geändert worden ist

[WoFlV]: Wohnflächenverordnung v. 25.11.2003 (BGBl. I S. 2346)

Richtlinien

[MBO]: Musterbauordnung, Fassung November 2002, zuletzt geändert durch Beschluss der Bauministerkonferenz v. 22./23.09.2022. Berlin: Konferenz der für Städtebau, Bau- und Wohnungswesen zuständigen Minister und Senatoren der Länder Bauministerkonferenz, 2022

Richtlinie zur Berechnung der Mietfläche für Gebäude (MF-GIF). Stand: Februar 2023. Wiesbaden: gif Gesellschaft für Immobilienwirtschaftliche Forschung e. V., 2023

Stichwortverzeichnis